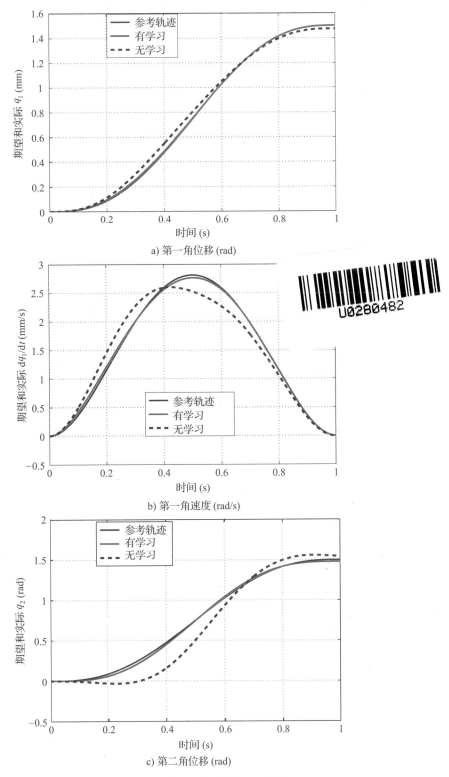

a) 第一角位移 (rad)

b) 第一角速度 (rad/s)

c) 第二角位移 (rad)

图 3.11 期望与实际的机器人轨迹——测试 1

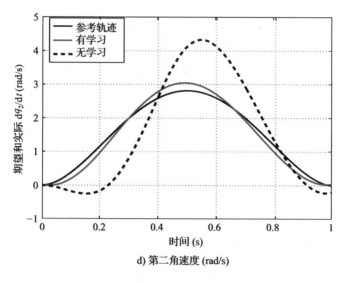

d) 第二角速度 (rad/s)

图 3.11 （续）

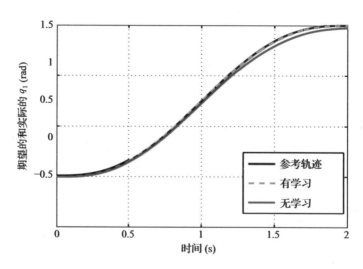

图 4.8　第一个角轨迹的实际值与期望值（情况 1）

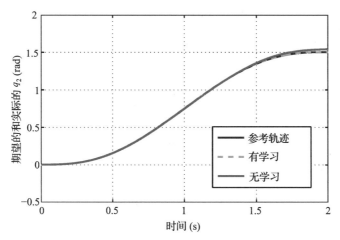

图 4.9　第二个角轨迹的实际值与期望值（情况 1）

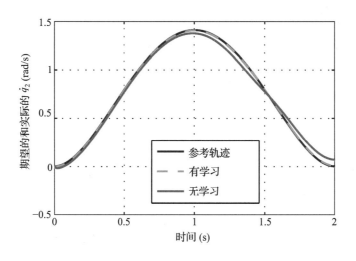

图 4.10　第一个角速度轨迹的实际值与期望值（情况 1）

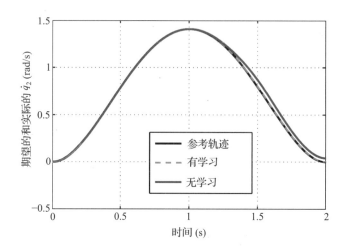

图 4.11 第二个角速度轨迹的实际值与期望值（情况 1）

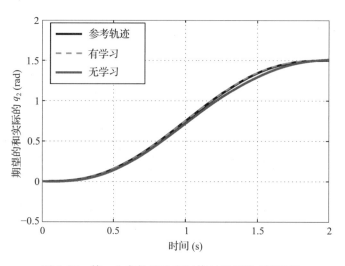

图 4.15 第一个角轨迹的实际值与期望值（情况 2）

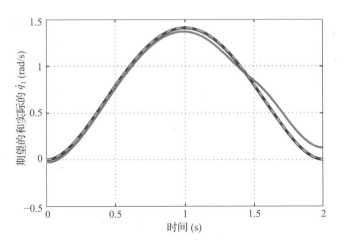

图 4.16　第一个角速度轨迹的实际值与期望值（情况 2）

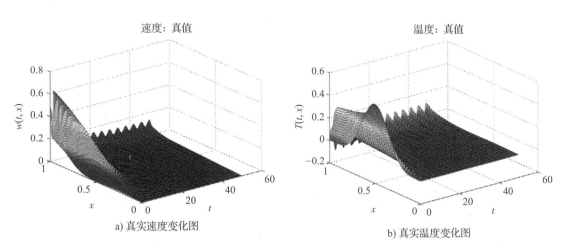

a) 真实速度变化图

b) 真实温度变化图

图 5.5　方程（5.101）的真实解：测试 1

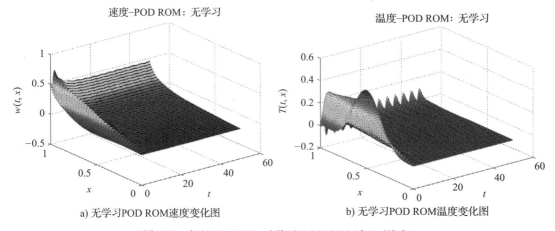

a) 无学习POD ROM速度变化图　　　　　　　　b) 无学习POD ROM温度变化图

图 5.6　方程（5.101）无学习 POD ROM 解：测试 1

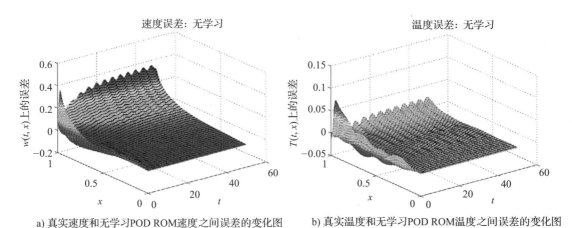

a) 真实速度和无学习POD ROM速度之间误差的变化图　　b) 真实温度和无学习POD ROM温度之间误差的变化图

图 5.7　标称 POD ROM 和真实值之间的误差值：测试 1

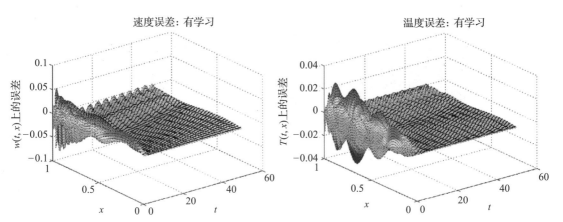

a) 真实速度和基于学习的POD ROM速度之间误差的变化图　　b) 真实温度和基于学习的POD ROM温度之间误差的变化图

图 5.9　基于学习的 POD ROM 和真实值之间的误差：测试 1

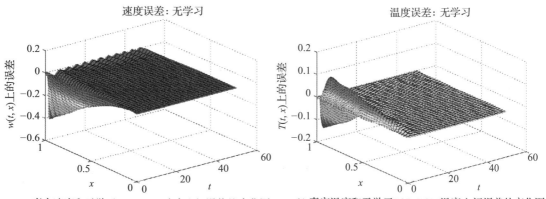

a) 真实速度和无学习POD ROM速度之间误差的变化图　　　b) 真实温度和无学习POD ROM温度之间误差的变化图

图 5.10　标称 POD ROM 和真实值之间的误差：测试 2

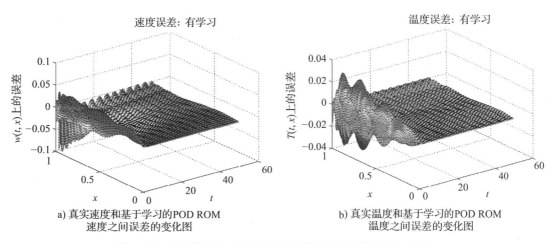

a) 真实速度和基于学习的POD ROM
速度之间误差的变化图

b) 真实温度和基于学习的POD ROM
温度之间误差的变化图

图 5.12　基于学习的 POD ROM 和真实值之间的误差：测试 2

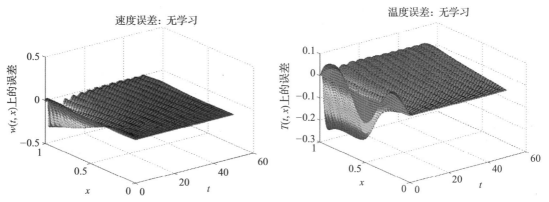

a) 真实速度和无学习POD ROM速度之间误差的变化图　　　b) 真实温度和无学习POD ROM温度之间误差的变化图

图 5.13　标称 POD ROM 和真实解之间的误差：测试 3

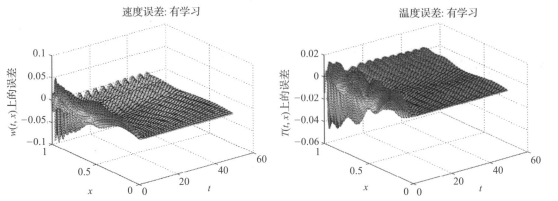

a) 真实速度和基于学习的 POD ROM 速度之间误差的变化图   b) 真实温度和基于学习的 POD ROM 温度之间误差的变化图

图 5.15　基于学习的 POD ROM 和真实解之间的误差：测试 3

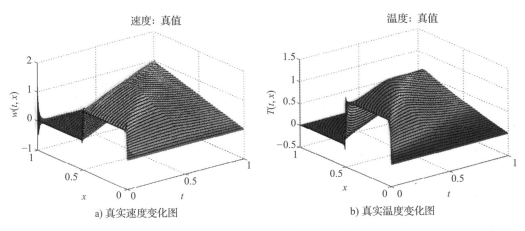

a) 真实速度变化图   b) 真实温度变化图

图 5.16　方程（5.101）的真实解：测试 1

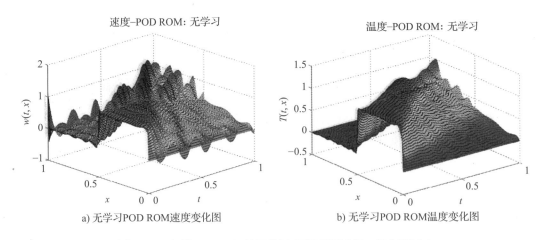

a) 无学习POD ROM速度变化图   b) 无学习POD ROM温度变化图

图 5.17　方程（5.101）的无学习 POD ROM 解：镇定测试 1

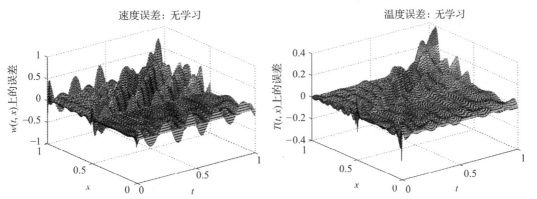

a) 真实速度和无学习POD ROM速度之间误差的变化图　　b) 真实温度和无学习POD ROM温度之间误差的变化图

图 5.18　标称 POD ROM 和真实解之间的误差：镇定测试 1

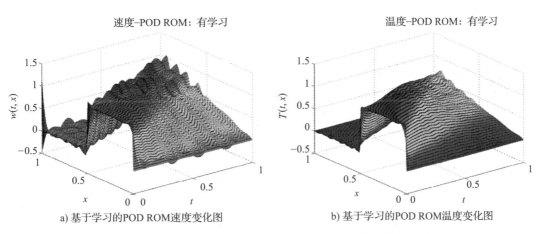

a) 基于学习的POD ROM速度变化图　　　　　　　b) 基于学习的POD ROM温度变化图

图 5.20　基于学习的方程（5.101）的 POD ROM 解：镇定测试 1

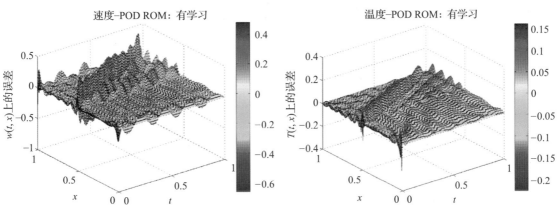

a) 真实速度和基于学习的POD ROM速度之间误差的变化图　　b) 真实温度和基于学习的POD ROM温度之间误差的变化图

图 5.21　基于学习的 POD ROM 和真实解之间的误差：镇定测试 1

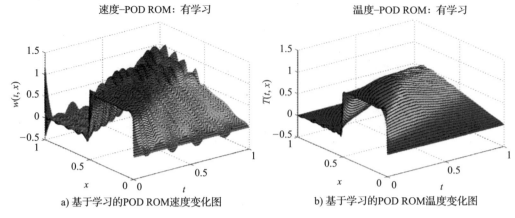

速度–POD ROM：有学习   温度–POD ROM：有学习

a) 基于学习的POD ROM速度变化图   b) 基于学习的POD ROM温度变化图

图 5.23　基于学习的方程（5.101）的 POD ROM 解：镇定测试 2

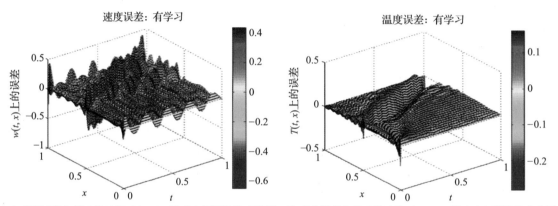

速度误差：有学习   温度误差：有学习

a) 真实速度和基于学习的POD ROM速度之间误差的变化图　　b) 真实温度和基于学习的POD ROM温度之间误差的变化图

图 5.24　基于学习的 POD ROM 和真实解之间的误差：镇定测试 2

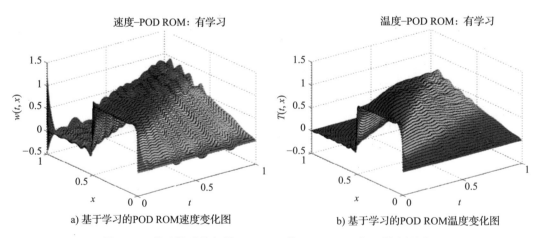

速度–POD ROM：有学习   温度–POD ROM：有学习

a) 基于学习的POD ROM速度变化图   b) 基于学习的POD ROM温度变化图

图 5.26　基于学习的方程（5.101）的 POD ROM 解：镇定测试 3

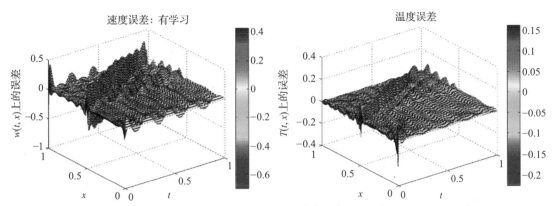

a) 真实速度和基于学习的POD ROM速度之间误差的变化图　b) 真实温度和基于学习的POD ROM温度之间误差的变化图

图 5.27　基于学习的 POD ROM 和真实解之间的误差：镇定测试 3

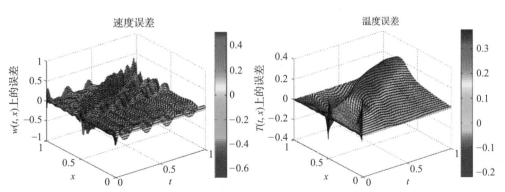

a) 真实速度和基于学习的POD ROM速度之间误差的变化图　b) 真实温度和基于学习的POD ROM温度之间误差的变化图

图 5.28　定理 5.4 的基于学习的 POD ROM 与真实解之间的误差：鲁棒性测试-镇定测试 4

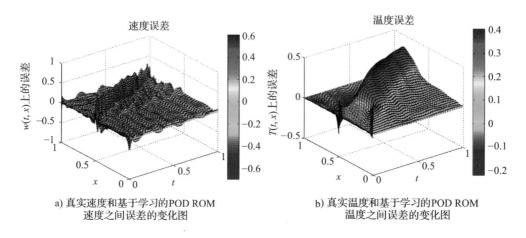

a) 真实速度和基于学习的POD ROM
速度之间误差的变化图

b) 真实温度和基于学习的POD ROM
温度之间误差的变化图

图 5.29　引理 5.7 基于学习的 POD ROM 与真实解之间的误差：鲁棒性测试-镇定测试 5

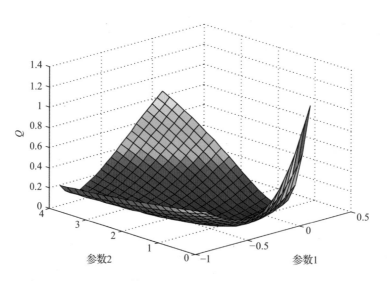

图 6.1　ESILC-MPC 算法：成本函数 $Q(\triangle)$ 作为不确定参数的函数

工业控制
与智能制造
丛书

基于学习_的
自适应控制

理论及应用

Learning-Based Adaptive Control

An Extremum Seeking Approach – Theory and Applications

［美］ 穆哈辛·本奥斯曼（Mouhacine Benosman） 著

樊慧津 刘兵 黄心汉 译

机械工业出版社

CHINA MACHINE PRESS

图书在版编目（CIP）数据

基于学习的自适应控制：理论及应用 /（美）穆哈辛·本奥斯曼（Mouhacine Benosman）著；樊慧津，刘兵，黄心汉译 . —北京：机械工业出版社，2020.4（2024.4 重印）
（工业控制与智能制造丛书）
书名原文：Learning-Based Adaptive Control: An Extremum Seeking Approach—Theory and Applications

ISBN 978-7-111-65199-4

I. 基… II. ①穆… ②樊… ③刘… ④黄… III. 自适应控制 IV. TP273

中国版本图书馆 CIP 数据核字（2020）第 052983 号

北京市版权局著作权合同登记 图字：01-2017-7336 号。

ELSEVIER
Elsevier(Singapore) Pte Ltd.
3 Killiney Road, #08-01 Winsland House I, Singapore 239519
Tel: (65) 6349-0200; Fax: (65) 6733-1817

注意

本译本由 Elsevier (Singapore) Pte Ltd. 和机械工业出版社完成。相关从业及研究人员必须凭借其自身经验和知识对文中描述的信息数据、方法策略、搭配组合、实验操作进行评估和使用。由于医学科学发展迅速，临床诊断和给药剂量尤其需要经过独立验证。在法律允许的最大范围内，爱思唯尔、译文的原文作者、原文编辑及原文内容提供者均不对译文或因产品责任、疏忽或其他操作造成的人身及 / 或财产伤害及 / 或损失承担责任，亦不对由于使用文中提到的方法、产品、说明或思想而导致的人身及 / 或财产伤害及 / 或损失承担责任。

出版发行：机械工业出版社（北京市西城区百万庄大街 22 号　邮政编码：100037）
责任编辑：张梦玲　　　　　　　　　　　　　　　责任校对：殷　虹
印　　刷：固安县铭成印刷有限公司　　　　　　　版　　次：2024 年 4 月第 1 版第 3 次印刷
开　　本：186mm×240mm　1/16　　　　　　　印　　张：13　　插　页：6
书　　号：ISBN 978-7-111-65199-4　　　　　　定　　价：79.00 元

客服电话：（010）88361066　88379833　68326294

The Translator's Words | 译者序

长期以来，自动化领域一直存在一个困扰学者多年的问题：基于模型的控制和无模型控制孰好孰差？大家众说纷纭，莫衷一是。近两年来，随着 AlphaGo 战胜职业围棋选手，人工智能引发出巨大的研究热情。于是，另外一个问题开始困扰着学者：人工智能和传统自动化理论及算法如何有机融合并互相促进？Mouhacine Benosman 通过本书展示了自己对于这两个问题的理解。

严格来说，实际系统中总存在着控制器设计者不确定的因素，如未知扰动、漂移参数、未知物理系数等。自适应控制因在处理不确定系统时所具有的优势一直是控制理论研究的重要分支。本书详细介绍了一种特定类型的自适应控制，即基于学习的自适应控制：将基于模型的算法和无模型学习算法有机融合，分别讲述了基于极值搜索的迭代反馈增益整定理论、基于极值搜索的间接自适应控制、基于极值搜索的非线性系统实时参数辨识以及基于极值搜索的迭代学习模型预测控制。此外，借助机电一体化示例，展示了基于学习的几类控制算法如何缩短学习过程，达到并维持最优控制性能的设计。

值得指出的是，本书所介绍的极值搜索和优化算法，并未采用当前火热的卷积神经网络或强化学习等人工智能算法。尽管如此，这种借助于学习等优化算法来提高传统控制器性能的方法，还是给我们提供了很好的思路，并指出了一条人工智能与传统理论相结合的有效途径。

原作者以打造一本内容相对独立并完整的专业书为目标。此外，在各技术环节均给出了大量的参考文献。因此，对于自动化、测控技术与仪器、人工智能、电气工程及其自动化、电子信息工程、计算机科学与技术等领域的研究生、工程技术人员、学者来说，本书是一本很好的教材和技术参考书籍。

译者在翻译的过程中尽可能复原原作者的研究思路，并结合国内的工程习惯斟酌专业词汇和词句。本书既可以作为智能控制、自适应控制等课程的研究生教材，也可以作为相关专业人员和研究人员的技术参考书。

译者
2019 年 12 月

前 言 Preface

1914 年，巴黎：人人都说那是阳光灿烂、令人愉悦的一天，蓝色的天空恰好成为表演的完美背景。大量的人流聚集在城市的西北边缘——阿让特伊桥附近的塞纳河沿岸，以目睹展示飞行安全最新发展的航空竞赛——de la Sécurité en Aéroplane。近六十架飞机参加，并展示了令人印象深刻的各类技术和设备。日程的最后，展示的是 Curtiss C-2 双翼飞机，驾驶它的是美国飞行员劳伦斯·斯佩里（Lawrence Sperry）。在 C-2 的敞式座舱内，他旁边坐着的是法国机械师埃米尔·卡钦（Emil Cachin）。当斯佩里飞过岸边观众并朝向裁判坐席时，他松开飞机的操纵器并且举起双手。人群爆发出了欢呼声：飞机正在自己飞行！

Carr（2014，第 3 章）

这是一百年前首次展示的自适应和控制技术的硬件实现。从那以后，自适应控制成为控制理论的主要分支之一。尽管这个问题已得到充分研究，但是仍然存在着活跃的研究前沿（见第 2 章）。本书关注一种特定类型的自适应控制，称为基于学习的自适应控制。

在第 2 章中，我们将看到自适应控制可以被划分为三个子类：经典的基于模型的自适应控制，它主要利用被控系统的物理模型；无模型自适应控制，它完全基于控制器和系统间的交互；基于学习的自适应控制，它同时采用基于模型和无模型技术来设计灵活但迅速稳定（即安全）的自适应控制器。本书所介绍的基于学习的模块化自适应控制的基本思想如图 A 所示。可以看到图中有两个主要的模块：基于模型的和无模型的。基于模型的部分主要是为了确保在学习过程中的某类稳定性，而无模型（即学习）部分主要是通过在线调整某些基于模型的控制器的参数值来改善控制器性能。由于是模块化设计，这两个模块可以安全地连接在一起，即不会损害整个系统的稳定性（在有界意义下）。

我们将证明，这类自适应控制器与其他自适应方法相比的一个最大优势是：既能保证系统的稳定性，又具有无模型学习算法的灵活性。一方面，基于模型的自适应控制器可以非常有效且稳定，然而它强加给模型及不确定性结构（例如：线性与非线性结构等）许多约束。另一方面，由于无模型自适应控制器并不依赖于任何模型，所以模型的结构可以具

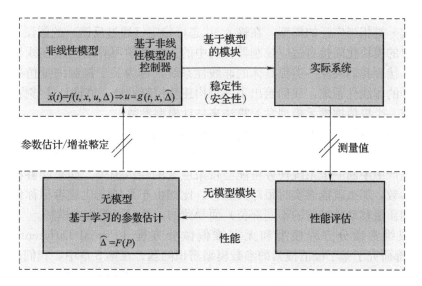

图 A 基于学习的模块化自适应控制框图

有很大的灵活性。然而，它缺少基于模型的自适应控制器所具备的稳定性保障。此外，由于没有任何关于系统的物理知识，即不使用系统的任何模型，无模型自适应算法不得不在一个很大的控制选择范围内去学习最优控制行为（或策略）。而基于学习的自适应控制对两者进行了平衡，它不仅具有基于模型部分所保障的稳定性，还能够比无模型自适应控制更快地收敛到最优性能。这是由于，尽管存在不确定性或者不完备性，但它采用了系统的某些初始知识和模型信息。

为了便于阅读，第 1 章回顾控制理论的主要概念和工具，其中包括向量空间、希尔伯特空间、不变集等经典概念，以及李雅普诺夫、拉格朗日稳定性和输入-状态稳定性（Input-to-State Stability，ISS）等。最后，我们给出了无源性和非最小相位的一些重要概念。

第 2 章给出关于自适应控制领域的总体综述。一些主要的相关结果将被分门别类地划分到自适应控制理论的一些子领域中。本章的主要目的是将本书中的成果在自适应控制的全局框架中进行定位，使得读者能够更好地理解这些成果，并明晰与其他成果的区别。

接下来的章节更多的是我们过去几年关于基于学习的自适应方面的成果，因此技术性会更强。

从第 3 章开始，我们关注基于学习的自适应中的一类非常具体的问题，称为迭代反馈整定（Iterative Feedback Tuning，IFT）。IFT 的主要目的是为线性或非线性反馈控制器自动地调整反馈增益。首先给出一些 IFT 研究成果的简要概述，然后介绍我们在此领域的工作。具体来说，我们将研究基于极值搜索的非线性 IFT。本书主要关注非线性系统（除了第 6 章外），因为非线性结果通过一些简化可以轻松地应用于线性模型。不过我们并不准备明确推导这些简化方法，而是把这部分工作留给感兴趣的读者。

第 4 章给出非线性模型基于极值搜索的模块化自适应控制的一般形式。本章首先考虑系统模型或不确定性没有任何结构化约束（除了基本的光滑性条件）的一般非线性模型的情况。对于这一类相当广泛的模型，在输入-状态可稳定（通过反馈）的假设下，我们可以设计基于学习的模块化间接自适应控制器，其中的无模型学习算法用来在线估计模型的参数不确定性。接着我们关注一类更具体的非线性系统，称为关于控制向量仿射的非线性系统。对于这样的非线性系统，我们给出了一个构建性控制设计，该设计能够保证 ISS 性质，然后为其补充一个极值搜索无模型学习算法来估计模型参数。

在第 5 章中，我们将学习非线性模型的实时辨识问题。我们所说的实时是指在系统执行标称任务时，不需要打断或者改变系统任务就能够在线辨识系统的某些参数。事实上，在实际工业生产中中断一个系统任务可能会带来巨大的经济损失。如果能够在线辨识并持续更新系统参数，那么就能够实时跟踪其漂移，比如由于系统老化或者标称任务的实时改变（根据不同质量移动机械臂的不同部位）而导致的，然后更新相应模型。

针对有限维常微分方程模型和无穷维偏微分方程（Partial Differential Equation，PDE），我们都研究了基于极值搜索的参数模型辨识问题。在第 5 章中，我们还研究了一个相关问题，即 PDE 的降维稳定。在这个问题中，我们采用无模型极值搜索器来自动整定镇定项，即封闭模型。该模型通过将 PDE 投影至一个有限维空间来镇定降维模型。

最后，作为本书所提出方法的附带结果，在第 6 章中，我们将研究含参数不确定性的线性模型的模型预测控制（Model Predictive Control，MPC）这一具体问题。这个问题可以看作第 4 章内容的一个特例，其控制器采用模型预测控制器的形式并能够确保 ISS。我们还将运用本领域的近期成果设计一个具有 ISS 性质的 MPC（近期有大量关于 ISS-MPC 主题的文献，因此是一个相当标准的成果），然后谨慎且合理地为其补充一个无模型极值搜索器来迭代学习模型的不确定性并提高 MPC 的整体性能。

在"结论和进一步说明"中，我们总结了现有的成果，给出了书中成果的进一步延伸思路，同时提及了一些我们认为在将来自适应控制研究中非常重要的开放问题。

M. Benosman

美国　马萨诸塞州　剑桥市

2016 年 3 月

Acknowledgements 致谢

感谢所有支持我的人，包括我的家人、合作者和同事，特别是 Anthony Vetro、Petros Boufonous、Arvind Raghunathan、Daniel Nikovski、Abraham Goldsmith 和 Piyush Grover。感谢 Matthew Brand 和 Alan Sullivan 对本书开头和结尾章节进行的校对，同时感谢他们的友谊和支持。还要感谢过去 5 年中我所有的学生，本书中所呈现的部分研究基于与 Gokhan Atinc、Anantharaman Subbaraman、Meng Xia 和 Boris Kramer 的合作。特别感谢我的朋友 Jennifer Milner 和 Marjorie Berkowitz 的鼓励。最后，感谢编辑们在整个项目过程中的耐心。

特别地，我还想把这项平凡的工作献给我的已故同事 John C. Barnwell III 先生，他是一位天才硬件专家，最重要的，他是一位真诚的人，他在我即将完成本书的时候过早地离开了我们。

Dove si urla, non c'è vera conoscenza. （真正的知识不是叫嚷出来的。）

Leonardo da Vinci

Mon verre n'est pas grand mais je bois dans mon verre. （我的杯子并不大，但我还是用我的杯子去喝。）

Alfred Louis Charles de Musset

目 录 | Contents |

基础数学工具

本章将介绍本书中会用到的大部分数学工具，从而帮助读者理解本书的其他章节。由于包含了后续章节将使用的所有数学定义，所以本章介绍的概念可能比较笼统。不过为了使内容具有针对性，在接下来每一章的开篇，我们仍将简要回顾该章所需的数学工具。

首先介绍一些与向量、矩阵以及函数有关的定义和性质，具体参见 Golub 和 Van Loan (1996)。

1.1 范数的定义和性质

首先，我们回顾控制理论中常见的向量空间的定义。

定义 1.1 实数域上的向量空间是一个定义了两种操作＋和·的集合 V，两种操作分别称作向量加法和标量乘法。

操作＋(向量加法)必须满足如下条件：

○ 封闭：若 u 和 v 是 V 中的任意两个向量，那么和 $u+v$ 属于 V。

○ 向量加法交换律：对于 V 中的向量 u 和 v，有 $u+v=v+u$。

○ 向量加法结合律：对于 V 中的向量 u、v 和 w，有 $u+(v+w)=(u+v)+w$。

○ 向量加法单位元：集合 V 中包含一个加法单位元，表示为 0，对于 V 中的任意向量 v，有 $0+v=v$ 和 $v+0=v$。

○ 向量加法逆元素：对于 V 中的每一个向量 v，等式 $v+x=0$ 和 $x+v=0$ 在 V 中有一个解 x，叫作 x 的向量加法的逆元素，表示为 $-v$。

操作 ·(标量乘法)在实数(或标量)和向量之间定义，而且必须满足以下条件：

○ 封闭：若 v 是集合 V 中的任意一个向量，c 是任意一个实数，则积 $c·v$ 属于 V。

○ 标量乘法对于向量加法的分配律：对于实数 c 和 V 中的向量 v、u，有 $c·(u+v)=c·u+c·v$。

○ 标量乘法对于实数加法的分配律：对于实数 c、d 和 V 中的向量 v，有 $(c+d)·v=c·v+d·v$。

○ 标量乘法对于实数乘法的结合律：对于实数 c、d 和集合 V 中的向量 v，有 $c·(d·$

$v) = (cd) \cdot v$。

○ 标量乘法单位元：对于集合 V 中的向量 v，有 $1 \cdot v = v$，其中 1 是实数域中的乘法单位元。

空间 $\mathbb{R}^n (n \in \mathbb{Z}^+)$ 是一个著名的向量空间例子，本书定义数学模型时会用到它。

定义 1.2 希尔伯特(Hilbert)空间是与内积 $\langle .,. \rangle$ 相关联的向量空间 $\mathcal{H}$，满足：$\forall f \in \mathcal{H}$，范数 $|f|^2 = \langle f, f \rangle$ 使向量空间 $\mathcal{H}$ 成为一个完备的度量空间。

与内积(即向量点积) $\langle u, v \rangle = u^T v$ 相关联的 $\mathbb{R}^n$ 是一个熟知的有限维希尔伯特空间。

接下来，我们回顾向量空间 $\mathbb{V}$ 中对向量 x 的范数的定义。x 的范数可以看作标量元素 $|a| (a \in \mathbb{R})$ 的经典绝对值的一个向量推广。下面给出一个更为严谨的定义。

定义 1.3 向量 $x \in \mathbb{V}$ 的范数是一个实值函数 $\| \cdot \|$：$\mathbb{V} \to \mathbb{R}$，满足如下条件：

(1) $\|x\| \geqslant 0$，当且仅当 $x = 0$ 时 $\|x\| = 0$；

(2) $\|ax\| = |a| \|x\|$，$\forall a \in \mathbb{R}$；

(3) $\|x+y\| \leqslant \|x\| + \|y\|$，$\forall y \in \mathbb{V}$。

有关向量范数的例子如下：

○ 无穷范数：$\|x\|_{\infty} = \max_i |x_i|$

○ 1 范数：$\|x\|_1 = \sum_i |x_i|$

○ 欧几里得(Euclidean)范数(2 范数)：$\|x\|_2 = \sqrt{\sum_i |x_i|^2}$

○ p-范数：$\|x\|_p = \left(\sum_i |x_i|^p \right)^{1/p}, \forall p \in \mathbb{Z}^+$

需要说明的是：这些范数在空间 $\mathbb{R}^n (\forall x \in \mathbb{R}^n)$ 中是等价的。它们满足以下不等式：

$$\|x\|_{\infty} \leqslant \|x\|_2 \leqslant \sqrt{n} \|x\|_{\infty}$$
$$\|x\|_{\infty} \leqslant \|x\|_1 \leqslant n \|x\|_{\infty} \tag{1.1}$$

欧几里得范数满足以下柯西-施瓦茨(Cauchy-Schwarz)不等式：

$$|x^T y| \leqslant \|x\|_2 \|y\|_2, \ \forall x, y \in \mathbb{R}^n \tag{1.2}$$

现在定义与向量范数相关的诱导矩阵范数。

我们知道矩阵 $A \in \mathbb{R}^{m \times n}$ 是由 m 行 n 列实数元素组成的，它也可以定义为一个线性运算符 $A(.)$：$\mathbb{R}^n \to \mathbb{R}^m$，满足下式：

$$\tilde{x} = Ax, \ \tilde{x} \in \mathbb{R}^m, \ x \in \mathbb{R}^n \tag{1.3}$$

定义 1.4 对于一个给定的向量范数 $\|x\| (\forall x \in \mathbb{R}^n)$，定义诱导矩阵范数 $\|A\| (\forall A \in \mathbb{R}^{m \times n})$ 为

$$\|A\| = \sup_{x \neq 0} \frac{\|Ax\|}{\|x\|} = \sup_{\|x\|=1} \|Ax\|, \ \forall x \in \mathbb{R}^n \tag{1.4}$$

诱导矩阵范数的一些性质如下：

(1) $\|Ax\| \leqslant \|A\| \|x\|$，$\forall x \in \mathbb{R}^n$

(2) $\|A+B\| \leqslant \|A\| + \|B\|$

（3）$\|AB\| \leqslant \|A\| + \|B\|$

下面是有关 $A \in \mathbb{R}^{m \times n}$ 的诱导矩阵范数的例子：

○ 无穷诱导矩阵范数：$\|A\|_{\infty} = \max_i \sum_j |a_{ij}|$

○ 1 诱导矩阵范数：$\|A\|_1 = \max_j \sum_i |a_{ij}|$

○ 2 诱导矩阵范数：$\|A\|_2 = \sqrt{\lambda_{\max}(A^{\mathrm{T}}A)}$，其中 $\lambda_{\max}(A)$ 是 A 的最大特征值

另一种经常用到的矩阵范数是弗罗贝尼乌斯（Frobenius）范数，定义为 $\|A\|_F = \sqrt{\sum_i \sum_j |a_{ij}|^2}$。值得注意的是，弗罗贝尼乌斯范数并不是由向量 p-范数诱导得到的。

接下来是与矩阵有关的其他概念和性质。

定义 1.5　对于所有的 $x \neq 0$，若 $x^{\mathrm{T}} A x \geqslant 0 (x^{\mathrm{T}} A x \leqslant 0)$，则实对称矩阵 $A \in \mathbb{R}^{n \times n}$ 是正（负）半定的。

定义 1.6　对于所有的 $x \neq 0$，若 $x^{\mathrm{T}} A x > 0 (x^{\mathrm{T}} A x < 0)$，则实对称矩阵 $A \in \mathbb{R}^{n \times n}$ 是正（负）定的。

定义 1.7　子矩阵 $A_i = \begin{bmatrix} a_{11} & \cdots & a_{1i} \\ \vdots & & \vdots \\ a_{i1} & \cdots & a_{ii} \end{bmatrix}$ $(i = 2, \cdots, n)$ 称为实对称矩阵 $A \in \mathbb{R}^{n \times n}$ 的主子式。

可以通过以下性质判断矩阵的正（负）定性：

（1）实对称矩阵 $A \in \mathbb{R}^{n \times n}$ 是正（负）定的，当且仅当 $\lambda(A)_i > 0 (\lambda(A)_i < 0)$，$\forall i = 1, \cdots, n$。

（2）实对称矩阵 $A \in \mathbb{R}^{n \times n}$ 是正（负）定的，当且仅当其所有主子式的行列式 $\det(A_i)$ 为正（负）。

其他有用的性质如下：

（1）若矩阵 $A > 0$，那么它的逆 A^{-1} 存在且正定。

（2）若 $A_1 > 0$ 和 $A_2 > 0$，那么对于所有的 $\alpha > 0$，$\beta > 0$ 都有 $\alpha A_1 + \beta A_2 > 0$。

（3）若 $A \in \mathbb{R}^{n \times n}$ 是正定的，$C \in \mathbb{R}^{m \times n}$ 的秩为 m，那么 $B = CAC^{\mathrm{T}} \in \mathbb{R}^{m \times m}$ 是正定的。

（4）瑞利-里茨（Rayleigh-Ritz）不等式：对于任意实对称矩阵 $A \in \mathbb{R}^{n \times n}$，$\lambda_{\min}(A) x^{\mathrm{T}} x \leqslant x^{\mathrm{T}} A x \leqslant \lambda_{\max}(A) x^{\mathrm{T}} x$，$\forall x \in \mathbb{R}^n$。

以上所定义的范数和所讨论的性质都是针对定常对象，即常向量和常矩阵。其中一部分定义或性质可以扩展到时变对象中，即时变向量函数和时变矩阵。接下来将给出相应定义。

考虑一个向量函数 $x(t): \mathbb{R}^+ \to \mathbb{R}^n$，其中 $\mathbb{R}^+ = [0, \infty)$，它的 p-范数定义为

$$\|x(t)\|_p = \left(\int_0^{\infty} \|x(\tau)\|^p \mathrm{d}\tau \right)^{1/p} \tag{1.5}$$

其中，$p \in [1, \infty)$，积分内的范数可以是 $\mathbb{R}^n$ 中的任意向量范数。若 p-范数是有限的，则该函数属于 $\mathcal{L}_p$。此外，无穷范数被定义为

$$\| x(t) \|_{\infty} = \sup_{\iota \in \mathbb{R}^+} \| x(t) \| \tag{1.6}$$

若一个函数的无穷范数是有限的，则该函数属于 $\mathcal{L}_{\infty}$。

这些函数范数的一些性质如下：

(1) 霍尔德(Hölder)不等式：对于 p, $q \in [1, \infty)$，其中 $\frac{1}{p} + \frac{1}{q} = 1$，若 $f \in \mathcal{L}_p$, $g \in \mathcal{L}_q$，那么 $\| fg \|_1 \leqslant \| f \|_p \| g \|_q$。

(2) 施瓦茨(Schwartz)不等式：对于 f, $g \in \mathcal{L}_2$，$\| fg \|_1 \leqslant \| f \|_2 \| g \|_2$。

(3) 闵可夫斯基(Minkowski)不等式：对于 f, $g \in \mathcal{L}_p$, $p \in [1, \infty)$，$\| f+g \|_p \leqslant \| f \|_p + \| g \|_p$。

接下来，为了学习动态系统的定义及其稳定性，我们将介绍一些基本函数的定义和性质，参见 Perko (1996)和 Khalil (1996)。

1.2　向量函数及其性质

本章将回顾动态系统理论中常用的一些与函数性质相关的基本概念。

定义 1.8　考虑函数 $f: [0,\infty) \rightarrow \mathbb{R}$，若对于任意 $\varepsilon > 0$ 存在 $\delta(t,\varepsilon)$，使得对于任意的 t, $\tilde{t} \in [0,\infty)$，$|t-\tilde{t}| < \delta(t,\varepsilon)$，有 $|f(t)-f(\tilde{t})| < \varepsilon$，则 f 在 $[0,\infty)$ 上连续。

定义 1.9　考虑函数 $f: [0,\infty) \rightarrow \mathbb{R}$，若对于任意 $\varepsilon > 0$ 都存在 $\delta(\varepsilon)$，使得对于任意的 t, $\tilde{t} \in [0,\infty)$，$|t-\tilde{t}| < \delta(\varepsilon)$，有 $|f(t)-f(\tilde{t})| < \varepsilon$，则 f 在 $[0,\infty)$ 上一致连续。

定义 1.10　若函数 $f: [0,\infty) \rightarrow \mathbb{R}$ 在有限个区间 $(t_i, t_{i+1}) \subset [0,\infty)$ $(i=1, 2, \cdots)$ 上连续，并且在这些区间之间的有限个点上不连续，则 f 在 $[0,\infty)$ 上分段连续。

定义 1.11　考虑向量函数 $f: \mathbb{R}^n \rightarrow \mathbb{R}^m$ $(n, m=1, 2, \cdots)$，若存在一个正(利普希茨，Lipschitz)常数 k_l，使得 $\| f(x)-f(y) \| \leqslant k_l \| x-y \|$ $(\forall x, y \in \mathbb{R}^n)$，则 f 是一致 k_l-利普希茨连续(或简称为 k_l-利普希茨)的。

当然，定义 1.11 很容易被推广到函数 f 定义在子集 $\mathcal{D} \subset \mathbb{R}^n$ 上的情形，此时，该函数被称为在 $\mathcal{D}$ 上是利普希茨的。

定义 1.12　考虑向量函数 $f: \mathbb{R}^n \rightarrow \mathbb{R}^m$ $(n, m=1, 2, \cdots)$，若对于 $\| x \| \rightarrow \infty$ 有 $\| f(x) \| \rightarrow \infty$，则称 f 为径向无界(有些文献中又称为正则(proper))的。

定义 1.13　若 $\forall x \neq 0$ 有 $f(x) > 0$ $(f(x) < 0)$，则标量函数 $f: \mathbb{R}^n \rightarrow \mathbb{R}$ $(n=1, 2, \cdots)$ 被称为正(负)定的。

定义 1.14　若 $\forall x \neq 0$ 有 $f(x) \geqslant 0$ $(f(x) \leqslant 0)$，则标量函数 $f: \mathbb{R}^n \rightarrow \mathbb{R}$ $(n=1, 2, \cdots)$ 被称为正(负)半定的。

定义 1.15　若标量函数 $f: \mathbb{R}^n \rightarrow \mathbb{R}$ $(n=1, 2, \cdots)$ 的多阶导数 $f^{(l)}$ $(l=0, 1, 2, \cdots, k)$ 在 $\mathbb{R}^n$ 上连续，则称 f 在 $\mathbb{R}^n$ 上是 C^k 光滑的。若 $k \rightarrow \infty$，则可以简单地称 f 是光滑的。

关于连续函数的一个重要结论是著名的巴尔巴拉(Barbalat)引理，参见 Khalil(1996)。该引理常在控制理论中用来处理非自治系统(即模型中显式地含时间变量)。

引理 1.1(巴尔巴拉引理)　考虑一致连续函数 $f: \mathbb{R}^+ \to \mathbb{R}$，其中变量 $t \in \mathbb{R}^n$，若 $\lim\limits_{t \to \infty} \int_0^T f(\tau)\mathrm{d}\tau$ 存在且有限，则 $\lim\limits_{t \to \infty} f(t) = 0$。

由巴尔巴拉引理可直接建立如下引理。

引理 1.2　考虑函数 $f: \mathbb{R}^+ \to \mathbb{R}$，其中变量 $t \in \mathbb{R}^n$，若对于给定的 $p \in [1, \infty)$，有 $f \in \mathcal{L}_\infty$，$\dot{f} \in \mathcal{L}_\infty$，$f \in \mathcal{L}_p$，则 $\lim\limits_{t \to \infty} f(t) = 0$。

在自适应控制理论中有另外一个重要概念，就是函数的持续激励(Persistent Excitation，PE)条件。

定义 1.16　若向量函数 $f: [0, \infty) \to \mathbb{R}^m$ 在 $[0, \infty)$ 中可测且有界，并且存在 $\alpha > 0, T > 0$，使得下式成立：

$$\int_t^{t+T} f(\tau)\, f(\tau)^{\mathrm{T}}\mathrm{d}\tau \geqslant \alpha I_m, \forall\, t \geqslant 0 \tag{1.7}$$

其中，I_m 表示维数为 $m \times m$ 的单位矩阵，则称 f 满足 $[0, \infty)$ 上的 PE 条件。

在本节的最后，我们介绍控制理论中非常有用的一些基础概念。

定义 1.17　向量函数 $f(x): \mathbb{R}^n \to \mathbb{R}^m$ 的雅可比(Jacobian)矩阵定义为

$$\frac{\partial f}{\partial x} = \begin{bmatrix} \dfrac{\partial f_1}{\partial x_1} & \cdots & \dfrac{\partial f_1}{\partial x_n} \\ \vdots & & \vdots \\ \dfrac{\partial f_m}{\partial x_1} & \cdots & \dfrac{\partial f_m}{\partial x_n} \end{bmatrix} \tag{1.8}$$

定义 1.18　标量函数 $f: \mathbb{R}^n \to \mathbb{R}$ 的梯度向量定义为

$$\nabla f_x = \left[\frac{\partial f}{\partial x_1}, \cdots, \frac{\partial f}{\partial x_n}\right]^{\mathrm{T}} \in \mathbb{R}^n \tag{1.9}$$

定义 1.19　标量函数的黑塞(Hessian)矩阵定义为其梯度向量函数的雅可比矩阵。

定义 1.20　标量函数 $f: \mathbb{R}^n \to \mathbb{R}$ 沿向量函数 $g: \mathbb{R}^n \to \mathbb{R}^n$ 的 Lie 导数定义为 $L_g f = \nabla f_x^{\mathrm{T}} g(x)$。高阶 Lie 导数定义为 $L_g^k f = L_g L_g^{k-1} f$，$k \geqslant 1$，其中 $L_g^0 f = f$。

定义 1.21　若函数在给定集合每一点的某个邻域中具有收敛的泰勒级数逼近，那么称该函数在给定集合中解析。

这里我们要修正在阅读控制文献时经常会遇到的一个困扰，一些作者为了强调一个函数(通常为控制器)是字符表示形式(而不是数字形式)，会使用解析函数这个词。但是表征这类函数的正确方式是：函数(或控制器)以闭合形式给出(而解析应该遵照前面的定义)。因此，至少在本书中我们将区分这两种术语。

定义 1.22　若连续函数 $\alpha: [0, a) \to [0, \infty)$ 是严格递增的，并且 $\alpha(0) = 0$，则称该函数属于 $\mathcal{K}$ 类函数。

定义 1.23　对于连续函数 $\beta: [0, a) \times [0, \infty) \to [0, \infty)$，若对于每个固定的 s，映射 $\beta(r, s)$ 关于 r 属于 $\mathcal{K}$ 类，并且对于每个固定的 r，映射 $\beta(r, s)$ 关于 s 递减，且当 $s \to \infty$ 时 $\beta(r, s) \to 0$，则称该函数属于 $\mathcal{KL}$ 类。

下面将介绍一些动态系统的稳定性定义，具体内容参见 Liapounoff（1949）、Rouche 等（1977）、Lyapunov（1992）和 Zubov（1964）。

1.3 动态系统的稳定性

为了介绍一些稳定性概念，我们考虑具有如下结构的一般形式的动态时变系统：
$$\dot{x}(t)=f(t,x(t)), \ x(t_0)=x_0, \ t\geq t_0\geq 0 \tag{1.10}$$
其中，$x(t)\in\mathcal{D}\subseteq\mathbb{R}^n$，且 $0\in\mathcal{D}$，$f:[t_0, t_1]\times\mathcal{D}\rightarrow\mathbb{R}^n$关于 t 和 x 联合连续，并对任意$t\in[t_0,t_1]$有 $f(t, 0)=0$，此外，$f(t,\cdot)$关于 x 和 $[0,\infty)$ 紧凑子集中的所有 t 是局部利普希茨的。这些假设保证了区间$[t_0, t_1]$上的解 $x(t, t_0, x_0)$的存在性和唯一性。

定义 1.24 若$\forall t\geq t_0$有 $f(t, x_e)=0$,则点$x_e\in\mathbb{R}^n$是系统式(1.10)的平衡点。

定义 1.25(李雅普诺夫意义下的稳定性) 若对于任意的$t_0\geq 0$，$\varepsilon>0$，都存在$\delta(t_0, \varepsilon)$使得下式成立，则系统式(1.10)的平衡点x_e被称为是李雅普诺夫意义下稳定的：
$$\|x_0-x_e\|<\delta(t_0, \varepsilon)\Rightarrow\|x(t, t_0, x_0)-x_e\|<\varepsilon, \ \forall t\geq t_0$$

定义 1.26(李雅普诺夫意义下的一致稳定性) 若稳定性定义 1.25 中的参数δ与时间无关，即与t_0无关，则平衡点x_e被称为是李雅普诺夫意义下一致稳定的。

定义 1.27(李雅普诺夫意义下的渐近稳定) 若系统式(1.10)的平衡点x_e是李雅普诺夫意义下稳定的，并且存在正常数$c(t_0)$，使得对于所有的$\|x(t_0)-x_e\|<c(t_0)$，有$\lim\limits_{t\to\infty}x(t)\to x_e$，则平衡点$x_e$被称为是李雅普诺夫意义下渐近稳定的。

定义 1.28(李雅普诺夫意义下的一致渐近稳定) 若系统式(1.10)的平衡点x_e一致稳定，并且存在一个正常数c，使得对于所有的$\|x(t_0-e)\|<c$关于t_0一致有$\lim\limits_{t\to\infty}x(t)\to x_e$，即对于每个$\alpha>0$，$\exists T(\alpha)>0$，使得$\|x(t)-x_e\|<\alpha,\forall t\geq t_0+T(\alpha),\forall\|x(t_0-e)\|<c$，则称式(1.10)的平衡点$x_e$是一致渐近稳定的。

定义 1.29(李雅普诺夫意义下的全局一致渐近稳定) 若系统式(1.10)的平衡点x_e一致稳定，$\lim\delta(\varepsilon)=\infty$，并且对于每对$(\alpha, c)\in\mathbb{R}^+\times\mathbb{R}^+$存在正常数$T(\alpha,c)>0$，使得$\|x(t)-x_e\|<\alpha, \ \forall t\geq t_0+T(\alpha, c), \ \forall\|x(t_0-e)\|<c$，则平衡点$x_e$被称为是全局一致渐近稳定的。

定义 1.30(指数稳定性) 若存在正常数c_1、c_2、c_3使得下式成立，则系统式(1.10)的平衡点x_e是指数稳定的：
$$\|x(t)-x_e\|\leq c_1\|x(t_0)-x_e\|e^{-c_2(t-t_0)},\forall t\geq t_0\geq 0,\forall\|x(t_0)-x_e\|<c_3 \tag{1.11}$$
此外，若式(1.11)中的第一个不等式对于任意 $x(t_0)$都成立，则该稳定性是全局的。

在这里我们也将回顾一个根据$\mathcal{K}$类和$\mathcal{KL}$类函数来刻画的一致渐近稳定性的重要引理，参见 Khalil(1996)。

引理 1.3 系统(1.10)的平衡点x_e是

(1)一致稳定的，当且仅当存在一个$\mathcal{K}$类函数α和独立于t_0的正常数c，使得下式成立：
$$\|x(t)-x_e\|\leq\alpha(\|x(t_0)-x_e\|), \ \forall t\geq t_0\geq 0, \ \forall\|x(t_0)-x_e\|<c \tag{1.12}$$

（2）一致渐近稳定的，当且仅当存在一个 $\mathcal{KL}$ 类函数 β 和一个独立于 t_0 的正常数 c，使得下式成立：

$$\| x(t)-x_e \| \leqslant \beta(\| x(t_0)-x_e \| , t-t_0), \ \forall t \geqslant t_0 \geqslant 0, \ \forall \| x(t_0)-x_e \| < c \qquad (1.13)$$

（3）全局一致渐近稳定的，当且仅当此引理中条件（2）对于任何初始状态 $x(t_0)$ 都满足。

定义 1.31 $((\varepsilon, \delta)$-半全局实用一致终值有界 (Semiglobal Practical Uniform Ultimate Boundedness, SPUUB))　考虑系统

$$\dot{x}=f^\varepsilon(t,x) \qquad (1.14)$$

$\phi^\varepsilon(t,t_0,x_0)$ 是方程（1.14）从初始条件 $x(t_0)=x_0$ 出发的解。若方程（1.14）的原点满足以下三个条件，则称方程的原点为 (ε, δ)-SPUUB 的。

（1）(ε, δ)-一致稳定性：对于每一个 $c_2 \in (\delta, \infty)$，都存在 $c_1 \in (0, \infty)$ 和 $\hat{\varepsilon} \in (0, \infty)$，使得对于所有的 $t_0 \in \mathbb{R}$、$x_0 \in \mathbb{R}^n$ 且 $\| x_0 \| < c_1$，以及 $\varepsilon \in (0, \hat{\varepsilon})$，有

$$\| \phi^\varepsilon(t,t_0,x_0) \| < c_2, \forall t \in [t_0, \infty)$$

（2）(ε, δ)-一致终值有界：对于每一个 $c_1 \in (0, \infty)$，都存在 $c_2 \in (\delta, \infty)$ 和 $\hat{\varepsilon} \in (0, \infty)$，使得对于所有的 $t_0 \in \mathbb{R}$、$x_0 \in \mathbb{R}^n$ 且 $\| x_0 \| < c_1$，以及 $\varepsilon \in (0, \hat{\varepsilon})$，有

$$\| \phi^\varepsilon(t,t_0,x_0) \| < c_2, \forall t \in [t_0, \infty)$$

（3）(ε, δ)-全局一致吸引性：对于所有的 $c_1, c_2 \in (\delta, \infty)$，存在 $T \in (0, \infty)$ 和 $\hat{\varepsilon} \in (0, \infty)$，使得对于所有的 $t_0 \in \mathbb{R}$、$x_0 \in \mathbb{R}^n$ 且 $\| x_0 \| < c_1$，以及 $\varepsilon \in (0, \hat{\varepsilon})$，有

$$\| \phi^\varepsilon(t,t_0,x_0) \| < c_2, \forall t \in [t_0+T, \infty)$$

基于以上定义，我们将介绍一些稳定性定理。在不失一般性的情况下，假设通过简单的坐标变换可以将平衡点转移到原点。

定理 1.1（李雅普诺夫直接法-稳定性定理）　假设 $x_e=0$ 是动态系统式（1.10）的一个平衡点，$\mathcal{D} \subset \mathbb{R}^n$ 是一个包含 $x=0$ 的区域。令 $V:[0,\infty) \times \mathcal{D} \to \mathbb{R}$ 是一个连续可微的正定函数，满足

$$W_1(x) \leqslant V(t,x) \leqslant W_2(x) \qquad (1.15)$$

$$\frac{\partial V}{\partial t}+\frac{\partial V}{\partial x}f(t,x) \leqslant 0, \forall t \geqslant 0, \forall x \in \mathbb{D} \qquad (1.16)$$

其中，$W_1(x)$ 和 $W_2(x)$ 是 $\mathcal{D}$ 上连续的正定函数。那么，原点是一致稳定的。

定理 1.2（李雅普诺夫直接法-渐近稳定性定理）　与定理 1.1 的陈述相同，条件（1.16）更换为

$$\frac{\partial V}{\partial t}+\frac{\partial V}{\partial x}f(t,x) \leqslant -W_3(x), \forall t \geqslant 0, \ \forall x \in \mathbb{D} \qquad (1.17)$$

其中，W_3 是 $\mathcal{D}$ 上的一个连续正定函数。那么，原点是一致渐近稳定的。此外，若 $\mathcal{D}=\mathbb{R}^n$，且 $W_1(x)$ 是径向无界的，则原点是全局一致渐近稳定的。

定理 1.3（李雅普诺夫直接法-指数稳定性定理）　假设 $x_e=0$ 是动态系统（1.10）的平衡点，$\mathcal{D} \subset \mathbb{R}^n$ 是一个包含 $x=0$ 的区域。令 $V:[0,\infty) \times \mathcal{D} \to \mathbb{R}$ 是一个连续可微的正定函数，满足

$$k_1 \| x \|^a \leqslant V(t,x) \leqslant k_2 \| x \|^a \qquad (1.18)$$

$$\frac{\partial V}{\partial t} + \frac{\partial V}{\partial x} f(t,x) \leqslant -k_3 \|x\|^a, \forall t \geqslant 0, \forall x \in \mathbb{D} \tag{1.19}$$

其中，k_1，k_2，k_3 和 a 是正常数，则原点是指数稳定的。此外，若 $\mathcal{D} = \mathbb{R}^n$，则原点是全局渐近稳定的。

定理 1.4 (LaSalle -Yoshizawa 定理) 考虑时变系统 (1.10)，并设 $[0,\infty) \times \mathcal{D}$ 是式 (1.10) 的正不变集合，其中 $f(t,\cdot)$ 关于 x 是利普希茨的，且关于 t 一致。假设存在一个 $\mathcal{C}^1$ 函数 $V:[0,\infty) \times \mathcal{D} \to \mathbb{R}$，连续正定函数 $W_1(\cdot)$ 和 $W_2(\cdot)$，一个连续非负函数 $W(\cdot)$，使得对于所有的 $(t,x) \in [0,\infty) \times \mathcal{D}$，满足

$$W_1(x) \leqslant V(t,x) \leqslant W_2(x)$$

$$\dot{V}(t,x) \leqslant -W(x) \tag{1.20}$$

则存在 $\mathcal{D}_0 \subseteq \mathcal{D}$，使得对于所有的 $(t_0,x_0) \in [0,\infty) \times \mathcal{D}_0$，当 $t \to \infty$ 时有 $x(t) \to \mathcal{R} \triangle \{x \in \mathcal{D}: W(x)=0\}$。另外，若 $\mathcal{D} = \mathbb{R}^n$ 且 $W_1(\cdot)$ 是径向无界的，那么对于所有的 $(t_0,x_0) \in [0,\infty) \times \mathbb{R}^n$，当 $t \to \infty$ 时有 $x(t) \to \mathcal{R} \triangle \{x \in \mathbb{R}^n: W(x)=0\}$。

上述定理主要是基于直接的李雅普诺夫方法，为了证明给定平衡点的稳定性，需要一个正定函数（候选的李雅普诺夫函数）。另一种"相对简单"的方法被称为李雅普诺夫间接法，它依赖于系统动态在平衡点处的正切线性化，即雅可比。接下来将回顾相关结果。

定理 1.5(李雅普诺夫间接法-自治系统) 令 $x=0$ 是自治非线性动态系统 $\dot{x}=f(x)$ 的平衡点，$f: \mathcal{D} \to \mathbb{R}^n$，其中 f 是 $\mathcal{C}^1$，$\mathcal{D}$ 是原点的一个邻域。考虑其正切线性化系统：$\dot{x}=Ax$，其中 $A = \dfrac{\partial f}{\partial x}\Big|_{x=0}$。若 $\mathrm{Re}(\lambda_i) < 0$，$\forall i=1,\cdots,n$，其中 λ_i 是 A 的特征值，则原点渐近稳定。此外，若 $\exists \lambda_i, \mathrm{Re}(\lambda_i) > 0$，则原点是不稳定的。

这里需要强调的是，当正切线性化系统临界稳定时，即 A 的特征值有些在左半平面，有些在虚轴上，不能通过定理 1.5 得出关于稳定性的任何结论。

接下来我们给出上述定理的时变版本。

定理 1.6(李雅普诺夫间接法-非自治系统) 令 $x=0$ 是非自治非线性动态系统 $\dot{x}=f(t,x)$ 的平衡点，$f:[0,\infty) \times \mathcal{D} \to \mathbb{R}^n$，其中 f 是 $\mathcal{C}^1$，$\mathcal{D}$ 是原点的一个邻域。考虑其正切线性化系统：$\dot{x}=A(t)x$，其中 $A(t) = \dfrac{\partial f}{\partial x}(t,x)\Big|_{x=0}$。假设 $A(t)$ 有界，在 $\mathcal{D}$ 上是利普希茨的且关于 t 一致。那么，若原点在正切线性化系统中指数稳定，则在原非线性动态系统中也是指数稳定的。

接下来介绍本书中非常有用的另一组概念：有关解的有界性和输入-状态稳定性 (Input-to State Stability，ISS)。

定义 1.32(一致有界) 若存在一个独立于 t_0 的常数 $c > 0$，对于每个 $a \in (0,c)$，都存在一个独立于 t_0 的常数 $\beta(a) > 0$，使得

$$\|x(t_0)\| \leqslant a \Rightarrow \|x(t)\| \leqslant \beta, \ \forall t \geqslant t_0 \geqslant 0 \tag{1.21}$$

则动态系统 (1.10) 的解是一致有界的。此外，若式 (1.21) 对于任意 $a \in (0,\infty)$ 都成立，则系统的解是全局一致有界的。

定义 1.33(一致终值有界)　若存在独立于t_0的常数$b>0,c>0$，对于每个$a\in(0,c)$，都存在一个独立于t_0的常数$T(a,b)$，使得

$$\|x(t_0)\|\leqslant a\Rightarrow\|x(t)\|\leqslant b,\ \forall t\geqslant t_0+T,\ t_0\geqslant0 \tag{1.22}$$

则动态系统(1.10)的解一致终值有界于终值界b上。此外，若式(1.22)对于任意$a\in(0,\infty)$都成立，则系统的解是全局一致终值有界的。

接下来，考虑系统

$$\dot{x}=f(t,x,u) \tag{1.23}$$

其中，$f:[0,\infty)\times\mathbb{R}^n\times\mathbb{R}^{n_a}\to\mathbb{R}^n$关于$t$是分段连续的，关于$x$和$u$是局部利普希茨的，关于$t$是一致的。对于所有$t\geqslant0$，输入$u(t)$是$t$的分段连续有界函数。

定义 1.34　若存在一个$\mathcal{KL}$类函数β和一个$\mathcal{K}$类函数γ，使得对于任意初始状态$x(t_0)$和任意有界输入$u(t),t\geqslant t_0$时存在解$x(t)$，且满足

$$\|x(t)\|\leqslant\beta(\|x(t_0)\|,\ t-t_0)+\gamma(\sup_{t_0\leqslant\tau\leqslant t}\|u(\tau)\|)$$

则系统(1.23)称为ISS。

定理 1.7　若$V:[0,\infty)\times\mathbb{R}^n\to\mathbb{R}$是连续可微函数，且对于所有的$(t,x,u)\in[0,\infty)\times\mathbb{R}^n\times\mathbb{R}^{n_a}$，有

$$\alpha_1(\|x\|)\leqslant V(t,x)\leqslant\alpha_2(\|x\|)$$

$$\frac{\partial V}{\partial t}+\frac{\partial V}{\partial x}f(t,x,u)\leqslant-W(x),\ \forall\|x\|\geqslant\rho(\|u\|)>0 \tag{1.24}$$

其中，α_1，α_2是$\mathcal{K}_\infty$类函数，ρ是$\mathcal{K}$类函数，$W(x)$是$\mathbb{R}^n$上的连续正定函数，则系统(1.23)称为ISS。

在此，我们将给出比ISS条件更弱的局部积分ISS的定义。

定义 1.35　考虑系统(1.23)，其中$x\in\mathcal{D}\subseteq\mathbb{R}^n,u\in\mathcal{D}_u\subseteq\mathbb{R}^{n_a}$，且$0\in D$，函数$f:[0,\infty)\times\mathcal{D}\times\mathcal{D}_u\to\mathbb{R}^n$关于$t$是分段连续的，关于$x$和$u$是局部利普希茨的，关于$t$是一致的。假设输入是可测的局部有界函数$u:\mathbb{R}_{\geqslant0}\to\mathcal{D}_u\subseteq\mathbb{R}^{n_a}$。对于任意控制量$u\in\mathcal{D}_u$和任意$\xi\in\mathcal{D}_0\subseteq\mathcal{D}$，初值问题$\dot{x}=f(t,x,u),x(t_0)=\xi$存在唯一的最大解。不失一般性，假设$t_0=0$。唯一解定义在某个最大开区间上，记为$x(\cdot,\xi,u)$。若存在函数$\alpha,\gamma\in\mathcal{K},\beta\in\mathcal{KL}$，使得对于所有的$\xi\in\mathcal{D}_0$和$u\in\mathcal{D}_u$，解$x(t,\xi,u)(t\geqslant0)$有定义，且对于所有的$t\geqslant0$，有

$$\alpha(\|x(t,\xi,u)\|)\leqslant\beta(\|\xi\|,t)+\int_0^t\gamma(\|u(s)\|)\mathrm{d}s \tag{1.25}$$

则系统(1.23)称为局部积分输入-状态稳定(Locally integral Input-to-State Stability, LiISS)。

等价地，系统(1.23)称为LiISS，当且仅当存在函数$\beta\in\mathcal{KL}$且$\gamma_1,\gamma_2\in\mathcal{K}$，使得对于所有的$t\geqslant0$，$\xi\in\mathcal{D}_0$和$u\in\mathcal{D}_u$，有

$$\|x(t,\xi,u)\|\leqslant\beta(\|\xi\|,t)+\gamma_1\left(\int_0^t\gamma_2(\|u(s)\|)\mathrm{d}s\right) \tag{1.26}$$

另一个与ISS相近的概念将有界输入与有界输出联系起来，称为输入-输出稳定性(Input-to-Output Stability, IOS)。

定义 1.36 系统(1.23)与映射系统 $y=h(t,x,u)$ 相关联，其中 $h: [0,\infty)\times\mathbb{R}^n\times\mathbb{R}^{n_a}\to\mathbb{R}^m$ 关于 t 分段连续，关于 x 和 u 连续，若存在 $\mathcal{KL}$ 类函数 β 和 $\mathcal{K}$ 类函数 γ 使得对于任意初始状态 $x(t_0)$ 和任意有界输入 $u(t)$，解 $x(t)$ $(t\geqslant t_0)$ 都存在，则系统(1.23)称为 IOS。也就是说，对于所有的 $t\geqslant t_0$，y 都存在，并且满足

$$\|y(t)\|\leqslant\beta(\|x(t_0)\|,\ t-t_0)+\gamma(\sup_{t_0\leqslant\tau\leqslant t}\|u(\tau)\|)$$

最后介绍一个基于解的有界性的较弱的稳定性，即拉格朗日(Lagrange)稳定。

定义 1.37 若对于每个初始时间 t_0 和初始条件 x_0 都存在 $\varepsilon(x_0)$，使得 $\|x(t)\|<\varepsilon$，$\forall t\geqslant t_0\geqslant 0$，则系统(1.10)称为拉格朗日稳定。

本书主要考虑关于控制向量仿射的特定非线性模型。为此，我们将在下节介绍与该类模型相关的概念，参见 Isidori(1989)。

1.4　控制中的动态系统仿射

在本节中，我们将介绍如下仿射非线性系统的一些众所周知且有用的特性：

$$\dot{x}=f(x)+g(x)u,\qquad x(0)=x_0 \tag{1.27}$$
$$y=h(x)$$

其中，$x\in\mathbb{R}^n, u\in\mathbb{R}^{n_a}, y\in\mathbb{R}^m(n_a\geqslant m)$，分别表示状态、输入和受控输出向量。$x_0$ 是给定的有限初始条件。设向量场 $f:\mathbb{R}^n\to\mathbb{R}^n$ 和 $g:\mathbb{R}^n\to\mathbb{R}^{n\times n_a}$ 的列均为 $\mathbb{R}^n$ 中有界集 $\mathcal{D}$ 上的光滑向量场，函数 $h(x)$ 是 $\mathcal{D}$ 上的光滑函数。

定义 1.38 当 $n_a=m$ 时，若

(1) 对于所有的 $x\in\mathcal{V}(x^*)$，其中 $\mathcal{V}(x^*)$ 是 x^* 的一个邻域，有 $L_{g_j}L_f^k h_i(x)=0$，$\forall 1\leqslant j\leqslant m$，$\forall 1\leqslant i\leqslant m$，$\forall k<r_i-1$

(2) $m\times m$ 矩阵

$$A(x)=\begin{bmatrix} L_{g_1}L_f^{r_1-1}h_1(x) & \cdots & L_{g_m}L_f^{r_1-1}h_1(x) \\ \vdots & & \vdots \\ L_{g_1}L_f^{r_m-1}h_m(x) & \cdots & L_{g_m}L_f^{r_m-1}h_m(x) \end{bmatrix} \tag{1.28}$$

在 $x=x^*$ 处非奇异

则称系统(1.27)在点 x^* 处具有向量相对阶 $r=(r_1,\cdots,r_m)^{\mathrm{T}}$。

备注 1.1 在矩形过驱动系统这种一般情况下，即 $n_a>m$，除了上述第二个条件替换为其伪逆的存在，即 $A_{\text{left}}^{-1}=(A^{\mathrm{T}}A)^{-1}A^{\mathrm{T}}$ 之外，相对阶向量的定义类似于方形情况(即对 j 因子维度进行适当修改)。

通过静态反馈和零动态概念实现精确输入输出线性化

考虑非线性系统(1.27)，精确输入输出线性化的思想是：找到一个反馈，将非线性系

统转换为一个给定输入向量和输出向量之间的线性映射。为此，假设式(1.27)具有一个向量相对阶 $r=(r_1,\cdots,r_m)^{\mathrm{T}}$，使得 $\widetilde{r} \triangleq \sum\limits_{i=1}^{i=m} r_i \leqslant n$。

基于该条件，可以在 $\mathcal{V}(x^*)$ 内定义微分同胚映射为

$$\Phi(x)=(\phi_1^1(x),\cdots,\phi_{r_1}^1(x),\cdots,\phi_1^m(x),\cdots,\phi_{r_m}^m(x),\phi_{\widetilde{r}+1}(x),\cdots,\phi_n(x))^{\mathrm{T}} \tag{1.29}$$

其中，

$$\begin{cases} \phi_1^i(x)=h_i(x) \\ \cdots \qquad\qquad\qquad 1\leqslant i\leqslant m \\ \phi_{r_i}^i(x)=L_f^{r_i-1}h_i(x) \end{cases} \tag{1.30}$$

下面我们定义向量 $\xi\in\mathbb{R}^{\widetilde{r}}$ 和 $\eta\in\mathbb{R}^{n-\widetilde{r}}$，使得 $\Phi(x)=(\xi^{\mathrm{T}},\eta^{\mathrm{T}})^{\mathrm{T}}\in\mathbb{R}^n$。

使用这些新的表示方式，系统(1.27)可以写为

$$\begin{cases} \dot{\xi}_1^i = \xi_2^i \\ \cdots \\ \dot{\xi}_{r_i-1}^i = \xi_{r_i}^i \\ \dot{\xi}_{r_i}^i = b_i(\xi,\eta)+ \sum\limits_{j=1}^{j=m} a_{ij}(\xi,\eta)u_j \\ y_i = \xi_1^i \\ \dot{\eta} = q(\xi,\eta)+ p(\xi,\eta)u \end{cases} \tag{1.31}$$

其中，$1\leqslant i\leqslant m$，p，q 是两个向量场(取决于 f,g,h)，并且

$$a_{ij}=L_{g_j}L_f^{r_i-1}h_i(\Phi^{-1}(\xi,\eta)), \qquad 1\leqslant i,j\leqslant m$$

和

$$b_i(\xi,\ \eta)=L_f^{r_i}h_i(\Phi^{-1}(\xi,\eta)), \qquad 1\leqslant i\leqslant m$$

若定义向量

$$y^{(r)}\triangleq(y_1^{(r_1)}(t),\cdots,\ y_m^{(r_m)}(t))^{\mathrm{T}}$$

和

$$b(\xi,\eta)=(b_1(\xi,\eta),\cdots,\ b_m(\xi,\eta))^{\mathrm{T}}$$

那么，系统(1.31)可以写为

$$\begin{cases} y^{(r)}=b(\xi,\eta)+A(\xi,\eta)u \\ \dot{\eta}=q(\xi,\eta)+p(\xi,\eta)u \end{cases} \tag{1.32}$$

接下来，若考虑期望输出参考向量

$$y_d(t)=(y_{1d},\cdots,\ y_{md}(t))^{\mathrm{T}}$$

对模型(1.32)取逆，可得到标称控制向量：

$$u_d(t)=A^{-1}(\xi_d(t),\eta_d(t))(-b(\xi_d(t),\eta_d(t))+y_d^{(r)}(t))$$

其中，

$$\xi_d(t)=(\xi_d^1(t),\cdots,\xi_d^m(t))^{\mathrm{T}}$$

$$\xi_d^i(t)=(y_{id}(t),\cdots,y_{id}^{(r_i-1)}(t))^{\mathrm{T}}, \qquad 1{\leqslant}i{\leqslant}m$$

且 $\eta_d(t)$ 是如下动态系统的一个解：

$$\dot{\eta}_d(t)=q(\xi_d,\eta_d)+p(\xi_d,\eta_d)A^{-1}(\xi_d,\eta_d)(-b(\xi_d,\eta_d)+y_d^{(r)}(t)) \tag{1.33}$$

定义 1.39 与非零期望轨迹 $y_d(t)$ 关联的方程(1.33)称为系统(1.27)的内部动态。

定义 1.40 与零期望轨迹 $y_d(t)=0(\forall t{\geqslant}0)$ 关联的方程(1.33)称为系统(1.27)的零动态。

不失一般性，假设 $y_d(t)=0$ 时的零动态(1.33)中，$\eta=0$ 是一个平衡点，于是可以定义如下最小相位系统。

定义 1.41 若零动态系统的平衡点 $\eta=0$ 渐近稳定，则系统(1.27)是最小相位。否则，系统是非最小相位。

定义 1.42 若零动态系统的平衡点 $\eta=0$ 全局渐近稳定，则系统(1.27)是全局最小相位。

定义 1.43 若存在一个定义在 $\mathcal{V}(0)$ 上的 $\mathcal{C}^r(r{\geqslant}2)$ 函数 W，使得 $W(0)=0,W(x)>0,\forall x{\neq}0$，并且对于所有的 $x\in\mathcal{V}(0)$，W 沿着零动态的 Lie 导数是非正的，则系统(1.27)是弱最小相位。

定义 1.44 若存在一个径向无界的 $\mathcal{C}^r(r{\geqslant}2)$ 函数 W，使得 $W(0)=0,W(x)>0,\forall x{\neq}0$，并且对于所有的 x，W 沿着零动态的 Lie 导数是非正的，则系统(1.27)是全局弱最小相位。

接下来，我们回顾一些与耗散性和无源性相关的基本概念，参见 van der Schaft (2000)、Brogliato 等(2007)和 Ortega 等(1998)。

定义 1.45 方程(1.27)的供应率函数是定义在 $\mathbb{R}^{n_a}\times\mathbb{R}^m$ 上的标量函数 $W(u,y)$，满足 $\forall u\in\mathbb{R}^{n_a},x_0\in\mathbb{R}^n$，输出 $y(t)=h(x(x_0,t,u))$，有

$$\int_0^T|W(u(\tau),y(\tau))|\mathrm{d}\tau>\infty, \qquad \forall t{\geqslant}0 \tag{1.34}$$

定义 1.46 供应率为 W 的系统(1.27)被称为是耗散的，若存在一个连续的非负函数，即存储函数 $V\colon\mathbb{R}^n\to\mathbb{R}$，使得 $\forall x_0\in\mathbb{R}^n$ 和 $u\in\mathbb{R}^{n_a}$，有(耗散不等式)

$$V(x(x_0,t,u))-V(x_0){\leqslant}\int_0^TW(\tau)\mathrm{d}\tau \tag{1.35}$$

定义 1.47 若系统(1.27)在供应率函数 $W=u^{\mathrm{T}}y$ 下是耗散的，且存储函数 V 满足 $V(0)=0$，则称该系统是无源的。

在本章的最后，我们将介绍一些几何和拓扑的基本定义，参见 Alfsen（1971）和 Blanchini（1999）。

1.5 几何、拓扑和不变集性质

定义 1.48 度量空间定义为一个具有全局距离函数 d 的集合 X，且对于每两个点

$x,y \in X$，可用非负实数 $d(x,y)$ 作为它们之间的距离。度量空间必须满足如下条件：

$$d(x,y)=0，当且仅当 x=y$$
$$d(x,y)=d(y,x)$$
$$d(x,y)+d(y,z) \geqslant d(x,z) \tag{1.36}$$

定义 1.49 若对于每一个使得 $K \subset \cup_{S \subset C} S$ 的开集集合 $\mathcal{C}$，存在有限个集合 $S_1, \cdots, S_n \in \mathcal{C}$，使得 $K \subset \cup_{i=1}^{i=n} S_i$，则称度量空间 X 的子集 K 是紧的。集合 $\mathcal{C}$ 称为 K 的一个开覆盖，$\{S_1, \cdots, S_n\}$ 是 K 的有限子覆盖。

定义 1.50 给定一个仿射空间 $E, V \subset E$ 是其子集，若对于任意两点 $a,b \in V$ 和每一个 $\alpha \in [0,1] \subset \mathbb{R}$，对应点 $c=(1-\alpha)a+\alpha b$ 均有 $c \in V$，则称 V 是凸的。

凸集的例子有：空集、每一个单点集 $\{a\}$ 和整个仿射空间 E。

最后，我们回顾控制和自适应中常用的关于集合不变性的一些概念。考虑如下非线性非自治不确定模型：

$$\dot{x}(t)=f(x(t),u(t),w(t)) \tag{1.37}$$

其中，$x \in \mathbb{R}^n$ 是状态向量，$u \in \mathbb{R}^{n_a}$ 是控制向量，$w \in \mathcal{W} \subset \mathbb{R}^p$ 是不确定性向量（$\mathcal{W}$ 是给定的紧集）。假设 f 是 Lipschitz 的，u,w 至少是 $\mathcal{C}^0$。

定义 1.51 当系统（1.37）无控制且无不确定性时，即 $\dot{x}=f(x)$，若对于所有的 $x(0) \in \mathcal{S}$，其解 $x(t) \in \mathcal{S}, t>0$，则称集合 $\mathcal{S} \subset \mathbb{R}^n$ 关于该系统是正不变的。

定义 1.52 当系统（1.37）无控制时，即 $\dot{x}=f(x,w)$，若对于所有的 $x(0) \in \mathcal{S}$ 和所有的 $w \in \mathcal{W}$，其解 $x(t) \in \mathcal{S}, t>0$，则称集合 $\mathcal{S} \subset \mathbb{R}^n$ 是该系统的一个鲁棒正不变集。

定义 1.53 若存在一个连续反馈控制律 $u(t)=g(x(t))$，确保在 $\mathbb{R}^+ \cup \{0\}$ 上解 $x(t) \in \mathbb{R}^n$ 的存在性和唯一性，且 $\mathcal{S}$ 是该闭环系统的正不变集，则称集合 $\mathcal{S} \subset \mathbb{R}^n$ 是系统（1.37）的鲁棒控制（正）不变集。

1.6 总结

在本章中，我们简要介绍了控制理论广泛使用的一些主要概念。为了使阐述简洁，我们没有深究太多的细节，而是为读者推荐了一些可以查阅到更多相关细节的教材。我们希望通过本章概述的这些概念，读者不需要其他资料就可以学习后续章节。此外，在后续章节中，我们也将在开篇扼要重述该章节所需的主要概念。

参考文献

Alfsen, E., 1971. Convex Compact Sets and Boundary Integrals. Springer-Verlag, Berlin.
Blanchini, F., 1999. Set invariance in control—a survey. Automatica 35 (11), 1747–1768.
Brogliato, B., Lozano, R., Mashke, B., Egeland, O., 2007. Dissipative Systems Analysis and Control. Springer-Verlag, Great Britain.
Golub, G., Van Loan, C., 1996. Matrix Computations, third ed. The Johns Hopkins

University Press, Baltimore, MD.

Isidori, A., 1989. Nonlinear Control Systems, second ed., Communications and Control Engineering Series. Springer-Verlag, Berlin.

Khalil, H., 1996. Nonlinear Systems, second ed. Macmillan, New York.

Liapounoff, M., 1949. Problème Général de la Stabilité du Mouvement. Princeton University Press, Princeton, NJ, Tradui du Russe (M. Liapounoff, 1892, Société mathématique de Kharkow) par M. Édouard Davaux, Ingénieur de la Marine à Toulon.

Lyapunov, A., 1992. The General Problem of the Stability of Motion. Taylor & Francis, Great Britain, with a biography of Lyapunov by V.I. Smirnov and a bibliography of Lyapunov's works by J.F. Barrett.

Ortega, R., Loria, A., Nicklasson, P., Sira-Ramirez, H., 1998. Passivity-Based Control of Euler-Lagrange Systems. Springer-Verlag, Great Britain.

Perko, L., 1996. Differential Equations and Dynamical Systems, Texts in Applied Mathematics. Springer, New York.

Rouche, N., Habets, P., Laloy, M., 1977. Stability Theory by Liapunov's Direct Method, Applied Mathematical Sciences, vol. 22. Springer-Verlag, New York.

van der Schaft, A., 2000. L2-Gain and Passivity Techniques in Nonlinear Control. Springer-Verlag, Great Britain.

Zubov, V., 1964. Methods of A.M. Lyapunov and Their Application. The Pennsylvania State University, State College, PA, translation prepared under the auspices of the United States Atomic Energy Commission.

自适应控制概述

2.1 引言

本章的目的是给读者一个自适应控制的整体概述，特别是基于学习的自适应控制。事实上，自适应控制的领域非常广泛，因此在这里将该领域的所有成果全部展示出来几乎是不可能的。尽管如此，我们将尽量多介绍一些自适应控制领域中最知名的研究成果。对于任何遗漏的成果和参考文献，在这里我们提前致以歉意。为了简化描述，本章将依据自适应控制方法的类型来进行构建。我们所说的自适应控制方法的类型是指：自适应方法是完全基于模型、完全无模型，还是部分基于模型。事实上，由于本书的主要思想是将一些基于模型的控制器和一些无模型学习算法融合在一起设计基于学习的自适应控制器，因此，我们将依据对系统模型的依赖性，对自适应控制理论中的现有成果进行回顾。虽然这并不是在控制领域对成果进行分类的常用方式，常见的分类方法是根据模型的性质（如线性与非线性、连续与离散等），但是我们相信这里所选择的分类是符合本章主旨的。

在对自适应与学习领域的一些成果进行回顾之前，首先定义学习和自适应这两个术语。参考牛津词典，我们有以下两个定义。"自适应"被定义为改变某些东西以使其适合于新的用途或状况，或者改变行为以便更成功地应对新状况。"学习"则被定义为通过学习、经验获得知识和技能，或者是逐渐改变对某事物的态度，从而以不同的方式行事。

从这两个定义可以看出，这两个术语都是指根据所给的状况来改变给定的行为从而改进结果。两个定义的主要区别在于"学习"也指从学习和经验中获得知识。我们认为这两个定义也指出了自适应控制和基于学习的自适应控制的主要区别在于如下客观事实："学习"需要基于经验，而经验来自于反复重复相同的任务，同时基于先前迭代中所产生的误差，从而在每一次新的迭代中提高性能。我们将在整本书中牢记基于学习的自适应控制的该项特性。

目前有很多关于自适应控制理论和应用的综述性文章。有一些综述文章写于 20 世纪 70 年代和 80 年代：Jarvis（1975）、Astrom（1983）、Seborg 等（1986）、Ortega 和 Tang（1989）、Isermann（1982）、Kumar（1985）；还有一些发表于 20 世纪 90 年代：Egardt（1979）、Astrom 和 Wittenmark（1995）、Ljung 和 Gunnarsson（1990）、Filatov 和 Unbehauen（2000），以及 Astrom 等（1994）。然而，据我们所知，最近发表的综述文章要

少得多(参见 Tao(2014)、Barkana(2014))。事实上,我们只找到了几本关于这个话题的书,其中一些对自适应控制做了一般性的介绍,例如 Astrom 和 Wittenmark(1995)等特别关注自适应控制领域的某个特定子话题,例如鲁棒自适应控制(参见 Ioannou 和 Sun(2012))、线性自适应控制(参见 Landau(1979)、Egardt(1979)、Goodwin 和 Sin(1984)、Narendra 和 Annaswamy(1989)、Astrom 和 Wittenmark(1995)、Landau 等(2011)、Sastry 和 Bodson(2011)、Tao(2003))、非线性自适应控制(参见 Krstic 等(1995)、Spooner 等(2002)、Astolfi 等(2008)、Fradkov 等(1999))、随机自适应控制(参见 Sragovich(2006)),以及基于学习的自适应控制(参见 Vrabie 等(2013)、Wang 和 Hill(2010)、Zhang 和 Ordóñez(2012))。本章主要内容将参考这些论文和书籍,同时也根据本领域近期发表的文献,加入新的发展成果。

20 世纪 50 年代,随着飞行控制器的出现,自适应控制算法开始引起人们的兴趣(参见 Gregory(1959)和 Carr(2014))。从那以后,出现了许多控制系统中的自适应理论研究和实际应用。理论方面,在系统参数识别(参见 Astrom 和 Eykhoff(1971))、动态规划随机控制理论(参见 Bellman(1957,1961)、Tsypkin(1971,1975))等领域取得了早期的进步,从而为现今的自适应和学习控制理论奠定了基础。至于应用方面,在实验室试验台或实际工业应用中已经有许多自适应控制和学习的应用,如 Seborg 等(1986)、Astrom 和 Wittenmark(1995)、Carr(2014)所做的一些应用综述。

目前,我们统计了大量关于自适应和学习控制理论的论文和成果,尝试按照它们与系统物理模型的相关性对这些成果进行分类。实际上,我们可以将自适应控制理论分为以下三大类:基于模型的自适应控制、无模型自适应控制和基于学习的自适应控制。为了确保读者不会混淆,我们先定义每个类别的含义。本书中,当我们谈论基于模型的自适应控制器时,我们所说的控制器是指完全基于被控系统的模型来进行设计。而当我们谈论无模型自适应控制器时,控制器不依赖于系统的任何物理模型,而是完全基于反复试验、误差和学习。最后,当我们谈论基于学习的自适应控制器时,控制器需要用到系统的一些基本物理模型,虽然模型是部分已知的,但增加了学习层来补偿模型中的未知部分。本书所阐述的成果主要属于最后一类控制器。

这些类中的每一种可以进一步划分子类。实际上,当说到基于模型的自适应控制时,我们可以分为以下子类:直接自适应控制和间接自适应控制。直接自适应控制的思想是直接设计适应于模型不确定性的控制器,而不需要显性地确定这些不确定性的真实值。另一方面,间接自适应控制旨在估计不确定性的真实值,然后使用不确定性估计及其相关估计模型来设计控制器。我们也可以基于设计控制器的模型的不同类型来划分其他子类,例如线性(基于模型的)自适应控制器、非线性(基于模型的)自适应控制器、连续(基于模型的)自适应控制器、离散(基于模型的)自适应控制器等等。在本章中,我们将尽力⊖介绍之前给出的分类中的现有方法。

⊖ 在一章内介绍所有的自适应相关工作是很艰难的,也是不可能的,所以如果这里漏掉了某些有趣的论文,我们对此表示歉意。

接下来，我们采用前面提到的三个主要分类将已有成果划分为三组，分别在三个小节中逐一介绍。在 2.2 节中，介绍一般动态系统背景下的自适应控制问题；然后，在 2.3 节中，回顾与基于模型的自适应控制类相关的一些文献；在 2.4 节中，介绍一些与无模型自适应控制类相关的成果；接下来，在 2.5 节中，讲述与学习型自适应控制的混杂⊖类相关的文献，这是本书的主要议题；最后，在 2.6 节中给出总结。

2.2　自适应控制问题描述

本节的目的是定义非线性动力学一般背景下的自适应控制问题。我们将尽量使描述更具一般性，以便可以在本章的不同部分使用。

考虑在状态空间中通过如下非线性动力学形式描述的系统：

$$\dot{x} = f(t, x, u, p(t))$$
$$y = h(t, x, u) \tag{2.1}$$

其中(除非另有明确说明)，假设 f、h 是光滑的(达到某个指定程度)；$x \in \mathbb{R}^n$ 表示系统状态，如欧拉或拉格朗日位置和速度等；$u \in \mathbb{R}^{n_c}$ 表示控制向量，如机械力、转矩或电流和电压；$y \in \mathbb{R}^m$ 表示输出向量，$p \in \mathbb{R}^p$ 是将模型中所有未知参数综合而得的向量。需要注意的是 p 可以恒定，也可以时变。事实上，在某些系统中，一些常(物理)参数对控制器设计者来说是未知的；而在其他情况下，一些参数原本是已知的(它们的标称值已知)，但由于时间的推移而发生了改变，例如，由于系统老化，或由于系统部分环节出现故障所产生的漂移，该情况下，p 将由时变变量表示。

在这里要说明的是式(2.1)适用于参数自适应控制的一般问题。然而，在某些情况下，整个模型，也就是 f 可能是未知的，而这通常是无模型自适应理论的主要假设。在其他情况下，f 部分已知，但有部分是未知的。例如考虑 $f = f_1(t, x, u) + f_2(t, x, p)$ 的情况，其中 f_1 是已知的，f_2 是未知的。这是适用于基于学习的自适应理论的经典情况，其中控制设计将基于模型已知部分 f_1 和某些用来补偿未知模型 f_2 的基于学习的控制环节。其他组合或形式的不确定性也有可能存在，我们将在介绍相应的自适应控制方法时来呈现。

2.3　基于模型的自适应控制

在这一节我们将重点关注基于模型的自适应控制。如前所述，基于模型的自适应控制完全基于系统的模型来进行设计。在对其进行分类时，我们可以根据对模型不确定性的补偿方法是直接的或间接的来分类，也可以根据模型和控制器方程的类型来分类，如线性控制器(连续或离散)与非线性控制器(连续或离散)。更多关于各分类的细节将在下面进行介绍。

⊖　混杂的意思是，一部分采用基于模型的自适应控制，另一部分则采用无模型自适应控制。

2.3.1   基于模型的直接自适应控制

根据自适应控制文献，我们将直接自适应控制定义为：通过反馈自适应控制方法在线调整控制器参数从而补偿某些模型不确定性。接下来，我们将从线性控制和非线性控制这两方面来介绍直接相关成果。

2.3.1.1   基于模型的线性直接自适应控制

线性自适应控制旨在为线性模型描述的系统设计自适应控制器，此时，状态空间模型(2.1)写为

$$\dot{x} = Ax + Bu$$
$$y = Cx + Du \tag{2.2}$$

其中，矩阵 A、B、C 和 D 具有适当的维数，并且只有部分可知。这些矩阵的元素也可以是时变的。需要指出的是，这里所说的线性模型并不仅限于形如(2.2)的状态空间模型。实际上，目前已经发展出了许多针对输入-输出微分方程(连续)模型或输入-输出差分方程(离散)模型的线性自适应方法。

已有大量基于模型的线性(直接/间接)自适应控制的教材和综述论文。例如，我们可以参考以下书籍：Landau (1979)、Egardt(1979)、Goodwin 和 Sin(1984)、Narendra 和 Annaswamy (1989)、Astrom 和 Wittenmark (1995)、Ioannou 和 Sun (2012)、Landau 等(2011)，以及 Sastry 和 Bodson(2011)。还有下列综述性论文：Isermann (1982)、Ortega 和 Tang (1989)、Astrom (1983)、Astrom 等 (1994)、Seborg 等(1986)，以及 Barkana (2014)。接下来，让我们来回顾其中一些主要进展。

依据设计控制器的主要途径，可以对线性自适应控制方法做进一步剖析。例如，直接自适应控制理论中主要的一种思路是依赖于李雅普诺夫(Lyapunov)稳定性理论，其中控制器及其参数自适应律的设计要使得所给的李雅普诺夫函数非正定。我们称采用这个思路的直接自适应控制为基于李雅普诺夫的直接自适应控制方法。另一种非常有名的方法是直接模型参考自适应控制(direct-Model Reference Adaptive Control，d-MRAC)，这种方法采用期望的参考模型(在调节问题时具有恒定的输入参考值，或者在跟踪问题时具有时变参考轨迹)，将它的输出与系统的输出进行比较，然后根据输出误差来调整控制器参数，从而使得输出误差最小化并且所有反馈信号保持有界。值得注意的是，某些 d-MRAC 方法中采用一些特定的李雅普诺夫函数(如，严格正实的(Strictly Positive Real，SPR)李雅普诺夫设计方案，参见 Ioannou 和 Sun(2012))来设计控制器及其参数自适应律，因此也可以归类为基于李雅普诺夫的直接自适应控制。

我们举一个简单的例子(参见 Ioannou 和 Sun(2012))，将基于李雅普诺夫的 d-MRAC 方法应用于形如(2.2)且具有恒定未知矩阵 A 和 B 的线性模型。给定参考模型如下：

$$\dot{x}_r = A_r x + B_r r \tag{2.3}$$

其中，$A_r \in \mathbb{R}^{n \times n}, B_r \in \mathbb{R}^{n \times n_c}$ 且 $r \in \mathbb{R}^{n_c}$ 是一段有界光滑(达到某期望程度)的参考轨迹。假设 (A, B) 可控。控制律选择为与参考模型相同的形式：

$$u = -K(t)x + L(t)r \tag{2.4}$$

其中，K、L 是两个时变矩阵，这两个矩阵必须在线调整以补偿未知的模型参数 A、B，且用于实现渐近轨迹的跟踪。接下来，定义如下理想的控制矩阵，以使反馈系统与参考模型相匹配：

$$A-BK^*=A_r,BL^*=B_r \tag{2.5}$$

定义如下误差：

$$e=x-x_r$$
$$K_e=K-K^*$$
$$L_e=L-L^* \tag{2.6}$$

在对反馈动态进行简单的代数推演之后，我们可以写出误差动态系统：

$$\dot{e}=A_re+B(-K_ex-L_er) \tag{2.7}$$

接着，为了设计产生 $K(t)$ 和 $L(t)$ 的自适应律，我们使用如下李雅普诺夫函数：

$$V(e,K_e,L_e)=e^{\mathrm{T}}Pe+\mathrm{tra}(K_e^{\mathrm{T}}\varGamma K_e+L_e^{\mathrm{T}}\varGamma L_e) \tag{2.8}$$

其中，$\mathrm{tra}(\cdot)$ 表示矩阵的迹，$\varGamma$ 满足 $\varGamma^{-1}=L^*\,\mathrm{sgn}(l)$，若 $L^*>0$，则 $\mathrm{sgn}(l)=1$，若 $L^*<0$，则 $\mathrm{sgn}(l)=-1$，且 $P=P^{\mathrm{T}}>0$，满足下列李雅普诺夫方程：

$$PA_e+A_e^{\mathrm{T}}P=-Q,Q=Q^{\mathrm{T}}>0 \tag{2.9}$$

需要注意的是，李雅普诺夫函数 V 是包括跟踪误差 e、控制参数误差 K_e 和 L_e 在内的所有误差的函数。接下来，我们将采用经典的李雅普诺夫方法来建立 K_e 和 L_e 的自适应律。事实上，对李雅普诺夫函数求导可得到：

$$\dot{V}(e,K_e,L_e)=-e^{\mathrm{T}}Qe+2\,e^{\mathrm{T}}PB_rL^{*-1}(-K_ex+L_er)+$$
$$2\mathrm{tra}(K_e^{\mathrm{T}}\varGamma\dot{K}_e+L_e^{\mathrm{T}}\varGamma\dot{L}_e) \tag{2.10}$$

其中，

$$\mathrm{tra}(x^{\mathrm{T}}K_e^{\mathrm{T}}\varGamma B_r^{\mathrm{T}}Pe)\,\mathrm{sgn}(l)=\mathrm{tra}(K_e^{\mathrm{T}}\varGamma B_r^{\mathrm{T}}Pex^{\mathrm{T}})\,\mathrm{sgn}(l)=e^{\mathrm{T}}PB_rL^{*-1}K_ex$$
$$\mathrm{tra}(L_e^{\mathrm{T}}\varGamma B_r^{\mathrm{T}}Pe\,r^{\mathrm{T}})\,\mathrm{sgn}(l)=e^{\mathrm{T}}PB_rL^{*-1}L_e \tag{2.11}$$

最后，通过分析李雅普诺夫函数导数式(2.10)，可以选择如下控制参数的更新律：

$$\dot{K}_e=\dot{K}=B_e^{\mathrm{T}}Pex^{\mathrm{T}}\mathrm{sgn}(l)$$
$$\dot{L}_e=\dot{L}=B_e^{\mathrm{T}}Per^{\mathrm{T}}\mathrm{sgn}(l) \tag{2.12}$$

这种选择会得到如下的负导数：

$$\dot{V}=e^{\mathrm{T}}Qe<0 \tag{2.13}$$

由此根据巴尔巴拉(Barbalat)引理有：对于 $t\to\infty,K、L、e$ 有界，$e(t)\to0$。

d-MRAC 的这个简单例子说明李雅普诺夫稳定性理论如何应用于直接自适应控制以设计控制器及其参数的更新律。值得注意的是，d-MRAC 中的其他方法是基于反馈系统的线性输入-输出参数化，并采用简单梯度或最小二乘法来更新控制器参数(参见 Ioannou 和 Sun(2012，第 6 章))。

由于线性系统的基于李雅普诺夫直接法都基本遵循这种简单情形下的类似流程，在这里我们就不再赘述。读者可以在本文之前所引用的综述论文和书籍中获得更多的例子和分析细节。

线性直接自适应控制的另一个著名方法是直接自适应极点配置控制（direct-Adaptive Pole Placement Control，d-APPC）。该方法在概念上类似于 d-MRAC；不同之处在于，它并不尝试复制参考模型的行为，而是尝试通过将闭环极点配置在某些期望区域来设计所期望的闭环响应。该方法显然是受到线性时不变系统极点配置方法的启发，此处控制对象的未知系数会用它们的估计值来代替（即确定性等价）。然而，在 d-APPC 中，控制对象的未知系数并不需要确切估计，而是通过更新控制系数来补偿系统的不确定性。

为了文章的完整性，除了前面提到的论文和专业教材，这里还将引述一些近期的有关线性直接自适应控制的成果。其中一类被称为线性系统的 l_1 自适应控制，参见 Cao 和 Hovakimyan(2008)。l_1 自适应控制的主要思想可以看作 d-MRAC 的扩展，该方法在 d-MRAC控制器之前插入一个严格正则稳定滤波器，从而保证某些瞬态跟踪性能（通过高度自适应反馈）高于由经典 d-MRAC 方法获得的渐近性能。然而该方法所宣称的性能在 Ioannou 等（2014）中受到了质疑。

我们也将引述线性系统在具有输入约束时的直接自适应控制器设计，参见 Park 等（2012）、Yeh 和 Kokotovit(1995)、Rojas 等（2002）和 Ajami(2005)。最后，我们可以将多模型自适应切换控制的概念归类为线性直接自适应控制，该方法在维持性能和稳定性的同时，设计了一组鲁棒线性控制器（用于处理系统的不确定性）以及一个监督器（用于在线切换这些控制器），参见 Narendra 和 Balakrishnan(1997)、Narendra 等（2003）、Giovanini 等（2005），以及 Giovanini 等(2014)。

2.3.1.2 基于模型的非线性直接自适应控制

前面提到的一些概念目前已经推广至更具挑战性的非线性系统情况。根据 20 世纪 60 年代后期俄文文献中出现的早期描述（参见 Yakubovich(1969) 和 Fradkov(1994)），我们可以将基于模型的非线性自适应控制问题描述为：在状态空间中可通过非线性微分方程对所研究的非线性系统进行如下建模：

$$\dot{x} = F(t, x, u, p)$$
$$y = G(t, x, u, p) \tag{2.14}$$

其中，$t \in \mathbb{R}^+$，$x \in \mathbb{R}^n$，$y \in \mathbb{R}^m$ 和 $u \in \mathbb{R}^{n_c}$ 分别是时间变量、状态向量、输出向量和控制向量。$p \in \mathcal{P} \subset \mathbb{R}^p$ 表示未知参数向量，属于先验已知集合 $\mathcal{P}$ 的元素。F 和 G 则是两个光滑函数。接下来，定义一个控制目标函数 $Q(t, x, u)$：$\mathbb{R}^+ \times \mathbb{R}^n \times \mathbb{R}^{n_c} \to \mathbb{R}$，当且仅当

$$Q(t, x, u) \leqslant 0, \quad t \geqslant t_* > 0 \tag{2.15}$$

时，系统达到控制目标。

自适应问题是找到一个如下形式的（基于模型的）二重控制算法：

$$u(t) = U_t(u(s), y(s), \theta(s)), s \in [0, t)$$
$$\theta(t) = \Theta_t(u(s), y(s), \theta(s)), s \in [0, t) \tag{2.16}$$

其中，U_t 和 Θ_t 是非预期算子（或因果算子）。二重控制(2.16)的目的是满足控制目标(2.15)，同时对于任意 $p \in \mathcal{P}$ 和给定的初始条件集 Ω，满足 $(x(0), \theta(0)) \in \Omega$，能保证方程(2.14)和(2.16)所构成的闭环轨迹有界。这个表述可以说是相当泛化。例如，当考虑调节自适应

问题时，目标函数 Q 可以做如下选择。

○ 将状态调节到常向量 x_* 的情况：

$$Q_{xr} = \|x - x_*\|_R^2 - \delta, \ R = R^T > 0, \delta > 0 \qquad (2.17)$$

○ 将输出调节到常向量 y_* 的情况：

$$Q_{yr} = \|y - y_*\|_R^2 - \delta, \ R = R^T > 0, \delta > 0 \qquad (2.18)$$

类似地，当把状态或者输出跟踪作为控制目标时，那么目标函数可以设计为

$$Q_{xt} = \|x - x_*(t)\|_R^2 - \delta, R = R^T > 0, \delta > 0 \quad (x_*(t) \text{的状态跟踪})$$

$$Q_{yt} = \|y - y_*(t)\|_R^2 - \delta, R = R^T > 0, \delta > 0 \quad (y_*(t) \text{的输出跟踪}) \qquad (2.19)$$

其中，参考轨迹是如下期望参考模型的解：

$$\dot{x}_* = F_*(t, x_*)$$

$$y_* = G_*(t, y_*) \qquad (2.20)$$

当然，为了能够获得非线性控制器的任何有用的（也可能是严格的）分析，我们不得不对非线性的类型进行一些假设。例如，非线性（直接和间接）自适应控制中一个非常普遍的假设是系统模型可线性参数化，即式(2.14)中的 F 和 G 是系统未知参数 p 的函数，我们认为这个假设给出了系统参数化的本质，因此它非常重要，足以据此对非线性直接控制器进一步分类。下面，我们将非线性直接自适应控制中的相关结果划分为两个主要子类：基于线性参数化的控制器和基于非线性参数化的控制器。

首先，我们介绍一些基于模型的非线性自适应控制的相关专著和综述论文（当然既包括直接法，也包括间接法）。书籍如下：Slotine 和 Li(1991，第 8 章)、Krstic 等 (1995)、Spooner 等(2002)和 Astolfi 等(2008)；综述论文如下：Ortega 和 Tang(1989)、Ilchmann 和 Ryan(2008)、Barkana(2014)、Fekri 等(2006)。

接着，我们从一个简单的例子着手，回顾应用于线性参数化情况下的基于李雅普诺夫的直接自适应控制方法，更多的细节，读者可以参考 Krstic 等(1995，第 3 章)。考虑一个简单的非线性动态系统：

$$\dot{x} = \theta\phi(x) + u \qquad (2.21)$$

为了简化，假设 $\theta \in \mathbb{R}$ 是一个未知的常参数，$x \in \mathbb{R}$、$u \in \mathbb{R}$、$\Phi(\cdot)$ 是 x 的非线性函数。

在这种情况下，控制器可以直接设计成：

$$u = -\theta\phi(x) - cx, c > 0 \qquad (2.22)$$

如果 θ 已知，那么该控制器就是渐近稳定的。然而，我们假设 θ 是未知的，只能用它的估计值 $\hat{\theta}$ 而不是它的真实值（根据确定性等价原理）。在这种情况下，控制器则设计为

$$u = -\hat{\theta}\phi(x) - cx, c > 0 \qquad (2.23)$$

其中，$\hat{\theta}$ 必须遵循某个自适应更新律进行在线更新。为了找到一个适当的更新律，我们可以采用基于李雅普诺夫的方法。首先，考虑李雅普诺夫候选函数：

$$V = \frac{1}{2}(x^2 + \theta_e^2) \qquad (2.24)$$

其中，$\theta_e = \theta - \hat{\theta}$ 是参数估计误差。接着，根据闭环动力学对 V 进行求导，可得：

$$\dot{V} = -c\,x^2 + \theta_e\left(\dot{\theta}_e + x\phi(x)\right) \tag{2.25}$$

通过检验 $\dot{V}$ 的表达式，可以为 $\hat{\theta}$ 选择如下更新律：

$$\dot{\hat{\theta}} = -\dot{\theta}_e = x\phi(x) \tag{2.26}$$

由此可得：

$$\dot{V} = -cx^2 \tag{2.27}$$

这就意味着 x、θ_e 是有界的，而且 x 收敛于 0（根据 LaSalle-Yoshizawa 可得）。需要注意的是该自适应控制器并不能估计到 θ 的真正值。所以在这种情况下，$\hat{\theta}$ 可视为一个简单的根据自适应律(2.26)在线调整的反馈控制参数。因此，控制器(2.23)和控制器(2.26)可以被归类为直接自适应方法。

如前所述，自适应控制中另一个重要问题是未知参数在系统模型中不以线性函数的形式出现。这种情况通常被称为不确定系统的非线性参数化。目前针对这种非线性参数化的情况已经做了大量的工作来处理。例如，Seron 等(1995)、Ortega 和 Fradkov (1993)、Fradkov (1980)、Karsenti 等 (1996)、Fradkov 和 Stotsky (1992)、Fradkov 等 (2001)、Liu 等 (2010)、Flores-Perez 等(2013)，以及 Hung 等(2008)。举一个简单的例子来介绍其中一个成果，即非线性参数化基于速度梯度的自适应方法，该方法首次出现在俄文文献 Krasovskii(1976)、Krasovskii 和 Shendrik(1977) 以及 Fradkov 等(1999)中。

首先，我们给出速度梯度控制方法的一般性原则（参见 Fradkov (1980)）。考虑如下形式的一般非线性"可调"动态系统：

$$\dot{x} = F(t, x, p) \tag{2.28}$$

其中，t、x 和 F 表示一般时间、状态变量和所研究动态的模型函数（光滑且非奇异）。式(2.28)中的重要对象是表示可调变量的向量 p，可以认为它是控制行为，或者是本书中闭环自适应系统中的可调参数 θ。速度梯度方法主要基于一个给定的光滑（非奇异）控制目标函数 Q 的极小化。速度梯度方法沿着 Q 的变化率梯度也就是 $\dot{Q}$ 的梯度方向对可调向量 p 进行调整。在这种情况下，所需的假设是 $\dot{Q}$ 关于 p 是凸的。例如，考虑 $Q(t,x) \geqslant 0$，而控制目标是使得 Q 渐近趋近于 0。那么，如果定义 $\omega(t, x,\ p) = \dot{Q} = \dfrac{\partial Q}{\partial t} + (\nabla_x Q)^{\mathrm{T}} F(t, x, p)$，速度梯度更新律为

$$\dot{p} = -\Gamma\,\nabla_p \omega(t, x, p),\quad \Gamma = \Gamma^{\mathrm{T}} > 0 \tag{2.29}$$

在 ω 关于 p 凸和所谓的渐近稳定条件下（参见 Fradkov(1994, p427)）可知：$\exists\, p^*$ 满足 $\omega(t, p^*, x) \leqslant -\rho(Q), \rho(Q) > 0, \forall Q > 0$，控制目标函数 Q 渐近趋于 0。由于本章并不是讨论速度梯度方法本身，所以这里不再介绍该类控制方法的具体细节。相反，让我们回到本书的重点，即自适应控制，给出速度梯度在自适应控制中的一个应用。

下面，我们将介绍速度梯度在基于无源的自适应控制方面的应用（见 Seron 等(1995)）。

我们的目的是利用无源特性来求解一般形式(2.14)、(2.15)和(2.16)的非线性自适应控制问题。控制目标是采用形如(2.16)的自适应控制器，使得不确定非线性系统无源(也称为系统无源化)。举例来说，基于输入-输出无源的定义(请参阅第1章)，我们可以选择如下控制目标函数(2.15)：

$$Q^p = V(x(t)) - V(x(0)) - \int_0^t u^T(\tau)y(\tau)d\tau \tag{2.30}$$

其中，V 是一个 C^r 实值非负函数，并满足条件 $V(0)=0$。可以看出，这种控制目标函数的选择是基于输入-输出 C^r 无源的定义。实际上，如果控制目标(2.15)(自适应地)被实现了，则可以写出不等式：

$$\int_0^t u^T(\tau)y(\tau)d\tau \geqslant V(x(t)) - V(x(0)) \tag{2.31}$$

上式也就意味着系统具有无源性。由于无源系统的稳定特性已被详尽记载(参见 Byrnes 等(1991))，我们可以很容易建立自适应反馈系统的渐近稳定性。例如，考虑如下标准形式的非线性系统：

$$\dot{z} = f_1(z,p) + f_2(z,y,p)y$$
$$\dot{y} = f(z,y,p) + g(z,y)u \tag{2.32}$$

其中，$z \in \mathbb{R}^{n-m}$ 是零动态的状态，$y \in \mathbb{R}^m$，以及 $p \in \mathbb{R}^p \in \mathcal{P}$ 是未知常参数向量。假设 g 是非奇异的，同时假设系统(2.32)是弱最小相位(请翻阅第1章关于弱最小相位的定义)。那么，我们可以提出如下非线性(无源化)自适应控制器：

$$u(z,y,\theta) = g^{-1}(z,y)(w^T(z,y,\theta) - \rho y + v), \rho > 0$$
$$\dot{\theta} = -\Gamma \nabla_\theta(w(z,y,\theta)y), \Gamma > 0 \tag{2.33}$$

其中，w 定义为

$$w(z,y,\theta) = -f^T(z,y,\theta) - \frac{\partial W(z,\theta)}{\partial z}f_2(z,y,\theta) \tag{2.34}$$

同时 W 在 z 的局部，$\forall \theta \in \mathcal{P}$，满足 (弱最小相位)条件：

$$\frac{\partial W(z,\theta)}{\partial z}f_1(z,\theta) \leqslant 0 \tag{2.35}$$

在假设函数 $w(z,y,\theta)y$ 关于 $\theta \in \mathcal{P}$ 凸性条件下，自适应闭环系统(2.32)~(2.34)从新的输入 v 到输出 y 是无源的。最后，通过一个从 y 到 v 的简单输出反馈可以很容易实现渐近稳定。

此类直接自适应控制已被用于解决许多现实生活中的自适应问题。例如，Benosman 和 Atinc(2013b)提出了一种用于电磁执行器的非线性直接反步自适应控制器，Rusnak 等 (2014)提出了一种基于线性直接自适应控制的导弹自动驾驶仪。

现在让我们考虑第二种类型的自适应控制器，即间接自适应控制器。

2.3.2 基于模型的间接自适应控制

类似于直接自适应控制的情况，我们首先定义间接自适应控制。根据自适应控制的文献，我们将具有未知参数系统的间接自适应方法定义为：采用反馈控制律并以自适应律作为补充的控制方案。这里自适应律的目标是在线估计未知参数的真值。

为了简化表述，我们同样将间接自适应方法按照线性和非线性进行分类。

2.3.2.1 基于模型的线性间接自适应控制

我们在前一节中介绍了现有的(据我们所知)线性自适应控制相关综述和专著。本节中，间接方法的理念将通过介绍一个简单例子的间接线性自适应控制方案，即模型参考间接自适应控制(indirect-Model Reference Adaptive Control，ind-MRAC)来进行阐述(参见 Ioannou 和 Sun(2012，第 6 章))。

考虑如下形式的不确定系统：

$$\dot{x} = ax + bu \tag{2.36}$$

其中，所有的变量均为标量，并且 a 和 b 是两个未知常数。为了简化问题，这里假设 $|b|$ 的下界 $b_{\min}$ 已知。我们的目标是设计一个间接自适应控制器，实现对如下参考模型的跟踪。

$$\dot{x}_m = -a_m x_m + b_m r \tag{2.37}$$

其中，$a_m > 0$，通过恰当地选择 b_m 和 $r(t)$ 使得式(2.37)的解 $x_m(t)$ 具有期望的状态性能。这里采用一种基于李雅普诺夫的方法来设计估计 a、b 的更新律(也可以通过梯度下降法或最小二乘法来进行设计，参见 Ioannou 和 Sun(2012，第 4 章))。为此，我们采用如下简单控制律(通过模拟参考模型表达式)：

$$u = -\frac{a_m + \hat{a}}{\hat{b}} x + \frac{b_m}{\hat{b}} r \tag{2.38}$$

其中，$\hat{a}$、$\hat{b}$ 是 a、b 的估计值。为了设计 $\hat{a}$、$\hat{b}$ 的更新律，我们采用如下李雅普诺夫函数：

$$V = \frac{1}{2} e_x^2 + \frac{1}{2\gamma_1} a_e^2 + \frac{1}{2\gamma_2} b_e^2, \gamma_1, \gamma_2 > 0 \tag{2.39}$$

其中，$e_x = x - x_m, a_e = \hat{a} - a, b_e = \hat{b} - b$ 分别是状态跟踪误差和系统参数估计误差。这些误差满足从参考模式直接减去实际系统所获得的误差动态方程：

$$\dot{e}_x = -a_m e_x - e_a x - e_b u \tag{2.40}$$

可以看出，从某种意义上来说，李雅普诺夫函数(2.39)类似于直接自适应控制情况中所使用的李雅普诺夫函数(2.8)和(2.24)，它们都具有状态(或输出)跟踪误差的正项，以及作为参数更新误差的正项。这个例子的另一个重点是，控制器(2.38)在 $\hat{b} = 0$ 处有一个可能的奇异点。为了避免这个奇异问题，一个直接的"技巧"是通过使用基于投影的自适应律，使 $\hat{b}$ 的演化边界值远离奇异点(参见 Ioannou 和 Sun(2012，第 4 章))。

在这种情况下，$\hat{a}$ 和 $\hat{b}$ 的自适应控制律可写成下列的形式：

$$\dot{\hat{a}} = \gamma_1 e_1 x \tag{2.41}$$

$$\dot{\hat{b}}=\begin{cases} \gamma_2 e_1 u \ , & |\hat{b}|>b_0, \\ \gamma_2 e_1 u \ , & |\hat{b}|=b_0 \text{和} e_1 u \ \text{sgn}(\hat{b}) \geqslant 0 \\ 0, \text{其他} \end{cases} \tag{2.42}$$

其中，$|\hat{b}(0)| \geqslant b_0$。接下来，通过经典的李雅普诺夫分析法，根据闭环动力学计算 V 的导数，最终可以得到：

$$\dot{V} \leqslant -a_m e_1^2 \leqslant 0, \forall\, t \geqslant 0 \tag{2.43}$$

通过上面的不等式，根据 LaSalle-Yoshizawa 定理，我们可以得到 e_1、$\hat{a}$ 和 $\hat{b}$ 的有界性，以及 e_1 渐近收敛于 0。然后，利用 Barbalat 引理我们可以得到 $\dot{\hat{a}}$ 和 $\dot{\hat{b}}$ 渐近收敛于 0 的结论。最后，使用参考信号 r 的持续性激励条件（参见，Ioannou 和 Sun(2012，推论 4.3.2))，我们可以推断 $\hat{a}$ 和 $\hat{b}$ 分别指数收敛于 a 和 b。

这个简单的例子说明了如何使用基于李雅普诺夫的方法来设计和分析线性系统的基于模型的间接自适应控制器。现在让我们考虑更具挑战性的非线性系统。

2.3.2.2　基于模型的非线性间接自适应控制

我们在非线性直接自适应控制部分引用了非线性自适应控制中可用的教材和综述论文。同样，我们将使用示例来阐述非线性间接自适应控制中所用的一般性思想。

首先，我们将介绍在非线性间接自适应中一种非常重要的方法。这种被称作模块化设计的方法在文献 Krstic 等(1995，第 5 章和第 6 章)中有详细的介绍。模块化设计的主要思想是将控制设计分解成两个阶段。在第一阶段，设计一种(非线性)控制器，无论模型的不确定性值如何，都可以保证输入到状态的某类有界性，如，输入-状态稳定性(ISS)(ISS 的定义请参见第 1 章)。接着，在第二阶段，将设计基于模型的滤波器来估计模型不确定性的真值。两个阶段相结合从而得到一种间接自适应方法。不同于其他确定性等价原则的自适应控制，此方法在系统不确定性的任何有界估计误差下都能够确保闭环信号的有界性（根据 ISS 属性）。

下面，基于 ISS 反步法(第一阶段)和梯度下降滤波器(第二阶段)，我们将通过一个简单示例来介绍该模块化设计。

考虑如下状态空间模型：

$$\begin{aligned} \dot{x}_1 &= x_2 + \phi(x_1)\theta \\ \dot{x}_2 &= u \end{aligned} \tag{2.44}$$

其中，$x_i, i=1,2$ 是状态变量，u 是控制变量，$\phi(\cdot)$ 是非线性标量函数。在第一阶段，我们要设计一个控制器来确保给定的输入-输出对之间的 ISS 性质。因此，我们采用了 ISS-反步法。首先，假设 $x_2=v$ 为一个新的虚拟输入，然后寻找一个使得式(2.44)的第一个等式稳定的控制反馈。选择李雅普诺夫函数：$V_1=\frac{1}{2}x_1^2$，将 V_1 沿着式(2.44)的第一个等式进行求导，并将 $v=x_2$ 代入得：

$$\dot{V}_1 = x_1(v + \phi(x_1)\theta) \tag{2.45}$$

为了保证估计误差 θ 和 x_1 之间的 ISS，可以采用如下虚拟控制律：

$$v = -c_1 x_1 - \phi(x_1)\hat{\theta} - c_2|\phi(x_1)|^2 x_1, c_1, c_2 > 0 \tag{2.46}$$

其中，$\hat{\theta}$ 是 θ 的估计值。在这种情况下，导数 $\dot{V}_1$ 可以写为

$$\dot{V}_1 = -c_1 x_1^2 + x_1\phi(x_1)e_\theta - c_2|\phi|^2 x_1^2 \tag{2.47}$$

其中，$e_\theta = \hat{\theta} - \theta$。稍微处理一下式(2.47)的右边部分可得到：

$$\dot{V}_1 = -c_1 x_1^2 + x_1\phi(x_1)e_\theta - c_2|\phi|^2 x_1^2 + \frac{1}{4}\frac{1}{c_2}|e_\theta|^2 - \frac{1}{4}\frac{1}{c_2}|e_\theta|^2 \tag{2.48}$$

通过整理平方项，可得到：

$$\dot{V}_1 = -c_1 x_1^2 - \left(\sqrt{c_2}\, x_1\phi(x_1) - \frac{1}{2\sqrt{c_2}}e_\theta\right)^2 + \frac{1}{4}\frac{1}{c_2}|e_\theta|^2 \tag{2.49}$$

最后推出：

$$\dot{V}_1 \leqslant -c_1 x_1^2 + \frac{1}{4}\frac{1}{c_2}|e_\theta|^2 \tag{2.50}$$

这就意味着 e_θ 和 x_1 之间的 ISS(请查阅第 1 章关于 ISS 李雅普诺夫函数的定义)。接着我们回到模型(2.44)，考虑到虚拟控制 v 和 x_2 之间的误差，设计实际控制量 u。因此，我们利用如下(扩展的)李雅普诺夫函数：

$$V_2 = V_1 + \frac{1}{2}(x_2 - v)^2 \tag{2.51}$$

其中，v 由式(2.46)给出。为了简化符号，令 $z_1 = x_1$，$z_2 = x_2 - v$。对整个模型的李雅普诺夫函数 V_2 进行求导可得：

$$\dot{V}_2 \leqslant -c_1 z_1^2 + \frac{1}{4}\frac{1}{c_2}|e_\theta|^2 + z_1 z_2 + z_2\left(u - \frac{\partial v}{\partial z_1}(z_2 + v + \phi\theta) - \frac{\partial v}{\partial\hat{\theta}}\dot{\hat{\theta}}\right)$$

$$\leqslant -c_1 z_1^2 + \frac{1}{4}\frac{1}{c_2}|e_\theta|^2 + z_2\left(u + z_1 - \frac{\partial v}{\partial z_1}(z_2 + v + \phi\hat{\theta})\right) - z_2\left(\frac{\partial v}{\partial z_1}\phi e_\theta + \frac{\partial v}{\partial\hat{\theta}}\dot{\hat{\theta}}\right) \tag{2.52}$$

最后，为了使 V_2 成为具有状态 z_1、z_2 和输入 e_θ、$\dot{\hat{\theta}}$ 的系统的 ISS 李雅普诺夫函数，我们在选择 u 时采用式(2.48)、式(2.49)中类似的方式来构建平方项。考虑如下控制量：

$$u = -z_1 - c_3 z_2 - c_4\left|\frac{\partial v}{\partial z_1}\phi\right|^2 - c_5\left|\frac{\partial v}{\partial\hat{\theta}}\right|^2 z_2 + \frac{\partial v}{\partial z_1}(z_2 + v + \phi\hat{\theta}) \tag{2.53}$$

其中，c_3、c_4 和 c_5 是严格正系数。将 u 代入式(2.52)，对平方项进行代数运算可得：

$$\dot{V}_2 \leqslant -c_1 z_1^2 - c_3 z_2^2 + \left(\frac{1}{4}\frac{1}{c_2} + \frac{1}{4}\frac{1}{c_4}\right)|e_\theta|^2 + \frac{1}{4}\frac{1}{c_5}|\dot{\hat{\theta}}|^2 \tag{2.54}$$

由此证明了状态 z_1、z_2 和输入 e_θ、$\dot{\hat{\theta}}$ 之间的 ISS。基于 ISS 的定义(参考第 1 章)，我们可得：

$$|z| \leqslant \beta(z(0),t) + \gamma \sup_{0 \leqslant \tau \leqslant t} |\Theta(\tau)|, \forall t \geqslant 0, \gamma > 0 \tag{2.55}$$

其中，$z = (z_1, z_2)^T$，$\Theta = (e_\theta, \hat{\theta})^T$，且 β 是一个 $\mathcal{KL}$ 类函数。现在我们已经通过估计误差 e_θ 和 $\hat{\theta}$ 确保了跟踪误差 z_1 和 z_2 有上界，接下来将采用一些基于模型的估计滤波器使得估计误差渐近趋于零。如果成立，那么根据 ISS 的特点，也可以使跟踪误差渐近趋于零。设计估计滤波器的一种方案是采用基于梯度的滤波器（参见 Krstic 等（1995，第 6 章））。例如，可以使用基于梯度的滤波器来估计 θ：

$$\begin{cases} \dot{\Omega} = (A_0 - \lambda \phi^2 P)\Omega + \phi \\ \dot{\Omega}_0 = (A_0 - \lambda \phi^2 P)(\Omega_0 + x_1) - x_2 \\ \varepsilon = x_1 + \Omega_0 - \Omega\hat{\theta} \\ \dot{\hat{\theta}} = \Gamma \dfrac{\Omega\varepsilon}{1 + \mu|\Omega|^2}, \ \Gamma > 0, \mu > 0 \end{cases} \tag{2.56}$$

其中，A_0、$P > 0$ 使得 $PA_0 + A_0^T P = -I$（或在本例中采用其简单标量形式）。这些基于梯度的滤波器已被证明可以渐近地收敛到真实参数值（参见 Krstic 等（1995，引理 6.5））。

从这个简单示例中我们可看出非线性系统的模块间接自适应控制背后的逻辑。这种方法可用于解决更复杂的实际系统。例如，读者可查阅 Benosman 和 Atinc（2015），该文献采用 ISS-反步法和基于梯度的估计滤波器的模块化方法，用以解决电磁执行器的自适应轨迹跟踪问题。

我们还想介绍非线性自适应控制的一个特殊情况，即非线性非最小相位系统的自适应控制（关于非最小相位系统的定义，请参见第 1 章）。在 Liao 等（2009，2010）发表的文献中，作者研究了一类具有不稳定内部动态的非线性系统的自适应控制问题，采用模型参考控制和控制量分配技术来控制具有控制约束和内部动态稳定的非线性系统，并利用李雅普诺夫设计方法估计系统的某些未知参数，确保闭环非线性系统是输入-状态稳定的。

最后，作为本节的结束，我们引用所谓的组合自适应控制（参见 Lavretsky（2009）、Duarte 和 Narendra（1989）以及 Slotine 和 Li（1989））。在这种方法中，主要思想是结合直接和间接自适应控制的优点，设计一个组合的自适应控制器，并认为比单纯的直接或间接 MRAC 自适应控制器具有更好的瞬态特性。然而，由于这些控制器的目标是（部分地）估计被控系统的真实参数，根据间接自适应控制的定义，在本书中我们将该类方法归为间接自适应控制。

2.4 无模型自适应控制

正如本章前面所提到的那样，这里的无模型自适应控制是指所有的控制器不依赖于系统的任何数学模型。这些控制器的设计完全基于从系统直接收集的在线测量数据。这里所说的"自适应"是指控制器可以适应和应对系统中的任何不确定性，因为它不依赖于任何特定的模型。例如，在无模型控制框架中经常使用的方法——著名的极值搜索（Extremum-

Seeking，ES)方法(参见 Zhang 和 Ordóñez(2012)以及 Ariyur 和 Krstic(2003))。这些类型的无模型优化方法早在 20 世纪 20 年代有关火车系统的法语文献中就已经被提出(参见 Leblanc(1922))。这些方法的基本目标是搜索极值，即在没有给定函数或其梯度的闭合形式知识的情况下，使其最大化(或最小化)。ES 算法目前已经取得大量的研究成果，特别是在 Krstić 和 Wang(2000)建立严格的收敛分析之后，如 Ariyur 和 Krstic(2003)、Krstic (2000)、Ariyur 和 Krstic(2002)、Tan 等(2006)、Nesic(2009)、Tan 等(2008)、Rotea (2000)、Guay 等(2013)、Jones 等(1993)、Scheinker 和 Krstic(2013)、Scheinker(2013)、Khong 等(2013b)、Noase 等(2011)、Ye 和 Hu(2013)、Tan 等(2013)、Liu 和 Krstic (2014)、Liu 和 Krstic(2015)。

为了让读者了解 ES 方法的工作原理，我们将介绍一些简单的 ES 算法。考虑如下一般形式的动态系统：

$$\dot{x}=f(x,u) \tag{2.57}$$

其中，$x\in\mathbb{R}^n$ 为状态，$u\in\mathbb{R}$ 为标量控制输入(为简单起见)，$f: \mathbb{R}^n\times\mathbb{R}\to\mathbb{R}^n$ 为光滑函数。现在，设式(2.57)表示真实系统的模型，控制目标是优化系统的给定性能。这种性能可以简单如将系统的给定输出调节到期望的恒定值，或是复杂如将输出跟踪到期望的时变轨迹。现在，将这个期望性能模型化为一个光滑函数 $J(x,u): \mathbb{R}^n\times\mathbb{R}\to\mathbb{R}$。由于状态向量 x 是由 u 驱动的，因此也可以简单地表示为 $J(u)$。为了能够得到一些收敛性结果，我们需要做出以下假设：

假设 2.1　存在一个光滑函数 $l: \mathbb{R}\to\mathbb{R}^n$ 使得

$$f(x,u)=0,当且仅当 x=l(u) \tag{2.58}$$

假设 2.2　对于每个 $u\in\mathbb{R}$，系统(2.57)的平衡点 $x=l(u)$ 局部指数稳定。

假设 2.3　存在(一个最大的)$u^*\in\mathbb{R}$，使得

$$(J\circ l)^{(1)}(u^*)=0$$
$$(J\circ l)^{(2)}(u^*)<0 \tag{2.59}$$

然后，基于以上假设，我们可以设计某个具有已证实收敛界的极值搜索器。事实上，最大化 J 的最简单方法之一是采用如下基于梯度的 ES 控制：

$$\dot{u}=k\frac{\mathrm{d}J}{\mathrm{d}u}, k>0 \tag{2.60}$$

我们可以通过李雅普诺夫函数来分析 ES 算法的收敛性：

$$V=J(u^*)-J(u)>0, u\neq u^* \tag{2.61}$$

对 V 求导可得：

$$\dot{V}=\frac{\mathrm{d}J}{\mathrm{d}u}\dot{u}=-k\left(\frac{\mathrm{d}J}{\mathrm{d}u}\right)^2\leqslant 0 \tag{2.62}$$

这证明了算法(2.60)能够使 u 趋近于不变集，满足 $\frac{\mathrm{d}J}{\mathrm{d}u}=0$，(由假设 2.3)即等价于 $u=u^*$。然而，即使像算法(2.60)一样简单，它仍然需要知道 J 的梯度。为了克服这个需求，我们可以采用一个由滑模控制思想所启发的算法。例如，我们把跟踪误差定义为

$$e = J(u) - \text{ref}(t) \tag{2.63}$$

其中，ref 表示一个单调增长的时间函数。此算法的思想是：如果 J 跟踪 ref，那它就会一直增长，直到达到以等式 $\dfrac{dJ}{du}=0$ 为中心的不变集。实现此目的的一个简单方法是选取如下 ES 律：

$$\dot{u} = k_1 \text{sgn}\left(\sin\left(\frac{\pi e}{k_2}\right)\right), k_1, k_2 > 0 \tag{2.64}$$

该控制器将引导 u 趋于满足 $\dfrac{dJ}{du} < |\dot{\text{ref}}(t)|/k_1$ 的集合。适当调整 k_1 的值可以使这个集合变得任意小（参见 Drakunov 和 Ozguner(1992)）。

另一个众所周知的方法是基于扰动的 ES。它利用一个扰动信号（通常是正弦信号）来探查控制空间，并通过隐性跟踪一个梯度更新来引导控制变量趋于其局部最优值。此类 ES 算法目前已开展了详尽的分析，如 Krstić 和 Wang(2000)、Ariyur 和 Krstic(2003)、Tan 等 (2008) 和 Rotea(2000)。这里我们将介绍一个基于正弦扰动的 ES 算法的简化版本：

$$\dot{z} = a \sin\left(\omega t + \frac{\pi}{2}\right) J(u)$$
$$u = z + a\sin\left(\omega t - \frac{\pi}{2}\right), a > 0, \omega > 0 \tag{2.65}$$

通过平均化理论和奇异扰动理论，我们表明在一些简单的假设下（关于 J 的至少局部最优性和光滑度），这种简单算法可以（局部）收敛到最优控制 u^* 的邻域（参见 Krstić 和 Wang (2000)、Rotea(2000)）。当然还有许多其他 ES 算法。然而，本章的目的并不是回顾所有的 ES 结果。相反，我们建议感兴趣的读者通过上面提到的文献去了解算法的更多细节。

现在我们来谈谈另一种有名的无模型控制方法，即强化学习（Reinforcement Learning，RL）算法（参见 Busonio 等(2008)、Sutton 和 Barto(1998)、Bertsekas 和 Tsitsiklis(1996)、Szepesvári(2010)、Busoniu (2010)、Farahmand(2011) 和 Kormushev 等(2010)）。强化学习背后的思想是：通过尝试随机控制动作，控制器最终可以构建一个被控系统的预测模型。强化学习是一类机器学习算法，它学习如何将状态映射到动作，以使期望回报最大化。心理学家们认识到动物有根据良好（或不良）结果重新选择（或不选择）动作的倾向（见 Thorndike(1911)），受此启发，在这些算法中，控制器必须通过试错来发现最佳动作。在强化学习中，控制器去学习一个最优策略（或动作），其定义了系统在给定时间和状态下的行为方式。经过试错，通过对期望值函数（该值函数可以用来长期评估策略的价值）进行优化，我们可获得最佳策略。简而言之，在给定状态下的值函数是：控制器可期望的从该状态开始到未来所积累的即时回报的总量。试错过程导致了著名的探索和利用的权衡问题。实际上，为了使值函数最大化，控制器必须选择以前尝试过且可获得高额即时回报的动作（或策略），而最重要的是能获得高的长期价值。然而，为了发现这些可获得高回报的动作，控制器不得不根据需要尝试许多不同的动作。这种控制动作的反复试验与应用是开发

(应用)与探索(反复试验)的困境,也是大部分无模型学习控制器的特点。还有一点值得注意的是,一些强化学习算法所采用的试错步骤并不是为了学习最佳状态动作的映射,而是学习系统的模型,然后将该模型用于未来控制动作的规划。在本书中,我们仍将该类控制算法视为无模型,因为该模型是通过与"系统"的直接交互,在线学习"拼凑"而得的。已有文献中有多种强化学习方法,它们都采用与前面所提算法相同的主要组成,然而在具体算法方面各有差异,例如:以哪种方式估计长期值函数等。本书既不是关于无模型的自适应控制,也不是关于强化学习方法,所以我们点到为止,若读者需要更详细地了解该主题,可以参考之前提供的参考文献。

这些只是无模型控制算法的两个具体示例。目前已提出更多的进展,如遗传算法、模拟退火方法等进化算法。同时还有纯$^{\ominus}$神经网络(Neural Network,NN)算法、深度神经网络算法等,具体可参见 Prabhu 和 Garg(1996)、Martinetz 和 Schulten(1993)、Levine(2013)和 Wang 等(2016);以及迭代学习控制(Iterative Learning Control,ILC)(参见 Bristow 等(2006)、Moore(1999)和 Ahn 等(2007))。

现在我们将转入本章的下一节,讨论更符合本书主题的自适应方法,即基于学习的自适应控制器。

2.5　基于学习的自适应控制

如 2.1 节中所说,基于学习的控制器是指部分基于物理模型,部分基于无模型学习算法的控制器。无模型学习用来对物理机理模型进行补充,同时补偿模型的不确定或缺失部分。这种补偿可以通过对不确定部分进行学习而直接完成,也可以通过调整控制器来间接处理不确定性。

近来,人们在这种自适应控制的"新"方向上已经做过许多努力。而这种日益增长的兴趣背后的原因之一是:无模型学习邻域已经发展相对成熟,从而促发了人们对现有无模型学习算法主要特性的深刻分析和理解。我们在本书中所提出的——将基于模型的经典控制器与无模型学习算法相结合的思想确实很有吸引力。通过这种结合,我们既可以具有基于模型设计的稳定特征,还可以融入无模型学习的优势——快速的收敛性和对不确定因素的鲁棒性。这种组合通常被称为用于自适应控制的双重化或模块化设计。自适应控制中的这方面研究可以参考以下文献:Wang 和 Hill(2010)、Spooner 等(2002)、Zhang 和 Ordóñez(2012)、Lewis 等(2012)、Wang 等(2006)、Guay 和 Zhang(2003)、Vrabie 等(2013)、Koszaka(2011)、Haghi 和 Ariyur(2011,2013)、Jiang 和 Jiang(2013)、Benosman 和 Atinc(2013a,c)、Atinc 和 Benosman(2013)、Modares 等(2013)、Benosman 等(2014)、Benosman(2014a,b,c)、Benosman 和 Xia(2015)、Gruenwald 和 Yucelen(2015)、Subbaraman 和 Benosman(2015)。

$\ominus$　纯的意思是,它们不使用系统的任何物理模型。

　　例如，在基于 NN 的模块化自适应控制设计中，其主要思路是将系统的模型作为已知部分和未知部分（即干扰部分）的组合。然后利用 NN 来近似模型的未知部分。最后，基于已知部分和未知部分的 NN 估计对控制器进行设计，以实现某种期望调节或跟踪性能（参见 Wang 和 Hill（2010）、Spooner 等（2002）和 Wang 等（2006））。

　　我们举一个简单的二阶例子来说明这个思路。考虑状态空间模型（以 Brunowsky 形式）：

$$\begin{cases} \dot{x}_1 = x_2 \\ \dot{x}_2 = f(x) + u \end{cases} \tag{2.66}$$

其中，f 是关于状态变量 $x = (x_1, x_2)^{\mathrm{T}}$ 的未知光滑非线性标量函数，u 是标量控制变量。模型的未知部分利用如下基于 NN 的估计值 $\hat{f}$ 来近似：

$$\hat{f} = \hat{W}^{\mathrm{T}} S(x) \tag{2.67}$$

其中，$\hat{W} = (\hat{w}_1, \cdots, \hat{w}_N)^{\mathrm{T}} \in \mathbb{R}^N$ 是 N 维权向量的估计，N 是 NN 的节点数。$S(x) = (s_1(x), \cdots, s_N(x))^{\mathrm{T}} \in \mathbb{R}^N$ 是回归向量，而 $s_i (i = 1, \cdots, N)$ 表示径向基函数。接下来，我们考虑下列参考模型：

$$\begin{cases} \dot{x}_{\mathrm{ref}1} = x_{\mathrm{ref}2} \\ \dot{x}_{\mathrm{ref}2} = f_{\mathrm{ref}}(x) \end{cases} \tag{2.68}$$

其中，f_{ref} 是关于期望状态轨迹 $x_{\mathrm{ref}} = (x_{\mathrm{ref}1}, x_{\mathrm{ref}2})^{\mathrm{T}}$ 的已知光滑非线性函数。假设所选择的 f_{ref} 使得参考轨迹在时间上是一致有界的，并且是有轨的，也就是说，从任意期望的初始条件 $x_{\mathrm{ref}}(0)$ 出发都会做重复运动。于是，可以设计一个简单的基于学习的控制器：

$$\begin{cases} u = -e_1 - c_1 e_2 - \hat{W}^{\mathrm{T}} S(e) + \dot{v} \\ e_1 = x_1 - x_{\mathrm{ref}1} \\ e_2 = x_2 - v \\ v = -c_2 e_1 + x_{\mathrm{ref}2} \\ \dot{v} = -c_2(-c_2 e_1 + e_2) + f_{\mathrm{ref}}(x_{\mathrm{ref}}), c_1, c_2 > 0 \\ \dot{\hat{W}} = \Gamma(S(e) e_2 - \sigma) \hat{W}, \sigma > 0, \Gamma = \Gamma^{\mathrm{T}} > 0 \end{cases} \tag{2.69}$$

　　这是一个模块化控制器，因为式（2.69）中控制量 u 的表达形式是由模型的 Brunowsky 控制式（这是控制中已知的基于模型的信息）所确定的，而控制量的其余部分是基于对模型 f 未知部分所进行的无模型 NN 网络估计。目前已证明该控制器能够确保闭环信号的一致有界性、状态轨迹到参考轨迹的实用指数收敛性，以及回归向量到某最优值的收敛性，即模型不确定性的最优估计（参见 Wang 和 Hill（2010，定理 4.1））。这只是基于 NN 的学习型自适应控制器的一个非常简单的示例。该类控制器的更多算法和分析可以在诸如 Wang 和 Hill（2010）和 Spooner（2002）等文献中找到。

　　在这里，我们还想介绍一些基于 ES 算法的学习型控制方法。例如，某种特定的基于 ES 的控制算法——基于数值优化的 ES 算法（参见 Zhang 和 Ordóñez（2012）），主要用于在系统动力学约束下对期望的性能成本函数进行优化。我们将此类方法划归于本节中基于学习的自适应控制器的原因是：这些基于 ES 的控制器并没有假设成本函数的显性知识。相反，它们依赖于成本函数(也可能是其梯度)的测量值来生成期望的状态序列，从而使系统达到性能成本函数的最优值。为此，系统的模型(假设已知)被用于设计一个基于模型的控制器，使得系统的状态能够(尽可能地)跟踪这些期望状态。因此，如果仔细研究这些算法，我们会发现它们使用无模型的步骤来优化未知的性能函数，然后采用基于模型的步骤来引导系统动力学达到最佳性能。鉴于这两个步骤，我们将这些算法划分为基于学习的自适应(关于未知成本)控制器。

为了澄清这些概念，我们将给出基于数值优化的 ES 控制的一般性公式表述。考虑如下非线性动态：

$$\dot{x} = f(x, u) \tag{2.70}$$

其中，$x \in \mathbb{R}^n$ 是状态变量，u 为控制输入(为简化表达式，假设它是一个标量)，f 是一个已知的(非线性)光滑向量函数。我们用 $Q(x)$ 表示期望的性能成本函数，其中 Q 是 x 的标量光滑函数。但是，函数 Q 关于 x(或 u)的显式表达未知。换而言之，这里唯一可用的信息是 Q(或其梯度)的直接测量值。于是我们的目标是通过迭代学习找到 Q 取最小值时所对应的控制输入。

下面给出其中一种极值搜索算法：

步骤 1：初始化，$t_0 = 0$，$x(t_0) = x_0^s$(在 $\mathbb{R}^n$ 中选择)，迭代步长为 $k = 0$。

步骤 2：基于测量值 $Q(x(t_k))$(或 $\nabla Q(x(t_k))$)，利用数值优化算法生成 x_{k+1}^s，使得 $x_{k+1}^s = \arg\min(J(x(t_k)))$。

步骤 3：利用已知模型(2.70)，设计一个状态调节器 u，将状态 $x(t_{k+1})$ 在有限时间 δ_k 内调节至期望(最优)状态 x_{k+1}^s，亦即 $x(t_{k+1}) = x_{k+1}^s, t_{k+1} = t_k + \delta_k$。

步骤 4：将迭代指数 k 增至 $k+1$，然后返回步骤 2。

在某些假设下，保证全局最小值(即式(2.70)的稳定平衡点)的存在该类算法能够收敛到性能成本函数的最小值(参见 Zhang 和 Ordóñez(2012，第 3~5 章))。

举例来说，如果考虑如下简单的线性时不变模型：

$$\dot{x} = Ax + Bu, x \in \mathbb{R}^n, u \in \mathbb{R} \tag{2.71}$$

假设 (A, B) 是可控的。在这种情况下，之前基于数值优化的 ES 算法可进行如下简化。

步骤 1：初始化，$t_0 = 0$，$x(t_0) = x_0^s$(在 $\mathbb{R}^n$ 中选择)，迭代步长为 $k = 0$。

步骤 2：基于测量值 $Q(x(t_k))$ 和 $\nabla Q(x(t_k))$，利用数值优化算法产生 x_{k+1}^s，使得 $x_{k+1}^s = x(t_k) - \alpha_k \nabla Q(x(t_k)), \alpha_k > 0$。

步骤 3：选择一个有限调节时间 δ_k，并计算如下基于模型的调节控制器：

$$u(t) = -B^T e^{A^T(t_{k+1} - t)} G^{-1}(\delta_k)(e^{A\delta_k} x(t_k) - x_{k+1}^s)$$

$$G(\delta_k) = \int_0^{\delta_k} e^{A\tau} BB^T e^{A^T \tau} d\tau$$

前提是 $t_k \leqslant t \leqslant t_{k+1} = t_k + \delta_k$。

步骤 4：检验是否满足 $\nabla Q(x(t_k)) < \varepsilon, (\varepsilon > 0$ 为收敛阈值)，如果是，则结束；否则，将

迭代指数 k 增至 $k+1$，然后返回步骤 2。

在 Zhang 和 Ordóñez(2012，定理 4.1.5)中表明，这种基于数值优化的 ES 控制器在稳定最小值存在的假定下，将(全局渐近)收敛于成本函数 Q 的一阶驻点。

文献中已提出的更多基于 ES 的自适应控制器，都可以归为基于学习的自适应控制器。由于不可能把所有的研究成果呈现在这里，感兴趣的读者可以参考以下文献：Guay 和 Zhang(2003)、Haghi 和 Ariyur(2011)、Haghi 和 Ariyur(2013)、Frihauf 等(2013)、Atinc 和 Benosman（2013）、Benosman（2014c）、Benosman（2014b）、Benosman（2014a）、Benosman 等(2014)、Benosman 和 Xia(2015)、Subbaraman 和 Benosman(2015)，并提及其中的一些实例。这里，我们着重推荐以下文献：Atinc 和 Benosman(2013)、Benosman (2014c)、Benosman(2014b)、Benosman(2014a)、Benosman 等(2014)、Benosman 和 Xia (2015)以及 Subbaraman 和 Benosman(2015)。这些研究成果是本书的主要灵感来源，也将在余下的章节中进行更详细的讨论。

最后，我们简单提一下基于学习的自适应控制领域中所取得的最新成果，也就是基于强化学习的自适应控制器(参见 Koszaka 等（2006）、Lewis 等（2012）和 Vrabie 等 (2013))。例如，Vrabie 等(2013)中所介绍的最优自适应控制器主要是采用强化学习 (RL)值迭代算法来设计自适应控制器，从而通过观测实时数据来实时获取最优控制问题的解决方案。

针对如下线性时不变连续系统的简单情况，我们来介绍其中一个算法：

$$\dot{x} = Ax + Bu \tag{2.72}$$

其中，$x \in \mathbb{R}^n$，$u \in \mathbb{R}^m$，且假设 (A,B) 稳定。在这里需要强调一下，能够将这种情况归为基于学习的自适应控制的主要假设是：矩阵 A 是未知的，且控制矩阵 B 已知。所以控制器将部分基于模型(基于 B)，部分基于无模型(利用 RL 对未知部分 A 进行补偿)。该模型可与如下线性二次型调节器(LQR)形式的成本函数相关联：

$$V(u) = \int_{t_0}^{\infty} (x^{\mathrm{T}}(\tau) R_1 x(\tau) + u^{\mathrm{T}}(\tau) R_2 u(\tau)) \mathrm{d}\tau, R_1 \geqslant 0, R_2 > 0 \tag{2.73}$$

其中，R_1 的选择应确保 $(R_1^{\frac{1}{2}}, A)$ 可检测。LQR 最优控制即为

$$u^*(t) = \operatorname{argmin}_{u(t)} V(u), \quad t \in (t_0, \infty) \tag{2.74}$$

众所周知(参见 Kailath(1980))，该问题的解(在已知模型的标称情况下)已给出：

$$u^*(t) = -Kx(t)$$
$$K = R_2^{-1} B^{\mathrm{T}} P \tag{2.75}$$

其中，P 是著名的代数里卡蒂(Riccati)方程的解：

$$A^{\mathrm{T}} P + PA - PBR_2^{-1} B^{\mathrm{T}} P + Q = 0 \tag{2.76}$$

在前面提到的可检测条件下，该方程有唯一半正定解。然而，此经典解依赖于模型(2.72)的完备知识。在我们的问题中，假设 A 未知，是需要学习的。先对 P 进行学习，进而学习最优控制 u^* 的一种方案是基于积分强化学习策略的迭代算法(IRL-PIA)（参见 Vrabie 等 (2013，第 3 章))，该算法是基于如下方程的迭代解：

$$x^T P_i x = \int_t^{t+T} x^T(\tau)(R_1 + K_i^T R_2 K_i)x(\tau)\mathrm{d}\tau + x^T(t+T)P_i x(t+T)$$
$$K_{i+1} = R_2^{-1}B^T P_i, i = 1, 2, \cdots$$
(2.77)

其中，初始增益K_1应确保$A-BK_1$稳定。在 Vrabie 等（2013，定理 3.4）中已经证明，在(A, B)稳定和$(R_1^{1/2}, A)$可检测的假设下，从初始增益K_1出发的策略迭代（2.77）可收敛至式（2.75）和式（2.76）所给出的最优 LQR 解u^*。

通过这个简单示例，我们给读者展示了一种部分依赖于模型、部分依赖于无模型学习迭代的基于 RL 的自适应控制器。学者们也研究了非线性系统这种更具挑战性的情况。更多细节请参考 Vrabie 等（2013）、Lewis 等（2012）相关文献。

2.6 总结

本章中，我们对自适应控制领域进行了概述。由于过去 70 多年来提出了许多突出的研究成果，使得该项工作的完成难度很大。为了更好地完成概述，我们将自适应控制领域划分为三个主要流派：基于模型、无模型和基于学习的自适应控制。事实上，我们将基于模型的（经典）自适应控制定义为完全依赖于系统的某些物理模型。另一方面，我们将无模型自适应控制定义为完全依赖于测量数据的自适应算法。最后，作为一种混杂方法，我们将基于学习的自适应控制定义为通过部分系统模型来设计一个基于模型的控制器，然后利用无模型学习算法来补偿模型未知部分的自适应算法。在每种情况下，我们尽量呈现一些简单示例，并为每个子领域引入一些相关参考文献。这里我们强调"尽量"是因为在一章内引用和呈现全部已有成果是一个不可能达成的目标。因此，我们对所有遗漏的文献表示歉意，并希望本章仍能成为涵盖主要自适应控制成果的一篇好综述，感兴趣的读者可以通过每个子领域所引用的专门文献查找更多细节内容。

参考文献

Ahn, H.S., Chen, Y., Moore, K.L., 2007. Iterative learning control: brief survey and categorization. IEEE Trans. Syst. Man Cybern. 37 (6), 1099.

Ajami, A.F., 2005. Adaptive flight control in the presence of input constraints. Master's thesis, Virginia Polytechnic Institute and State University.

Ariyur, K.B., Krstic, M., 2002. Multivariable extremum seeking feedback: analysis and design. In: Proceedings of the Mathematical Theory of Networks and Systems, South Bend, IN.

Ariyur, K.B., Krstic, M., 2003. Real Time Optimization by Extremum Seeking Control. John Wiley & Sons, Inc., New York, NY, USA.

Astolfi, A., Karagiannis, D., Ortega, R., 2008. Nonlinear and Adaptive Control with Applications. Springer, London.

Astrom, K.J., 1983. Theory and applications of adaptive control—a survey. Automatica 19 (5), 471–486.

Astrom, K., Eykhoff, P., 1971. System identification—a survey. Automatica 7, 123–162.

Astrom, K.J., Wittenmark, B., 1995. A survey of adaptive control applications. In: IEEE, Conference on Decision and Control, pp. 649–654.

Astrom, K.J., Hagglund, T., Hang, C.C., Ho, W.K., 1994. Automatic tuning and adaptation for PID controllers—a survey. Control Eng. Pract. 1 (4), 699–714.

Atinc, G., Benosman, M., 2013. Nonlinear learning-based adaptive control for electromagnetic actuators with proof of stability. In: IEEE, Conference on Decision and Control, Florence, pp. 1277–1282.

Barkana, I., 2014. Simple adaptive control—a stable direct model reference adaptive control methodology—brief survey. Int. J. Adapt. Control Signal Process. 28, 567–603.

Bellman, R., 1957. Dynamic Programming. Princeton University Press, Princeton.

Bellman, R., 1961. Adaptive Process—A Guided Tour. Princeton University Press, Princeton.

Benosman, M., 2014a. Extremum-seeking based adaptive control for nonlinear systems. In: IFAC World Congress, Cape Town, South Africa, pp. 401–406.

Benosman, M., 2014b. Learning-based adaptive control for nonlinear systems. In: IEEE European Control Conference, Strasbourg, FR, pp. 920–925.

Benosman, M., 2014c. Multi-parametric extremum seeking-based auto-tuning for robust input-output linearization control. In: IEEE, Conference on Decision and Control, Los Angeles, CA, pp. 2685–2690.

Benosman, M., Atinc, G., 2013a. Multi-parametric extremum seeking-based learning control for electromagnetic actuators. In: IEEE, American Control Conference, Washington, DC, pp. 1914–1919.

Benosman, M., Atinc, G., 2013b. Nonlinear adaptive control of electromagnetic actuators. In: SIAM Conference on Control and Applications, pp. 29–36.

Benosman, M., Atinc, G., 2013c. Nonlinear learning-based adaptive control for electromagnetic actuators. In: IEEE, European Control Conference, Zurich, pp. 2904–2909.

Benosman, M., Atinc, G., 2015. Nonlinear adaptive control of electromagnetic actuators. IET Control Theory Appl., 258–269.

Benosman, M., Xia, M., 2015. Extremum seeking-based indirect adaptive control for nonlinear systems with time-varying uncertainties. In: IEEE, European Control Conference, Linz, Austria, pp. 2780–2785.

Benosman, M., Cairano, S.D., Weiss, A., 2014. Extremum seeking-based iterative learning linear MPC. In: IEEE Multi-conference on Systems and Control, pp. 1849–1854.

Bertsekas, D., Tsitsiklis, J., 1996. Neurodynamic Programming. Athena Scientific, Cambridge, MA.

Bristow, D.A., Tharayil, M., Alleyne, A.G., 2006. A survey of iterative learning control. IEEE Control Syst. 26 (3), 96–114.

Busonio, L., Babuska, R., Schutter, B.D., 2008. A comprehensive survey of multiagent reinforcement learning. IEEE Trans. Syst. Man Cybern. C: Appl. Rev. 38 (2), 156–172.

Busoniu, L., Babuska, R., De Schutter, B., Ernst, D., 2010. Reinforcement learning and dynamic programming using function approximators, Automation and Control Engineering. CRC Press, Boca Raton, FL.

Byrnes, C., Isidori, A., Willems, J.C., 1991. Passivity, feedback equivalence, and the global stabilization of minimum phase nonlinear systems. IEEE, Trans. Autom. Control 36 (11), 1228–1240.

Cao, C., Hovakimyan, N., 2008. Design and analysis of a novel L1 adaptive control architecture with guaranteed transient performance. IEEE Trans. Autom. Control 53 (2), 586–591.

Carr, N., 2014. The Glass Cage: Automation and us. W.W. Norton & Company, New York.

Drakunov, S., Ozguner, U., 1992. Optimization of nonlinear system output via sliding-mode approach. In: IEEE Workshop on Variable Structure and Lyapunov Control of Uncertain Dynamical Systems, University of Sheffield, UK.

Duarte, M.A., Narendra, K.S., 1989. Combined direct and indirect approach to adaptive control. IEEE Trans. Autom. Control 34 (10), 1071–1075.

Egardt, B., 1979. Stability of Adaptive Controllers. Springer-Verlag, Berlin.

Farahmand, A.M., 2011. Regularization in reinforcement learning. Ph.D. Thesis, University of Alberta.

Fekri, S., Athans, M., Pascoal, A., 2006. Issues, progress and new results in robust adaptive control. Int. J. Adapt. Control Signal Process. 20, 519–579.

Filatov, N.M., Unbehauen, H., 2000. Survey of adaptive dual control methods. IET Control Theory Appl. 147 (1), 118–128.

Flores-Perez, A., Grave, I., Tang, Y., 2013. Contraction based adaptive control for a class of nonlinearly parameterized systems. In: IEEE, American Control Conference, Washington, DC, pp. 2655–2660.

Fradkov, A.L., 1980. Speed-gradient scheme and its application in adaptive control problems. Autom. Remote Control 40 (9), 1333–1342.

Fradkov, A.L., 1994. Nonlinear adaptive control: regulation-tracking-oscillations. In: First IFAC Workshop: New Trends in Design of Control Systems, Smolenice, Slovakia, pp. 426–431.

Fradkov, A.L., Stotsky, A.A., 1992. Speed gradient adaptive control algorithms for mechanical systems. Int. J. Adapt. Control Signal Process. 6, 211–220.

Fradkov, A., Miroshnik, I., Nikiforov, V., 1999. Nonlinear and Adaptive Control of Complex Systems. Kluwer Academic Publishers, The Netherlands.

Fradkov, A., Ortega, R., Bastin, G., 2001. Semi-adaptive control of convexly parametrized systems with application to temperature regulation of chemical reactors. Int. J. Adapt. Control Signal Process. 15, 415–426.

Frihauf, P., Krstic, M., Basar, T., 2013. Finite-horizon LQ control for unknown discrete–time linear systems via extremum seeking. Eur. J. Control 19 (5), 399–407.

Giovanini, L., Benosman, M., Ordys, A., 2005. Adaptive control using multiple models switching and tuning. In: International Conference on Industrial Electronics and Control Applications, pp. 1–8.

Giovanini, L., Sanchez, G., Benosman, M., 2014. Observer-based adaptive control using multiple-models switching and tuning. IET Control Theory Appl. 8 (4), 235–247.

Goodwin, G.C., Sin, K.S., 1984. Adaptive Filtering Prediction and Control. Prentice-Hall, Englewood Cliffs, NJ.

Gregory, P.C., 1959. Proceedings of the self-adaptive flight control systems symposium. WADC Technical Report. Wright Air Development Centre, Ohio.

Gruenwald, B., Yucelen, T., 2015. On transient performance improvement of adaptive control architectures. Int. J. Control 88 (11), 2305–2315.

Guay, M., Zhang, T., 2003. Adaptive extremum seeking control of nonlinear dynamic systems with parametric uncertainties. Automatica 39, 1283–1293.

Guay, M., Dhaliwal, S., Dochain, D., 2013. A time-varying extremum-seeking control approach. In: IEEE, American Control Conference, pp. 2643–2648.

Haghi, P., Ariyur, K., 2011. On the extremum seeking of model reference adaptive control in higher-dimensional systems. In: IEEE, American Control Conference.

Haghi, P., Ariyur, K., 2013. Adaptive feedback linearization of nonlinear MIMO systems using ES-MRAC. In: IEEE, American Control Conference, pp. 1828–1833.

Hung, N.V.Q., Tuan, H.D., Narikiyo, T., Apkarian, P., 2008. Adaptive control for nonlinearly parameterized uncertainties in robot manipulators. IEEE Trans. Control Syst. Technol. 16 (3), 458–468.

Ilchmann, A., Ryan, E.P., 2008. High-gain control without identification: a survey. GAMM-Mitt. 31 (1), 115–125.

Ioannou, P., Sun, J., 2012. Robust Adaptive Control. Dover Publications, Mineola, NY.

Ioannou, P.A., Annaswamy, A.M., Narendra, K.S., Jafari, S., Rudd, L., Ortega, R., Boskovic, J., 2014. L1-adaptive control: stability, robustness, and interpretations. IEEE Trans. Autom. Control 59 (11), 3075–3080.

Isermann, R., 1982. Parameter adaptive control algorithms—a tutorial. Automatica 18 (5), 513–528.

Isidori, A., 1989. Nonlinear Control Systems, second ed., Communications and Control

Engineering Series. Springer-Verlag, Berlin.

Jarvis, R.A., 1975. Optimization strategies in adaptive control: a selective survey. IEEE Trans. Syst. Man Cybern. 5 (1), 83–94.

Jiang, Z.P., Jiang, Y., 2013. Robust adaptive dynamic programming for linear and nonlinear systems: an overview. Eur. J. Control 19 (5), 417–425.

Jones, D.R., Perttunen, C.D., Stuckman, B.E., 1993. Lipschitzian optimization without the Lipschitz constant. J. Optim. Theory Appl. 79 (1), 157–181.

Kailath, T., 1980. Linear Systems. Prentice-Hall, Englewood Cliffs, NJ.

Karsenti, L., Lamnabhi-Lagarrigue, F., Bastin, G., 1996. Adaptive control of nonlinear systems with nonlinear parameterization. Syst. Control Lett. 27, 87–97.

Khong, S.Z., Nešić, D., Tan, Y., Manzie, C., 2013b. Unified frameworks for sampled-data extremum seeking control: global optimisation and multi-unit systems. Automatica 49 (9), 2720–2733.

Kormushev, P., Calinon, S., Caldwell, D.G., 2010. Robot motor skill coordination with EM-based reinforcement learning. In: IEEE/RSJ International Conference on Intelligent Robots and Systems, Taipei, China, pp. 3232–3237.

Koszaka, L., Rudek, R., Pozniak-Koszalka, I., 2006. An idea of using reinforcement learning in adaptive control systems. In: International Conference on Networking, International Conference on Systems and International Conference on Mobile Communications and Learning Technologies, 2006. ICN/ICONS/MCL 2006, p. 190.

Krasovskii, A.A., 1976. Optimal algorithms in problems of identification with an adaptive model. Avtom. Telemekh. 12, 75–82.

Krasovskii, A.A., Shendrik, V.S., 1977. A universal algorithm for optimal control of continuous processes. Avtomat. i Telemekh. 2, 5–13 (in Russian).

Krstic, M., 2000. Performance improvement and limitations in extremum seeking. Syst. Control Lett. 39, 313–326.

Krstić, M., Wang, H.H., 2000. Stability of extremum seeking feedback for general nonlinear dynamic systems. Automatica 36 (4), 595–601.

Krstic, M., Kanellakopoulos, I., Kokotovic, P., 1995. Nonlinear and Adaptive Control Design. John Wiley & Sons, New York.

Kumar, P.R., 1985. A survey of some results in stochastic adaptive control. SIAM J. Control Optim. 23 (3), 329–380.

Landau, I.D., 1979. Adaptive Control. Marcel Dekker, New York.

Landau, I.D., Lozano, R., M'Saad, M., Karimi, A., 2011. Adaptive control: Algorithms, analysis and applications, Communications and Control Engineering. Springer-Verlag, Berlin.

Lavretsky, E., 2009. Combined/composite model reference adaptive control. IEEE Trans. Autom. Control 54 (11), 2692–2697.

Leblanc, M., 1922. Sur lélectrification des chemins de fer au moyen de courants alternatifs de fréquence élevée. Revue Générale de lElectricité.

Levine, S., 2013. Exploring deep and recurrent architectures for optimal control. In: Neural Information Processing Systems (NIPS) Workshop on Deep Learning.

Lewis, F.L., Vrabie, D., Vamvoudakis, K.G., 2012. Reinforcement learning and feedback control: using natural decision methods to design optimal adaptive controllers. IEEE Control. Syst. Mag. 76–105, doi:10.1109/MCS.2012.2214134.

Liao, F., Lum, K.Y., Wang, J.L., Benosman, M., 2009. Adaptive nonlinear control allocation of non-minimum phase uncertain systems. In: IEEE, American Control Conference, St. Louis, MO, USA, pp. 2587–2592.

Liao, F., Lum, K.Y., Wang, J.L., Benosman, M., 2010. Adaptive control allocation for nonlinear systems with internal dynamics. IET Control Theory Appl. 4 (6), 909–922.

Liu, S.J., Krstic, M., 2014. Newton-based stochastic extremum seeking. Automatica 50 (3), 952–961.

Liu, S.J., Krstic, M., 2015. Stochastic averaging in discrete time and its applications to extremum seeking. IEEE Trans. Autom. Control 61 (1), 90–102.

Liu, X., Ortega, R., Su, H., Chu, J., 2010. Immersion and invariance adaptive control of nonlinearly parameterized nonlinear systems. IEEE Trans. Autom. Control 55 (9), 2209–2214.

Ljung, L., Gunnarsson, S., 1990. Adaptation and tracking in system identification—a survey. Automatica 26 (1), 7–21.

Martinetz, T., Schulten, K., 1993. A neural network for robot control: cooperation between neural units as a requirement for learning. Comput. Electr. Eng. 19 (4), 315–332.

Modares, R., Lewis, F., Yucelen, T., Chowdhary, G., 2013. Adaptive optimal control of partially-unknown constrained-input systems using policy iteration with experience replay. In: AIAA Guidance, Navigation, and Control Conference, Boston, MA, doi: 10.2514/6.2013-4519.

Moore, K.L., 1999. Iterative learning control: an expository overview. In: Applied and Computational Control, Signals, and Circuits. Springer, New York, pp. 151–214.

Narendra, K.S., Annaswamy, A.M., 1989. Stable Adaptive Systems. Prentice-Hall, Englewood Cliffs, NJ.

Narendra, K.S., Balakrishnan, J., 1997. Adaptive control using multiple models. IEEE Trans. Autom. Control 42 (2), 171–187.

Narendra, K.S., Driollet, O.A., Feiler, M., George, K., 2003. Adaptive control using multiple models, switching and tuning. Int. J. Adapt. Control Signal Process. 17, 87–102.

Nesic, D., 2009. Extremum seeking control: convergence analysis. Eur. J. Control 15 (3-4), 331–347.

Noase, W., Tan, Y., Nesic, D., Manzie, C., 2011. Non-local stability of a multi-variable extremum-seeking scheme. In: IEEE, Australian Control Conference, pp. 38–43.

Ortega, R., Fradkov, A., 1993. Asymptotic stability of a class of adaptive systems. Int. J. Adapt. Control Signal Process. 7, 255–260.

Ortega, R., Tang, Y., 1989. Robustness of adaptive controllers—a survey. Automatica 25 (5), 651–677.

Park, B.S., Lee, J.Y., Park, J.B., Choi, Y.H., 2012. Adaptive control for input-constrained linear systems. Int. J. Control Autom. Syst. 10 (5), 890–896.

Prabhu, S.M., Garg, D.P., 1996. Artificial neural network based robot control: an overview. J. Intell. Robot. Syst. 15 (4), 333–365.

Rojas, O.J., Goodwin, G.C., Desbiens, A., 2002. Study of an adaptive anti-windup strategy for cross-directional control systems. In: IEEE, Conference on Decision and Control, pp. 1331–1336.

Rotea, M., 2000. Analysis of multivariable extremum seeking algorithms. In: Proceedings of the American Control Conference, vol. 1. IEEE, pp. 433–437.

Rusnak, I., Weiss, H., Barkana, I., 2014. Improving the performance of existing missile autopilot using simple adaptive control. Int. J. Robust Nonlinear Control 28, 732–749.

Sastry, S., Bodson, M., 2011. Adaptive Control: Stability, Convergence and Robustness. Dover Publications, Mineola.

Scheinker, A., 2013. Simultaneous stabilization and optimization of unknown, time-varying systems. In: American Control Conference (ACC), 2013, pp. 2637–2642.

Scheinker, A., Krstic, M., 2013. Maximum-seeking for CLFs: universal semiglobally stabilizing feedback under unknown control directions. IEEE Trans. Autom. Control 58, 1107–1122.

Seborg, D.E., Edgar, T.F., Shah, S.L., 1986. Adaptive control strategies for process control: a survey. AIChE J. 32 (6), 881–913.

Seron, M., Hill, D., Fradkov, A., 1995. Nonlinear adaptive control of feedback passive systems. Automatica 31 (7), 1053–1057.

Slotine, J., Li, W., 1991. Applied Nonlinear Control, Prentice-Hall International Edition. Prentice-Hall, Englewood Cliffs, NJ, pp. 68–73 .

Slotine, J.J.E., Li, W., 1989. Composite adaptive control of robot manipulators. Automatica 25 (4), 509–519.

Spooner, J.T., Maggiore, M., Ordonez, R., Passino, K.M., 2002. Stable adaptive control and estimation for nonlinear systems. Wiley-Interscience, New York.

Sragovich, V., 2006. Mathematical theory of adaptive control. In: Interdisciplinary Mathematical Sciences, vol. 4. World Scientific, Singapore, translated by: I.A. Sinitzin.

Subbaraman, A., Benosman, M., 2015. Extremum seeking-based iterative learning model predictive control (ESILC-MPC), Tech. rep., arXiv:1512.02627v1 [cs.SY].

Sutton, R.S., Barto, A.G., 1998. Reinforcement Learning: An Introduction. MIT Press, Cambridge, MA.

Szepesvári, C., 2010. Algorithms for Reinforcement Learning. Morgan & Claypool Publishers, California, USA.

Tan, Y., Li, Y., Mareels, I., 2013. Extremum seeking for constrained inputs. IEEE Trans. Autom. Control 58 (9), 2405–2410.

Tan, Y., Nesic, D., Mareels, I., 2006. On non-local stability properties of extremum seeking control. Automatica 42, 889–903.

Tan, Y., Nesic, D., Mareels, I., 2008. On the dither choice in extremum seeking control. Automatica 44, 1446–1450.

Tao, G., 2003. Adaptive control design and analysis. Hoboken, NJ: John Wiley and Sons.

Tao, G., 2014. Mutlivariable adaptive control: A survey. Automatica 50 (2014), 2737–2764.

Thorndike, E.L., 1911. Animal Intelligence; Experimental Studies, The Animal Behavior Series. The Macmillan Company, New York.

Tsypkin, Y.Z., 1971. Adaptation and Learning in Automatic Systems. Academic Press, New York.

Tsypkin, Y.Z., 1975. Foundations of the Theory of Learning Systems. Academic Press, New York.

Vrabie, D., Vamvoudakis, K., Lewis, F.L., 2013. Optimal Adaptive Control and Differential Games by Reinforcement Learning Principles, IET Digital Library.

Wang, C., Hill, D.J., 2010. Deterministic Learning Theory for Identification, Recognition, and Control. CRC Press, Boca Raton, FL.

Wang, C., Hill, D.J., Ge, S.S., Chen, G., 2006. An ISS-modular approach for adaptive neural control of pure-feedback systems. Automatica 42 (5), 723–731.

Wang, Z., Liu, Z., Zheng, C., 2016. Qualitative analysis and control of complex neural networks with delays, Studies in Systems, Decision and Control, vol. 34. Springer-Verlag, Berlin/Heidelberg.

Yakubovich, V., 1969. Theory of adaptive systems. Sov. Phys. Dokl. 13, 852–855.

Ye, M., Hu, G., 2013. Extremum seeking under input constraint for systems with a time-varying extremum. In: IEEE, Conference on Decision and Control, pp. 1708–1713.

Yeh, P.C., Kokotovit, P.V., 1995. Adaptive tracking designs for input-constrained linear systems using backstepping. In: IEEE, American Control Conference, pp. 1590–1594.

Zhang, C., Ordóñez, R., 2012. Extremum-Seeking Control and Applications: A Numerical Optimization-Based Approach. Springer, New York.

基于极值搜索的迭代反馈增益整定理论

3.1 引言

当前，反馈控制器已应用于各类系统。反馈的类型也有多种，如状态反馈与输出反馈、线性反馈与非线性反馈等。然而，所有可用的反馈控制器具有一个共同特征，即它们都依赖于一些"精心挑选的"反馈增益。这些反馈增益的选择通常基于某些期望性能。例如，可以选择使线性闭环系统的超调量最小的增益。此外，调节时间可以作为另一个性能目标，在许多应用中，最小化给定有限时间、渐近状态或输出跟踪误差也可以作为选择依据。

过去，已有许多关于反馈增益整定的结果。其中，最著名和广为传授的技术之一就是线性系统的比例-积分-微分（PID）增益整定的 Ziegler-Nichols 法则（参见 Ziegler 和 Nichols(1942)）。然而，该法则特别适用于线性 PID 反馈下特定类型的线性系统，并且实质上是启发式的。对更一般的模型和控制器，为了更系统性或自动地调整反馈增益，控制界开始考虑采用一个迭代过程来自动整定闭环系统的反馈增益。

事实上，在 Hjalmarsson 等(1994)的讲座论文中，作者介绍了一种思路：反馈控制器的参数可以通过迭代调整以补偿模型不确定性，并且该调整可以基于从系统中直接获得的测量值。迭代控制整定的思想导致了迭代反馈整定(Iterative Feedback Tuning，IFT)研究领域的出现，其目标是基于一个已知性能成本函数的在线优化来迭代地自动调整闭环系统的反馈增益。

过去 20 年来，IFT 已经取得很多成果，当然本章的目的并不是综述该领域的所有论文。不过，现有的结果主要面向线性系统的线性反馈控制器，如 Lequin 等（2003）、Hjalmarsson(2002)、Killingsworth 和 Kristic(2006)、Koszalka 等(2006)、Hjalmarsson 等(1998)、Wang 等(2009)。基于这些线性系统的 IFT 算法，已有一些非线性系统方向的推广研究。例如，在 Hjalmarsson (1998) 中，作者研究了用线性时不变输出反馈来控制离散非线性系统。通过对非线性动态系统的局部泰勒近似，最初从线性系统发展而来的 IFT 算法被推广至非线性系统。然而，本书并没有给出该反馈回路即与线性控制器和非线性动力学相融合的 IFT 的完整分析。Sjoberg 和 Agarwal (1996)、DeBruyne 等(1997) 和 Sjoberg

等(2003)中提出了非线性系统的其他反馈增益迭代整定算法。这些论文中所开发的算法首先假设闭环输入和输出信号在增益整定期间保持有界，然后依赖于给定成本函数相对于控制器增益的梯度数值估计。如果被调整增益向量的维数为 n，则系统必须运行 $n+2$ 次。如果调谐参数的数量很大，这显然是一个限制因素。

在本章中，我们将在非线性不确定系统的一般设置下，研究增益自整定的问题，并对整个系统(即与非线性控制器和非线性不确定系统)相融合的学习算法，进行严格的稳定性分析(初步结果请参见 Benosman 和 Atinc (2013)、Benosman (2014))。在这里，我们考虑一类特殊的非线性系统，即关于控制输入仿射的非线性模型，该模型可以通过静态反馈来线性化。这里考虑的不确定性类型是有界的加性模型不确定，具有已知的上界函数。我们提出一个简单的模块化迭代增益整定控制器：首先，设计一个基于经典输入输出线性化方法的鲁棒控制器，并与基于李雅普诺夫重构的控制相结合，参见 Khalil (1996)、Benosman 和 Lum (2010)。该鲁棒控制器保证了跟踪误差的一致有界性及其对给定不变集的收敛性，即它保证了系统的拉格朗日稳定性。接着，在第二阶段，我们增添一个多参数极值搜索(Multiparametric Extremum-Seeking，MES)算法对鲁棒控制器的反馈增益进行迭代自动调整。极值搜索器优化了由性能成本函数描述的期望系统性能。

在这个阶段值得说明的是：与无模型纯基于 MES 的控制器相比，基于 MES 的 IFT 控制具有不同的目标。事实上，纯基于 MES 的控制器主要面向输出或状态调节，即解决静态优化问题。相反，在这里，我们采用 MES 来补充基于模型的非线性控制从而自动调整其反馈增益。这意味着控制目标(即状态或输出轨迹跟踪)是由基于模型的控制器来处理的。MES 算法用于提高基于模型的控制器的跟踪性能，并且一旦 MES 算法收敛，就可以单独使用基于非线性模型的反馈控制器，而不再需要 MES 算法。换言之，所使用的 MES 算法主要用来替代基于模型的控制器中反馈增益的人工调整部分，在现实生活中该部分常常通过某种类型的试错测试来完成。

另外值得一提的是，这里所提出的基于 MES 的非线性 IFT 方法与现有的无模型迭代学习控制 (Iterative Learning Control，ILC) 算法有两个差别。第一，所提出的方法旨在自动调整与非线性基于模型的鲁棒控制器有关联的给定反馈增益向量。因此，一旦增益得到调整，由 MES 整定算法所获得的最佳增益可直接用于后续设计，而不再需要 MES 算法。第二，已有的无模型 ILC 算法不需要被控系统的任何知识。换言之，ILC 本质上是一个不需要系统的任何物理知识的无模型控制。在系统模型难以获得时，这一点很有吸引力。然而，所付出的代价是为了学习系统的所有动力学而必须进行大量迭代行为(尽管是间接地通过对给定的最优前馈控制信号进行学习)。在这些条件下，相信我们所提出的方法在改善闭环系统的整体性能所需要的迭代次数方面更迅速。实际上，其主要思路是：首先根据系统模型中的所有可用信息，在第一阶段先设计基于模型的控制器；然后在第二阶段通过调整该控制器的增益来改善其性能，以此补偿模型中的未知或不确定部分。因为与完整的无模型 ILC 不同，我们并不是从零开始，而是使用了关于系统模型的一些知识，所以我们期望能够比无模型 ILC 算法更快地收敛到最优性能。

本章结构如下：首先，在 3.2 节中，回顾一些符号和定义。接着，介绍所研究的系统类型，并在 3.3 节中对其控制问题进行描述。3.4 节介绍所提出的控制方法及其稳定性分析。3.5 节主要介绍该控制器在两个机电一体化示例中的应用：电磁执行器和双连杆刚性机械臂。最后，在 3.6 节中对本章内容进行总结，并给出一些开放性问题的讨论。

3.2 基本符号和定义

在本章中我们用 $\|\cdot\|$ 表示欧几里得范数。也就是说，对于 $x \in \mathbb{R}^n$，有 $\|x\| = \sqrt{x^{\mathrm{T}}x}$。采用 $\mathrm{diag}\{m_1, \cdots, m_n\}$ 来标记对角线元素 m_i 所构成的 $n \times n$ 对角矩阵，$z(i)$ 表示向量 z 的第 i 个元素。采用 $(\dot{\cdot})$ 作为关于时间导数的简短记号，$f^{(r)}(t)$ 表示 $\dfrac{\mathrm{d}^r f(t)}{\mathrm{d}t^r}$。$\mathrm{Max}(V)$ 表示向量 V 的最大元素。$\mathrm{sgn}(.)$ 表示符号函数。矩阵 A ($A \in \mathbb{R}^{m \times n}$) 的弗罗贝尼乌斯范数定义为 $\|A\|_{\mathrm{F}} \triangleq \sqrt{\sum\limits_{i=1}^{n} \sum\limits_{j=1}^{n} |a_{ij}|^2}$。我们用 $\mathcal{C}^k$ 函数表示 k 阶可微，$\mathcal{C}^\infty$ 表示光滑函数。如果该函数在集合每一点的某个邻域内都存在收敛的泰勒级数逼近，则称函数在给定集合上解析。如果它具有已知明确的复位时间，在一段有限的前向时间间隔内存在唯一解，而且不会出现 Zeno 解，即在有限时间间隔内无限次地重置系统，则称脉冲动力系统为适定的（参见 Haddad 等 (2006)）。最后，在后续内容中所讨论的误差轨迹有界性，是指 Khalil (1996，p167，定义 4.6) 对于非线性连续系统以及 Haddad 等（2006，p67，定义 2.12）对于时间有关的脉冲动力系统所定义的一致有界性（参见第 1 章）。

3.3 问题描述

3.3.1 系统类型

这里，我们考虑如下结构的仿射不确定非线性系统：

$$\dot{x} = f(x) + \Delta f(x) + g(x)u, \quad x(0) = x_0 \tag{3.1}$$
$$y = h(x)$$

其中，$x \in \mathbb{R}^n$、$u \in \mathbb{R}^{n_a}$ 和 $y \in \mathbb{R}^m$ ($n_a \geqslant m$) 分别表示状态、输入和被控输出向量；x_0 是给定的有限初始条件；$\Delta f(x)$ 是表示模型加性不确定性的向量场，向量场 f、Δf、g 的列和函数 h 满足以下假设。

假设 3.1 $f: \mathbb{R}^n \rightarrow \mathbb{R}^n$ 和 $g: \mathbb{R}^n \rightarrow \mathbb{R}^{n \times n_a}$ 的列是有界集 $X \subset \mathbb{R}^n$ 上的 $\mathcal{C}^\infty$ 向量场，$h(\cdot)$ 是 X 上的 $\mathcal{C}^\infty$ 函数，向量场 $\Delta f(\cdot)$ 是 X 上的 $\mathcal{C}^1$ 函数。

假设 3.2   系统 (3.1) 在每个点 $x^0 \in X$ 上具有明确的（向量）相对阶 $\{r_1, \cdots, r_m\}$，且该系统可线性化，即 $\sum\limits_{i=1}^{i=m} r_i = n$（参见第 1 章）。

假设 3.3　不确定向量函数 $\Delta f(\cdot)$ 满足 $\|\Delta f(x)\| \leqslant d(x)$ $(\forall x \in X)$，其中 $d: X \to \mathbb{R}$ 是一个光滑的非负函数。

假设 3.4　期望输出轨迹 y_{id} 是关于时间的光滑函数，将 $t=0$ 处的期望初始点 y_{i0} 与 $t=t_f$ 处的期望终点 y_{if} 相关联，并且使得 $y_{id}(t)=y_{if}, \forall t \geqslant t_f, t_f > 0, i \in \{1,\cdots,m\}$。

3.3.2　控制目标

我们的目标是设计一个反馈控制器 $u(x, K)$，以确保不确定模型(3.1)的输出跟踪误差的一致有界性，并且镇定反馈增益向量 K 能够在线迭代自动调整，从而优化期望性能成本函数。

这里需要强调的是：增益自动调整的目的不是镇定，而是性能优化。为了实现这个控制目标，我们进行如下工作：首先设计一个鲁棒控制器来确保跟踪误差动态的有界性，然后将其与无模型学习算法相结合，从而迭代地自动调整控制器的反馈增益，并在线优化期望性能成本函数。

在下一节中，针对上述目标我们将提出一个两步设计的控制器。

3.4　输入输出线性化控制的极值搜索式迭代增益整定

3.4.1　第一步：鲁棒控制设计

在假设 3.2 和标称条件下，即 $\Delta f=0$，系统 (3.1) 可写为如下形式(见 Isidori(1989))：

$$y^{(r)}(t)=b(\xi(t))+A(\xi(t))u(t) \tag{3.2}$$

其中，

$$y^{(r)}(t) \triangleq (y_1^{(r_1)}(t), \cdots, y_m^{(r_m)}(t))^{\mathrm{T}}$$
$$\xi(t)=(\xi^1(t), \cdots, \xi^m(t))^{\mathrm{T}}$$
$$\xi^i(t)=(y_i(t), \cdots, y_i^{(r_i-1)}(t)), \quad 1 \leqslant i \leqslant m \tag{3.3}$$

且 b、A 是 f、g、h 的函数，A 在 X 上非奇异(Isidori(1989, p234-288))。

我们再介绍一个假设。

假设 3.5　式(3.1)中的加性不确定性 Δf 在线性化模型(3.2)和(3.3)中也表现为加性不确定性，如下所示：

$$y^{(r)}=b(\xi)+\Delta b(\xi)+A(\xi)u \tag{3.4}$$

其中，Δb 是 $\tilde{X}$ 上的 C^1 函数，且满足条件 $\|\Delta b(\xi)\| \leqslant d_2(\xi)$ $(\forall \xi \in \tilde{X})$，其中 $d_2: \tilde{X} \to \mathbb{R}$ 是一个光滑的非负函数，$\tilde{X}$ 是集合 X 通过方程 (3.1)和(3.2)状态间的微分同胚 $x \to \xi$ 所得的镜像。

首先，若考虑标称模型(3.2)，可以定义一个虚拟输入向量 v 为

$$b(\xi(t))+A(\xi(t))u(t)=v(t) \tag{3.5}$$

结合方程(3.2)和(3.5)，得到线性(虚拟)输入-输出映射：

$$y^{(t)}(t)=v(t) \tag{3.6}$$

基于线性系统（3.6），我们写出 $\Delta b(\xi)=0$ 时标称系统(3.4)的镇定输出反馈：

$$u_{\text{nom}}=A^{-1}(\xi)(v_s(t,\xi)-b(\xi)), v_s=(v_{s1},\cdots,v_{sm})^{\text{T}}$$

$$v_{si}(t,\xi)=y_{i_d}^{(r_i)}-K_{r_i}^i(y_i^{(r_i-1)}-y_{i_d}^{(r_i-1)})-\cdots-K_1^i(y_i-y_{i_d}), i\in\{1,\cdots,m\} \tag{3.7}$$

设跟踪误差向量为 $e_i(t)=y_i(t)-y_{id}(t)$，则得到跟踪误差动态：

$$e_i^{(r_i)}(t)+K_{r_i}^i e_i^{(r_i-1)}(t)+\cdots+K_1^i e_i(t)=0, i=1,\cdots,m \tag{3.8}$$

通过整定增益 $K_j^i(i=1,\cdots,m, j=1,\cdots,r_i)$，使得式(3.8)中的多项式都是赫尔维茨的，于是我们得到跟踪误差 $e_i(t)(i=1,\cdots,m)$ 的全局渐近收敛，至零。为了使这个条件规范化，我们给出如下假设。

假设 3.6 假设存在增益 $K_j^i(i=1,\cdots,m, j=1,\cdots,r_i)$ 的一个非空集合 $\mathcal{K}$，使得多项式(3.8)是赫尔维茨的。

备注 3.1 在输入输出线性化控制文献中，假设 3.6 是很常见的。它仅表明，我们可以找到使得多项式(3.8)镇定的增益，例如：极点配置法（参见 3.5.1 节中的示例）。

接下来，如果考虑方程式(3.4)中 $\Delta b(\xi)\neq 0$，由于加性误差向量 $\Delta b(\xi)$ 的存在，误差动态的全局渐近稳定性将不再得到保证，所以我们选择使用李雅普诺夫重构技术（如 Benosman 和 Lum（2010））来建立控制器，以确保跟踪误差的实用稳定性。该控制器在以下定理中给出。

定理 3.1 考虑系统(3.1)，对于 $x_0\in\mathbb{R}^n$，在假设 3.1～3.6 下，设计反馈控制器：

$$u=A^{-1}(\xi)(v_s(t,\xi)-b(\xi))-A^{-1}(\xi)\frac{\partial V^{\text{T}}}{\partial \tilde{z}}kd_2(e), k>0$$

$$v_s=(v_{s1},\cdots,v_{sm})^{\text{T}}$$

$$v_{si}(t,\xi)=y_{i_d}^{(r_i)}-K_{r_i}^i(y_i^{(r_i-1)}-y_{i_d}^{(r_i-1)})-\cdots-K_1^i(y_i-y_{i_d}) \tag{3.9}$$

其中，$K_j^i\in\mathcal{K}, j=1,\cdots,r_i, i=1,\cdots,m, V=z^{\text{T}}Pz, P>0$ 满足 $P\tilde{A}+\tilde{A}^{\text{T}}P=-I, \tilde{A}$ 为如下定义的 $n\times n$ 矩阵：

$$\tilde{A}=\begin{bmatrix} 0,1,0,\ldots\ldots\ldots\ldots\ldots\ldots\ldots\ldots\ldots,0 \\ 0,0,1,0,\ldots\ldots\ldots\ldots\ldots\ldots\ldots,0 \\ \\ -K_1^1,\cdots,-K_{r1}^1,0,\ldots\ldots\ldots\ldots,\quad 0 \\ \ddots \\ 0,\ldots\ldots\ldots\ldots,0,1,0,\ldots\ldots,0 \\ 0,\ldots\ldots\ldots\ldots,0,0,1,\ldots,0 \\ \ddots \\ 0,\ldots\ldots\ldots,0,-K_1^m,\ldots\ldots,-K_{r_m}^m \end{bmatrix} \tag{3.10}$$

且 $z=(z^1,\cdots,z^m)^{\text{T}}, z^i=(e_i,\cdots,e_i^{r_i-1}), i=1,\cdots,m, \tilde{z}=(z^1(r_1),\cdots,z^m(r_m))^{\text{T}}\in\mathbb{R}^m$。

那么，向量 z 一致有界，且到达正不变集合 $S=\left\{z\in\mathbb{R}^n\mid 1-k\left\|\dfrac{\partial V}{\partial z}\right\|\geqslant 0\right\}$。

证明： 从前面的讨论中我们知道，对于系统(3.1)，在假设3.1、假设3.2和假设3.6下，当标称情况 $\Delta f=0$ 时，通过 Khalil (1996，p135-136) 的经典结论，控制量(3.7)能够全局渐近(指数)地镇定线性误差动态(3.8)，于是存在李雅普诺夫函数 $V=z^{\mathrm{T}}Pz$，使得在式(3.7)给出的控制律 u_{nom} 下，V 沿着标称系统(3.1)($\Delta f=0$)的时间导数满足

$$\dot{V}\big|_{((3.1),\Delta f=0)}\leqslant-\parallel z\parallel^2$$

其中，$z=(z^1,\cdots,z^m)^{\mathrm{T}}$，$z^i=(e_i,\cdots,e_i{}^{r_i-1})$，$i=1,\cdots,m$，且 $P>0$ 是李雅普诺夫方程 $P\widetilde{A}+\widetilde{A}^{\mathrm{T}}P=-I$ 的唯一解，式(3.10)所给出的 $\widetilde{A}$ 可以通过将动态误差写为可控标准型来获得。现在，我们将采用非线性鲁棒控制的李雅普诺夫构建技术(参见 Benosman 和 Lum (2010))，获得完整的控制器(3.9)。实际上，如果沿不确定模型(3.1)计算 V 的时间导数，在假设3.3和假设3.5下，考虑增广控制律 $u=u_{\mathrm{nom}}+u_{\mathrm{robust}}$，可得到

$$\dot{V}\big|_{((3.1),\Delta f\neq 0)}\leqslant-\parallel z\parallel^2+\frac{\partial V}{\partial\widetilde{z}}\cdot(A\,u_{\mathrm{robust}}+\Delta b)\tag{3.11}$$

其中，$\widetilde{z}=(z^1(r_1),\cdots,z^m(r_m))^{\mathrm{T}}\in\mathbb{R}^m$。

接着，若定义 u_{robust} 为

$$u_{\mathrm{robust}}=-A^{-1}(\xi)\frac{\partial V^{\mathrm{T}}}{\partial\widetilde{z}}kd_2(e),\ k>0\tag{3.12}$$

将式(3.12)代入式(3.11)中，可得到

$$
\begin{aligned}
\dot{V}\big|_{((3.1),\Delta f\neq 0)}&\leqslant-\parallel z\parallel^2-\left\|\frac{\partial V}{\partial\widetilde{z}}\right\|^2k\,d_2(e)+\frac{\partial V}{\partial\widetilde{z}}\Delta b\\
&\leqslant-\parallel z\parallel^2-\left\|\frac{\partial V}{\partial\widetilde{z}}\right\|^2k\,d_2(e)+\left\|\frac{\partial V}{\partial\widetilde{z}}\right\|d_2\\
&\leqslant\left(1-k\left\|\frac{\partial V}{\partial\widetilde{z}}\right\|\right)\left\|\frac{\partial V}{\partial\widetilde{z}}\right\|d_2
\end{aligned}\tag{3.13}
$$

这证明了只要 $1-k\left\|\dfrac{\partial V}{\partial\widetilde{z}}\right\|<0$，$V$ 就是单调下降的，直至误差向量进入正不变集 $S=\left\{z\in\mathbb{R}^n\mid 1-k\left\|\dfrac{\partial V}{\partial\widetilde{z}}\right\|\geqslant 0\right\}$。这也意味着 V 的有界性，其等价于 $\parallel z\parallel$ 的一致有界性(该结论可以通过不等式 $\lambda_{\min}(P)\parallel z\parallel^2\leqslant V(z)$ 直接获得，如 Hale (1977))。

备注 3.2 在定理3.1的证明中，我们用到了式(3.12)所给出的光滑控制项 u_{robust}，然而，也可以通过选取 $u_{\mathrm{robust}}=-A^{-1}\mathrm{sgn}\left(\dfrac{\partial V}{\partial z_{\mathrm{ind}}}\right)'kd_2(e)$ 而使用非光滑控制项。众所周知，这种控制器能够补偿有界的不确定，并会使得跟踪误差动态达到渐近稳定，但它是

不连续的，因此不适合实际应用。它的正则化往往是将符号函数用一个饱和函数来替代，参见 Benosman 和 Lum(2010)等，从而得到与定理 3.1 中所提出的 u_{robust} 项相类似的实用稳定性结果。

3.4.2 第二步：反馈增益的迭代自动调整

在定理 3.1 中，我们证明了鲁棒控制器(3.9)在给定的反馈增益 $K_j^i (j=1,\cdots,r_i, i=1,\cdots,m)$ 下，有界跟踪误差会被吸引至不变集 S。接下来，为了迭代地自动调整式(3.9)的反馈增益，我们定义一个期望成本函数，并使用 MES 算法迭代地自动调整增益并实现性能成本函数的最小化。首先将需最小化的成本函数记为 $Q(z(\beta))$，其中 β 表示如下优化向量：

$$\beta = (\delta K_1^1,\cdots,\delta K_{r_1}^1,\cdots,\delta K_1^m,\cdots,\delta K_{r_m}^m,\delta k)^\mathrm{T} \tag{3.14}$$

使得更新的反馈增益可写为

$$K_j^i = K_{j-\text{nominal}}^i + \delta K_j^i, \ j=1,\cdots,r_i, \ i=1,\cdots,m \tag{3.15}$$

$$k = k_{\text{nominal}} + \delta k, \ k_{\text{nominal}} > 0$$

其中，$K_{j-\text{nominal}}^i (j=1,\cdots,r_i, i=1,\cdots,m)$ 是满足假设 3.6 的反馈增益的标称初始值。

备注 3.3 成本函数 Q 的选择并不唯一。例如，若系统在某些特定时刻 $It_f (I \in \{1,2,3,\cdots\})$ 的跟踪性能对于目标应用来说非常重要(参见 3.5.1 节介绍的电磁执行器示例)，可以选择 Q 为

$$Q(z(\beta)) = z^\mathrm{T}(It_f)C_1 z(It_f), \ C_1 > 0 \tag{3.16}$$

如果其他性能需要在有限时间内进行优化，例如跟踪性能和控制功率性能的组合，则成本函数可以选择为

$$Q(z(\beta)) = \int_{(I-1)t_f}^{It_f} z^\mathrm{T}(t)C_1 z(t)\mathrm{d}t + \int_{(I-1)t_f}^{It_f} u^\mathrm{T}(t)C_2 u(t)\mathrm{d}t \tag{3.17}$$

其中，$I \in \{1,2,3,\cdots\}, C_1, C_2 > 0$。增益变分向量 β 被用于在学习迭代 $I \in \{1,2,3,\cdots\}$ 中最小化成本函数 Q。

遵循 MES 理论，参见 Ariyur 和 Krstic(2002)，增益的调整可通过如下算法进行：

$$\dot{x}_{K_j^i} = a_{K_j^i} \sin\left(\omega_{K_j^i} t - \frac{\pi}{2}\right) Q(z(\beta))$$

$$\delta \hat{K}_j^i(t) = x_{K_j^i}(t) + a_{K_j^i} \sin\left(\omega_{K_j^i} t + \frac{\pi}{2}\right), \ j=1,\cdots,r_i, \ i=1,\cdots,m$$

$$\dot{x}_k = a_k \sin\left(\omega_k t - \frac{\pi}{2}\right) Q(z(\beta)) \tag{3.18}$$

$$\delta \hat{k}(t) = x_k(t) + a_k \sin\left(\omega_k t + \frac{\pi}{2}\right)$$

其中，$a_{K_j^i} (j=1,\cdots,r_i, i=1,\cdots,m)$ 和 a_k 是正调谐参数，且

$$\omega_1+\omega_2\neq\omega_3,\omega_1\neq\omega_2\neq\omega_3 \tag{3.19}$$
$$\forall\,\omega_1,\omega_2,\omega_3\in\{\omega_{K_j^i},\omega_k,j=1,\cdots,r_i,\,i=1,\cdots,m\}$$

且 $\omega_i>\omega^*$，$\forall\,\omega_i\in\{\omega_{K_j^i},\omega_k,\,j=1,\cdots,r_i,\,i=1,\cdots,m\}$，其中 ω^* 足够大。

为了研究基于学习的控制器(3.9)在变增益(3.15)和(3.18)下的稳定性，我们首先引入一些额外的假设。

假设 3.7 成本函数 Q 在 β^* 上(至少)有局部最小值。

假设 3.8 初始增益向量 β 足够接近最佳增益向量 β^*。

假设 3.9 成本函数是解析的，其关于增益的变化量在 β^* 的邻域内有界，即 $\left|\dfrac{\partial Q}{\partial\beta}(\widetilde{\beta})\right|\leqslant\Theta_2,\Theta_2>0,\widetilde{\beta}\in\mathcal{V}(\beta^*)$，其中 $\mathcal{V}(\beta^*)$ 表示 β^* 的紧凑邻域。

现在，我们可以给出以下结果。

定理 3.2 考虑系统(3.1)，对于任意 $x_0\in\mathbb{R}^n$，在假设 $3.1\sim3.6$ 下，有反馈控制器：

$$u=A^{-1}(\xi)(v_s(t,\,\xi)-b(\xi))-A^{-1}(\xi)\frac{\partial V^{\mathrm{T}}}{\partial\widetilde{z}}k(t)\,d_2(e),\,k>0$$

$$v_s=(v_{s1},\cdots,\,v_{sm})^{\mathrm{T}}$$

$$v_{si}(t,\,\xi)=\widehat{y}_{i_d}^{(r_i)}-K_{r_i}^i(t)(y_i^{(r_i-1)}-\widehat{y}_{i_d}^{(r_i-1)})-\cdots-K_1^i(t)(y_i-\widehat{y}_{i_d}),$$
$$i=1,\cdots,\,m \tag{3.20}$$

其中，状态向量根据重置律 $x(It_f)=x_0(I\in\{1,2,\cdots\})$ 进行重置，期望轨迹向量根据 $\widehat{y}_{i_d}(t)=y_{i_d}(t-(I-1)t_f)((I-1)t_f\leqslant t<It_f,I\in\{1,2,\cdots\})$ 进行重置，$K_j^i(t)\in\mathcal{K}(j=1,\cdots,r_i,i=1,\cdots,m)$ 是在每次迭代 $I(I\in\{1,2,\cdots\})$ 时切换的分段连续增益，其遵循如下更新律：

$$K_j^i(t)=K_{j-\mathrm{nominal}}^i+\delta K_j^i(t)$$
$$\delta K_j^i(t)=\delta\widehat{K}_j^i((I-1)t_f),\,(I-1)t_f\leqslant t<It_f \tag{3.21}$$
$$k(t)=k_{\mathrm{nominal}}+\delta k(t),\,k_{\mathrm{nominal}}>0$$
$$\delta k(t)=\delta\widehat{k}((I-1)t_f),\,(I-1)t_f\leqslant t<It_f,\,I=1,2,3,\cdots$$

其中，$\delta\widehat{K}_j^i$、$\delta\widehat{k}$ 由式(3.18)和式(3.19)给出，其他系数的定义类似于定理3.1。于是，所获得的闭环脉冲时变动态系统(3.1)和(3.18)~(3.21)是适定的。跟踪误差 z 一致有界，并且在每次迭代 I 都趋向正不变集 $S_I=\left\{z\in\mathbb{R}^n\,\big|\,1-k_I\left\|\dfrac{\partial V}{\partial\widetilde{z}}\right\|\geqslant0\right\}$，$k_I=\beta_I(n+1)$，其中 β_I 是第 I 次迭代时的 β 值。

此外，当 $I\to\infty$ 时，$|Q(\beta(It_f))-Q(\beta^*)|\leqslant\Theta_2\left(\dfrac{\Theta_1}{\omega_0}+\sqrt{\displaystyle\sum_{i=1,\cdots,m,j=1,\cdots,r_i}a_{K_j^i}^2+a_k^2}\right),\Theta_1,\Theta_2>0$，其中，$\omega_0=\mathrm{Max}(\omega_{K_1^1},\cdots,\omega_{K_{r_m}^m},\omega_k)$，$Q$ 满足假设 $3.7\sim3.9$。

另外，向量 β 在迭代中保持有界，且满足 $\|\beta((I+1)t_f)-\beta(It_f)\|\leqslant0.5t_f\mathrm{Max}(a_{K_1^1}^2,\cdots,a_{K_{r_m}^m}^2,a_k^2)\Theta_2+t_f\omega_0\sqrt{\displaystyle\sum_{i=1,\cdots,m,j=1,\cdots,r_i}a_{K_j^i}^2+a_k^2},I\in\{1,2,\cdots\}$，并且当 $I\to\infty$

时，渐近地满足如下有界性：

$$\| \beta(It_f) - \beta^* \| \leqslant \frac{\Theta_1}{\omega_0} + \sqrt{\sum_{i=1,\cdots,m, j=1,\cdots,r_i} a_{K_j^i}{}^2 + a_k^2}, \Theta_1 > 0$$

证明： 首先，我们讨论所获得的闭环脉冲动态系统的适定性。事实上，闭环系统(3.1)和(3.18)~(3.21)可以被看成一个具有平凡重置律 $\Delta x(t) = x_0(t = It_f, I \in \{1,2,\cdots\})$ 的脉冲时变动态系统 (Haddad 等(2006，p18-19))。在这种情况下，重置时间由 $It_f(t_f > 0, I \in \{1,2,\cdots\})$ 明确给出。此外，根据假设 3.1 和式(3.20)(在每次迭代中)的光滑性，这种脉冲动态系统在任何初始条件 $x_0 \in \mathbb{R}^n$(Haddad 等(2006，p12)) 下在前向时间内具有唯一解。最后，$t_f \neq 0$ 这一事实在有限时间间隔内排除了 Zeno 行为(即在有限时间间隔内仅有有限次的重置)。

接下来，考虑系统(3.1)具有初始条件 x_0(或等价于初始跟踪误差 $z_0 = h(x_0) - y_d(0)$)，在假设 3.1~3.6 下，对给定的时间间隔 $(I'-1)t_f \leqslant t < I't_f$ 和任意给定的 $I' \in \{1, 2, \cdots\}$，设计反馈控制器(3.20)和(3.21)。根据定理 3.1，存在一个李雅普诺夫函数 $V_I = z^{\mathrm{T}} P_I z$，使得 $\dot{V}_I \leqslant \left(1 - k_I \left\| \frac{\partial V_I}{\partial \tilde{z}} \right\|\right) \left\| \frac{\partial V_I}{\partial \tilde{z}} \right\| d_2$，其中 P_I 是李雅普诺夫方程 $P_I \tilde{A}_I + \tilde{A}_I^{\mathrm{T}} P_I = -I$ 的解，$\tilde{A}$ 由式(3.10)给出，而迭代 I' 的增益如下：

$$
\begin{aligned}
&K_{I'j}^i(t) = K_{j-\text{nominal}}^i + \delta K_j^i(t) \\
&\delta K_j^i(t) = \delta \hat{K}_j^i((I'-1)t_f), \ (I'-1)t_f \leqslant t < I't_f \\
&k_{I'}(t) = k_{\text{nominal}} + \delta k(t), \ k_{\text{nominal}} > 0 \\
&\delta k(t) = \delta \hat{k}((I'-1)t_f), \ (I'-1)t_f \leqslant t < I't_f, \ I' = 1, 2, 3, \cdots
\end{aligned}
\tag{3.22}
$$

这表明对于所有的迭代 $I' \in \{1,2,\cdots\}$，z 从 z_0 开始趋向不变集 $S_I = \left\{ z \in \mathbb{R}^n \mid 1 - k_I \left\| \frac{\partial V_I}{\partial \tilde{z}} \right\| \geqslant 0 \right\}$，$\forall t \in [(I'-1)t_f, I't_f)$。此外，因为在每个切换点即每次新迭代 I'，我们从相同的有界初始条件 z_0 重置系统，因此可以得出跟踪误差 z 的一致有界性。

接下来，我们使用 Rotea(2000) 中的结果来刻画学习成本函数 Q 沿着迭代的行为。首先，基于假设 3.7~3.9，ES 非线性动态(3.18)和(3.19)可以通过一个线性平均动态(使用时间上的平均近似，见 Rotea(2000，p435，定义 1))来近似。此外，$\exists \Theta_1$，ω^* 使得对于所有的 $\omega_0 = \text{Max}(\omega_{K_1^1}, \cdots, \omega_{K_{r_m}^m}, \omega_k) > \omega^*$，平均模型 $\beta_{\text{aver}}(t)$ 的解局部接近于原始 ES 动态的解，并满足(Rotea(2000)，p436)

$$\| \beta(t) - d(t) - \beta_{\text{aver}}(t) \| \leqslant \frac{\Theta_1}{\omega_0}, \ \Theta_1 > 0, \ \forall t \geqslant 0$$

其中，$d_{\text{vec}}(t) = \left(a_{K_1^1} \sin\left(\omega_{K_1^1} t - \frac{\pi}{2}\right), \cdots, a_{K_{r_m}^m} \sin\left(\omega_{K_{r_m}^m} t - \frac{\pi}{2}\right), a_k \sin\left(\omega_k t - \frac{\pi}{2}\right) \right)^{\mathrm{T}}$，且有 $\delta = (\delta_{K_1^1}, \cdots, \delta_{K_{r_m}^m}, \delta_k)^{\mathrm{T}}$。此外，由于 Q 是解析的，在 $\mathcal{V}(\beta^*)$ 内可以用一个二次函数来局部近似它，例如，展开到二阶的泰勒级数。这一点结合抖振信号的正确选择(见式(3.18))，以及满足式(3.19)的抖振频率，就可以证明 β_{aver} 满足(Rotea(2000，p437))

$$\lim_{t\to\infty}\beta_{\text{aver}}(t)=\beta^*$$

根据前面的不等式可以得到：

$$\|\beta(t)-\beta^*\|-\|d(t)\|\leqslant\|\beta(t)-\beta^*-d(t)\|\leqslant\frac{\Theta_1}{\omega_0},\ \Theta_1>0,\ t\to\infty$$

$$\Rightarrow\|\beta(t)-\beta^*\|\leqslant\frac{\Theta_1}{\omega_0}+\|d(t)\|,\ t\to\infty$$

最终得到：

$$\|\beta(t)-\beta^*\|\leqslant\frac{\Theta_1}{\omega_0}+\sqrt{\sum_{i=1,\cdots,m,\ j=1,\cdots,r_i}a_{K_j^i}^2+a_k^2},\ \Theta_1>0,\ t\to\infty$$

$$\Rightarrow\|\beta(It_f)-\beta^*\|\leqslant\frac{\Theta_1}{\omega_0}+\sqrt{\sum_{i=1,\cdots,m,\ j=1,\cdots,r_i}a_{K_j^i}^2+a_k^2},\ \Theta_1>0,\ I\to\infty$$

然后，基于假设 3.9，成本函数满足局部 Lipschitz 条件，其中 Lipschitz 常数 $\max_{\beta\in\mathcal{V}_{(\beta^*)}}\|\frac{\partial Q}{\partial\beta}\|=\Theta_2$，即 $|Q(\beta_1)-Q(\beta_2)|\leqslant\Theta_2\|\beta_1-\beta_2\|,\ \forall\beta_1,\beta_2\in\mathcal{V}(\beta^*)$，根据前面的不等式得到：

$$|Q(\beta(It_f))-Q(\beta^*)|\leqslant\Theta_2\left(\frac{\Theta_1}{\omega_0}+\sqrt{\sum_{i=1,\cdots,m,\ j=1,\cdots,r_i}a_{K_j^i}^2+a_k^2}\right)$$

$$\Theta_1>0,\ \Theta_2>0,\ I\to\infty$$

最后，我们来证明 ES 算法（3.18）和（3.19）是梯度算法。由式（3.18），若令 $X=(x_{K_1^1},\cdots,x_{K_{r_m}^m},x_k)^{\text{T}}$，则

$$\dot{X}=\left(a_{K_1^1}\omega_{K_1^1}\sin\left(\omega_{K_1^1}t-\frac{\pi}{2}\right),\cdots,a_{K_{r_m}^m}\omega_{K_{r_m}^m}\sin\left(\omega_{K_{r_m}^m}t-\frac{\pi}{2}\right),\right.$$

$$\left. a_k\omega_k\sin\left(\omega_k t-\frac{\pi}{2}\right)\right)^{\text{T}}Q(\beta) \tag{3.23}$$

根据假设 3.9，成本函数可以在 $\mathcal{V}(\beta^*)$ 中用其一阶泰勒展开式进行局部近似，于是有

$$\dot{X}\simeq\tilde{d}_{\text{vec}}\left(Q(\tilde{\beta})+\overline{d}_{\text{vec}}^{\text{T}}\frac{\partial Q}{\partial\beta}(\tilde{\beta})\right),\ \tilde{\beta}\in\mathcal{V}(\beta^*) \tag{3.24}$$

其中，$\tilde{d}_{\text{vec}}=\left(a_{K_1^1}\omega_{K_1^1}\sin\left(\omega_{K_1^1}t-\frac{\pi}{2}\right),\cdots,a_{K_{r_m}^m}\omega_{K_{r_m}^m}\sin\left(\omega_{K_{r_m}^m}t-\frac{\pi}{2}\right),a_k\omega_k\sin\left(\omega_k t-\frac{\pi}{2}\right)\right)^{\text{T}},\overline{d}_{\text{vec}}=$

$\left(a_{K_1^1}\sin\left(\omega_{K_1^1}t+\frac{\pi}{2}\right),\cdots,a_{K_{r_m}^m}\sin\left(\omega_{K_{r_m}^m}t+\frac{\pi}{2}\right),a_k\sin\left(\omega_k t+\frac{\pi}{2}\right)\right)^{\text{T}}$。

接下来，在 $[t,\ t+t_f]$ 中整合式（3.24），忽略与高频成反比的项，即 $\frac{1}{\omega_i}$（由积分算子滤掉的高频）的有关项，我们得到：

$$X(t+t_f)-X(t)\simeq-t_f R\frac{\partial Q}{\partial\beta}(\tilde{\beta}) \tag{3.25}$$

其中，$R=0.5\text{diag}\{\omega_{K_1^1}a_{K_1^1}^2,\cdots,\omega_{K_{r_m}^m}a_{K_{r_m}^m}^2,\omega_k a_k^2\}$。

然后，根据式（3.14）和式（3.18），可以得到：

$$\| \overline{d}_{\text{vec}}(t+t_f) - \overline{d}_{\text{vec}}(t) \| + \| X(t+t_f) - X(t) \| \geqslant \| \beta(t+t_f) - \beta(t) \|$$

结合式(3.25)，由 $\left\| \dfrac{\overline{d}_{\text{vec}}(t+t_f) - \overline{d}_{\text{vec}}(t)}{t_f} \right\| \leqslant \| \dot{\overline{d}}_{\text{vec}} \| \leqslant \omega_0 \sqrt{\sum\limits_{i=1,\cdots,m,j=1,\cdots,r_i} a_{\kappa_j^i}{}^2 + a_k^2}$ 和假设

3.9，得到：

$$\| \beta((I+1)t_f) - \beta(It_f) \| \leqslant 0.5 t_f \max(\omega_{\kappa_1^1} a_{\kappa_1^1}{}^2, \cdots, \omega_{\kappa_{r_m}^m} a_{\kappa_{r_m}^m}{}^2, \omega_k a_k^2)\Theta_2$$
$$+ t_f \omega_0 \sqrt{\sum\limits_{i=1,\cdots,m,j=1,\cdots,r_i} a_{\kappa_j^i}{}^2 + a_k^2}, \ I \in \{1,2,\cdots\}$$

备注3.4　定理 3.2 中的学习过程应该被描述为增益的迭代自动整定，通过 I 次迭代来重复同一个任务。该方法可以被看作对非线性系统 IFT 算法的扩展（例如 Hjalmarsson（2002））。

定理 3.2 中给出的渐近收敛边界与一阶 MES(3.18) 的选择有关。然而，可以通过采用其他 MES 算法轻松地改变这些边界，参见 Noase 等（2011）和 Scheinker（2013）。究其原因是控制器（3.20）和（3.21）的模块化设计，即利用鲁棒部分来确保跟踪误差动态的有界性，利用学习部分来优化成本函数 Q。

在定理 3.2 中，我们证明了在每次迭代 I 中跟踪误差向量 z 被引导至不变集合 S_I。然而，由于每次迭代的有限时间间隔长 t_f，我们不能保证向量 z 在每次迭代中都能够进入 S_I（除非 $z_0 \in S_I$）。我们仅能保证向量范数 $\| z \|$ 从有界值 $\| z_0 \|$ 出发，在迭代中保持有界，并且该上界可以通过二阶李雅普诺夫函数 $V_I(I=1,2,\cdots)$ 的界估计成 $\| z_0 \|$ 的函数，即一致有界性，见 Haddad 等（2006，p6，定义 2.12）。

在下一节中，我们将通过两个机电一体化系统来说明所建立的方法。

3.5　机电一体化示例

3.5.1　电磁执行器

本节我们将之前介绍的方法应用于电磁执行器。该系统要求精确控制两个期望位置之间的移动衔铁电枢。控制的主要任务是保证移动电枢与执行器固件之间具有小的接触速度，即移动电枢的软着陆。由于执行器必须重复地开合以实现附着在执行器上的机械部件（例如汽车发动机中的阀门系统）的期望循环运动，因此此类运动通常具有迭代性。

3.5.1.1　系统建模

根据 Wang 等（2000）以及 Peterson 和 Stefanopoulou（2004），我们考虑如下电磁执行器的非线性模型：

$$m \frac{\mathrm{d}^2 x_a}{\mathrm{d}t^2} = k(x_0 - x_a) - \eta \frac{\mathrm{d}x_a}{\mathrm{d}t} - \frac{a i^2}{2(b+x_a)^2}$$

$$u = Ri + \frac{a}{b+x_a}\frac{\mathrm{d}i}{\mathrm{d}t} - \frac{ai}{(b+x_a)^2}\frac{\mathrm{d}x_a}{\mathrm{d}t},\ 0 \leqslant x_a \leqslant x_f \tag{3.26}$$

其中，x_a 表示电枢位置，该位置被物理约束于电枢的初始位置 0 和最大位置 x_f 之间，$\frac{\mathrm{d}x_a}{\mathrm{d}t}$ 表示电枢速度，m 是电枢质量，k 是弹性系数，x_0 是初始弹簧长度，η 为阻尼系数（假定为常数），$\frac{ai^2}{2(b+x_a)^2}$ 表示线圈产生的电动势（EMF），a、b 是线圈的两个常参数，R 为线圈电阻，$L = \frac{a}{b+x_a}$ 是线圈电感，$\frac{ai^2}{(b+x_a)^2}\frac{\mathrm{d}x_a}{\mathrm{d}t}$ 表示反电动势。最后，i 表示线圈电流，$\frac{\mathrm{d}i}{\mathrm{d}t}$ 为其时间导数，u 表示施加到线圈上的控制电压。在该模型中，假设电流和电枢运动范围在磁通的线性区域内，因此我们不考虑磁场中由线圈所产生的磁链的饱和区域。

3.5.1.2　鲁棒控制器

在本节中，根据定理 3.1，我们首先设计一个非线性鲁棒控制器。在假设 3.4 之下，给定一个期望的电枢位置轨迹 x_{ref}，使得 x_{ref} 是一个光滑函数（至少 $\mathcal{C}^2$）并满足初始/终端约束 $x_{\mathrm{ref}}(0)=0, x_{\mathrm{ref}}(t_f)=x_f, \dot{x}_{\mathrm{ref}}(0)=0, \dot{x}_{\mathrm{ref}}(t_f)=0$，其中，$t_f$ 是期望的有限运动时间，x_f 是期望的最终位置。

我们考虑动态系统 (3.26) 具有有界参数化不确定的弹性系数 $\delta k (|\delta k| \leqslant \delta k_{\max})$ 以及阻尼系数 $\delta \eta (|\delta \eta| \leqslant \delta \eta_{\max})$，使得 $k = k_{\mathrm{nominal}} + \delta k, \eta = \eta_{\mathrm{nominal}} + \delta \eta$，其中，$k_{\mathrm{nominal}}$ 和 η_{nominal} 分别是弹簧刚度和阻尼系数的标称值。如果考虑状态向量 $x = (x_a, \dot{x}_a, i)'$ 和受控输出 x_a，电磁执行器的不确定模型可以用式 (3.1) 的形式写出：

$$\dot{x} = \begin{bmatrix} \dot{x}_a \\ \ddot{x}_a \\ \dot{i} \end{bmatrix} = \begin{bmatrix} x_2 \quad \frac{k_{\mathrm{nominal}}}{m}(x_0 - x_1) - \frac{\eta_{\mathrm{nominal}}}{m}x_2 - \frac{ax_3^2}{2(b+x_1)^2} \\ -\frac{R(b+x_1)}{a}x_3 + \frac{x_3 x_2}{b+x_1} \\ 0 \end{bmatrix}$$
$$+ \begin{bmatrix} 0 \\ \frac{\delta k}{m}(x_0 - x_1) + \frac{\delta \eta}{m}x_2 \\ 0 \end{bmatrix} + \begin{bmatrix} 0 \\ 0 \\ \frac{b+x_1}{a} \end{bmatrix} u \tag{3.27}$$
$$y = x_1$$

显然，假设 3.1 在非空有界状态集 X 上得到满足。假设 3.2 可以通过检验输出 x_a 的三阶导数直接得到验证：控制变量 u 显示为非奇异表达，这意味着 $r = n = 3$。由于 $\|\Delta f(x)\| \leqslant \frac{\delta k_{\max}}{m}|x_0 - x_1| + \frac{\delta \eta_{\max}}{m}|x_2|$，假设 3.3 也是满足的。

接下来，根据输入输出线性化方法，我们可以得到

$$y^{(3)} = x_a^{(3)} = -\frac{k_{\mathrm{nominal}}}{m}\dot{x}_a - \frac{\eta_{\mathrm{nominal}}}{m}\ddot{x}_a + \frac{Ri^2}{(b+x_a)m} - \frac{\delta k}{m}\dot{x}_a$$
$$-\frac{\delta \eta}{m}\ddot{x}_a - \frac{i}{m(b+x_a)}u \tag{3.28}$$

注意其与式（3.4）的形式相同，其中，$A = -\dfrac{i}{m(b+x_a)}$，$b = -\dfrac{k_{\text{nominal}}}{m}\dot{x}_a - \dfrac{\eta_{\text{nominal}}}{m}\ddot{x}_a +$

$\dfrac{Ri^2}{(b+x_a)m}$，加性不确定项 $\Delta b = -\dfrac{\delta k}{m}\dot{x}_a - \dfrac{\delta \eta}{m}\ddot{x}_a$，使得 $|\Delta b| \leqslant \dfrac{\delta k_{\max}}{m}|\dot{x}_a| + \dfrac{\delta \eta_{\max}}{m}|\ddot{x}_a| = $

$d_2(x_a, \dot{x}_a)$。

定义跟踪误差向量 $z = (z_1, z_2, z_3)^T = (x_a - x_{\text{ref}}, \dot{x}_a - \dot{x}_{\text{ref}}, \ddot{x}_a - \ddot{x}_{\text{ref}})^T$，其中 $\dot{x}_{\text{ref}} = \dfrac{dx_{\text{ref}}(t)}{dt}$

和 $\ddot{x}_{\text{ref}} = \dfrac{d^2 x_{\text{ref}}(t)}{dt^2}$。那么，根据定理 3.1，我们可以写出如下鲁棒控制器：

$$u = -\frac{m(b+x_a)}{i}\left(v_s + \frac{k_{\text{nominal}}}{m}\dot{x}_a + \frac{\eta_{\text{nominal}}}{m}\ddot{x}_a - \frac{Ri^2}{(b+x_a)m}\right)$$

$$+\frac{m(b+x_a)}{i}\frac{\partial V}{\partial z_3}k\left(\frac{\delta k_{\max}}{m}|\dot{x}_a| + \frac{\delta \eta_{\max}}{m}|\ddot{x}_a|\right) \tag{3.29}$$

$$v_s = x_{\text{ref}}^{(3)}(t) + K_3(x_a^{(2)} - x_{\text{ref}}^{(2)}(t)) + K_2(x_a^{(1)} - x_{\text{ref}}^{(1)}(t)) + K_1(x_a - x_{\text{ref}}(t))$$

$$k > 0, \ K_i < 0, \ i = 1, 2, 3$$

其中，$V = z^T P z, P > 0$ 是方程 $P\widetilde{A} + \widetilde{A}^T P = -I$ 的解，且

$$\widetilde{A} = \begin{bmatrix} 0 & 1 & 0 \\ 0 & 0 & 1 \\ K_1 & K_2 & K_3 \end{bmatrix} \tag{3.30}$$

其中，选择 K_1、K_2、K_3 使得 $\widetilde{A}$ 是赫尔维茨的。

备注 3.5 至于假设 3.6，即使得 $\widetilde{A}$ 是赫尔维茨的增益 $\mathcal{K}$ 的非空集存在，在这种情况下，我们可以容易地刻画 $\mathcal{K}$。事实上，如果要把 $\widetilde{A}$ 的特征值设置到 s_1、s_2、s_3，使得 $s_{1\min} \leqslant s_1 \leqslant s_{1\max}, s_{1\min} < s_{1\max} < 0, s_{2\min} \leqslant s_2 \leqslant s_{2\max}, s_{2\min} < s_{2\max} < 0, s_{3\min} \leqslant s_3 \leqslant s_{3\max}, s_{3\min} < s_{3\max} < 0$，可以将特征多项式 $s^3 - K_3 s^2 - K_2 s - K_1 = 0$ 的系数与期望的特征多项式 $\prod_{i=1}^{i=3}(s - s_i) = 0$ 直接匹配，得到：

$$K_1 = \prod_{i=1}^{i=3} s_i$$

$$K_2 = -\sum_{i,j \in \{1,2,3\}, i \neq j} s_i s_j \tag{3.31}$$

$$K_3 = \sum_{i=1}^{i=3} s_i$$

据此可以将集合 $\mathcal{K}$ 写作：

$$\mathcal{K} = \{(K_1, K_2, K_3) \mid s_{i_{\min}} s_{j_{\min}} s_{k_{\max}} \leqslant K_1 \leqslant s_{i_{\max}} s_{j_{\max}} s_{k_{\min}},$$

$$-\sum_{i,j \in \{1,2,3\}, i \neq j} s_{i_{\min}} s_{j_{\min}} \leqslant K_2 \leqslant -\sum_{i,j \in \{1,2,3\}, i \neq j} s_{i_{\max}} s_{j_{\max}},$$

$$\sum_{i=1}^{i=3} s_{i_{\min}} \leqslant K_3 \leqslant \sum_{i=1}^{i=3} s_{i_{\max}} \}$$

$$i \neq j \neq k, i, j, k \in \{1,2,3\}$$

3.5.1.3　基于学习的控制器增益自动调整

现在利用定理 3.2 的结果来迭代地自动调整反馈控制器(3.29)的增益。

考虑执行器的一个周期行为，每次迭代发生在长度为 t_f 的时间间隔上，根据式 (3.16)，成本函数可定义为

$$Q(z(\beta)) = C_1 z_1 (It_f)^2 + C_2 z_2 (It_f)^2 \tag{3.32}$$

其中，$I = 1, 2, 3\cdots$ 是迭代次数，$C_1, C_2 > 0$，$\beta = (\delta K_1, \delta K_2, \delta K_3, \delta k)^{\mathrm{T}}$，反馈增益为

$$K_1 = K_{1\,\text{nominal}} + \delta K_1$$
$$K_2 = K_{2\,\text{nominal}} + \delta K_2$$
$$K_3 = K_{3\,\text{nominal}} + \delta K_3$$
$$k = k_{\text{nominal}} + \delta k \tag{3.33}$$

$K_{1_{\text{nominal}}}$、$K_{2_{\text{nominal}}}$、$K_{3_{\text{nominal}}}$ 和 k_{nominal} 是式 (3.29) 中反馈增益的标称初始值。

根据式(3.18)、式(3.19) 和式(3.21)，被估增益的变化量由下式给出：

$$\dot{x}_{K_1} = a_{K_1} \sin\left(\omega_1 t - \frac{\pi}{2}\right) Q(z(\beta))$$

$$\delta \hat{K}_1(t) = x_{K_1}(t) + a_{K_1} \sin\left(\omega_1 t + \frac{\pi}{2}\right)$$

$$\dot{x}_{K_2} = a_{K_2} \sin\left(\omega_2 t - \frac{\pi}{2}\right) Q(z(\beta))$$

$$\delta \hat{K}_2(t) = x_{K_2}(t) + a_{K_2} \sin\left(\omega_2 t + \frac{\pi}{2}\right)$$

$$\dot{x}_{K_3} = a_{K_3} \sin\left(\omega_3 t - \frac{\pi}{2}\right) Q(z(\beta))$$

$$\delta \hat{K}_3(t) = x_{K_3}(t) + a_{K_3} \sin\left(\omega_3 t + \frac{\pi}{2}\right)$$

$$\dot{x}_k = a_k \sin\left(\omega_4 t - \frac{\pi}{2}\right) Q(z(\beta))$$

$$\delta \hat{k}(t) = x_k(t) + a_k \sin\left(\omega_4 t + \frac{\pi}{2}\right)$$

$$\delta K_j(t) = \delta \hat{K}_j((I-1)t_f), \ (I-1)t_f \leqslant t < It_f, \ j \in \{1, 2, 3\}, \ I = 1, 2, 3, \cdots$$

$$\delta k(t) = \delta \hat{k}((I-1)t_f), \ (I-1)t_f \leqslant t < It_f, I = 1, 2, 3, \cdots \tag{3.34}$$

其中，a_{K_1}、a_{K_2}、a_{K_3} 和 a_k 为正，并且对于 $p \neq q \neq r$，有 $\omega_p + \omega_q \neq \omega_r$，$p$、$q$、$r \in \{1,2,3,4\}$。

3.5.1.4 仿真结果

本节我们将所建立的方法应用于电磁执行器，其物理常数如表3.1所示。简单起见，选择期望轨迹为五阶多项式 $x_{\mathrm{ref}}(t) = \sum_{i=0}^{5} a_i \, (t/t_f)^i$，其中 a_i 满足边界约束 $x_{\mathrm{ref}}(0) = 0$，$x_{\mathrm{ref}}(t_f) = x_f$，$\dot{x}_{\mathrm{ref}}(0) = \dot{x}_{\mathrm{ref}}(t_f) = 0$，$\ddot{x}_{\mathrm{ref}}(0) = \ddot{x}_{\mathrm{ref}}(t_f) = 0$，且 $t_f = 1\mathrm{s}$，$x_f = 0.5\mathrm{mm}$。

表 3.1   电磁实例的机械参数数值

参数	数值	参数	数值
m	0.3kg	k	160N/mm
R	6.5Ω	a	$15 \times 10^{-6}(\mathrm{N \cdot m^2})/\mathrm{A^2}$
η	8kg/s	b	4.5×10^{-5}mm
x_0	8mm		

此外，为了使仿真案例更具挑战性，我们假定存在位置和速度的初始误差：$z_1(0) = 0.01\mathrm{mm}$，$z_2(0) = 0.1\mathrm{mm/s}$。注意，这些值虽然看起来很小，但是对于此类执行器，通常情况下，它的电枢是从一个指定的静态机械受限位置出发，所以我们知道初始速度为零，并且能够提前知道电枢的精确初始位置。然而，我们仍想在这一具有挑战性的情况下来展示控制器的性能。首先选择标称反馈增益 $K_1 = -800$，$K_2 = -200$，$K_3 = -40$，$k = 1$，并且满足假设3.5。

在测试1中，我们将具有固定标称增益的鲁棒控制器（3.29）与采用成本函数（3.32）来实现的学习控制器（见式(3.29)、式(3.33)和式(3.34)）进行性能比较，其中，$C_1 = 500$，$C_2 = 500$，每个反馈增益的学习频率分别为 $\omega_1 = 7.5\mathrm{rad/s}$，$\omega_2 = 5.3\mathrm{rad/s}$，$\omega_3 = 5.1\mathrm{rad/s}$，$\omega_4 = 6.1\mathrm{rad/s}$。众所周知，在MES系统中，学习收敛速度与系数 a_{K_i}（$i = 1,2,3$）、a_k 的选择有关，参见 Tan 等(2008)。首先，我们将实现3.5.1.3节介绍的具有常 MES 搜索幅值 a_{K_i} 的基线 MES 算法。选择如下幅度值：$a_{K_1} = 100$，$a_{K_2} = 5$，$a_{K_3} = 1$，$a_k = 1$。图 3.1a 和 b 分别显示了具有和不具有学习算法下的位置和速度跟踪性能。

很明显可以看出电枢位置和速度在具有学习算法下更接近期望轨迹。然而，即使实际轨迹越来越接近期望轨迹，跟踪仍然不精确。这主要有两个原因。第一，稍后在分析成本函数图时会看到，我们过早地停止了学习迭代，即成本函数仍在减少，并没有达到局部最小值。这里停止学习迭代的原因是我们希望在相同的迭代次数下，将这种学习算法（具有恒定搜索幅值）与其他算法（具有时变搜索幅值）进行比较。第二，第一组测试中成本函数的选择由式（3.32）给出，该函数并不是为了寻求一个精确的轨迹跟踪，而是为了软着陆。也就是说，该学习算法最终是使实际轨迹在终端时间接近期望轨迹。这一点非常重要，因为它告诉我们此类基于学习的调整算法中，选择成本函数的重要性。事实上，所选取的成

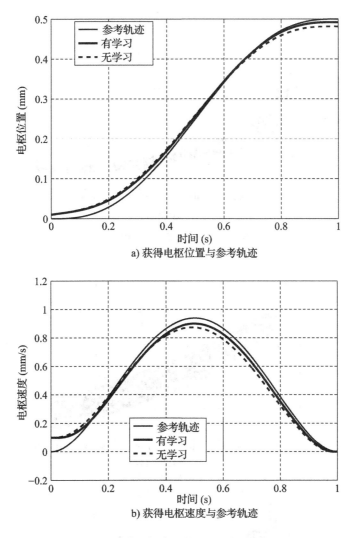

a) 获得电枢位置与参考轨迹

b) 获得电枢速度与参考轨迹

图 3.1　获得输出与参考轨迹——控制器(3.29)

本函数要能够表征控制器的期望性能。稍后我们将看到，选择一个不同的成本函数，可以获得以其他控制性能为目的的最佳增益，如在整个时间区间上的轨迹跟踪。图 3.2 展示了成本函数值随着学习迭代次数的变化。我们看到成本函数明显在下降，不过下降速度相当缓慢。我们将会发现采用时变搜索幅值可以加速成本函数值的下降速率。接下来，图 3.3 给出了经过学习的反馈增益。它们也表现出一种在均值附近大幅振荡的缓慢收敛趋势。在下一组测试中我们将看到，当采用时变搜索幅值来选择适当的学习系数 $a_{K_i}(i=1,2,3)$、a_k 时，这些振荡的偏移可以很容易地被整定。

　　实际上，在测试 2 中，我们对系数 a_{K_i} 使用变值。众所周知，见 Moase 等(2009)，选择

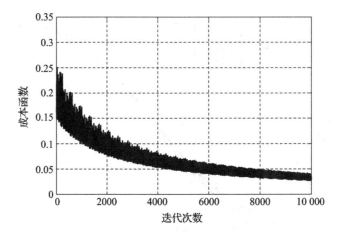

图 3.2 成本函数——测试 1

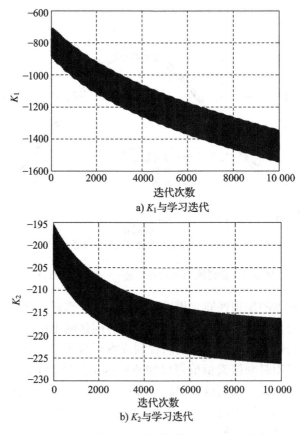

a) K_1 与学习迭代

b) K_2 与学习迭代

图 3.3 增益学习——控制器 (3.29)——测试 1

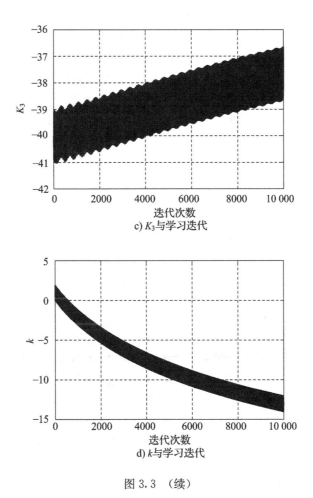

c) K_3 与学习迭代

d) k 与学习迭代

图 3.3 （续）

变系数，即开始时以较高的值为初始来加速搜索，然后当成本函数较小时再调低，可加速学习并收敛到局部最优的紧邻域（由于抖振幅度的减小）。为了在下面的测试中实现这一想法，我们简单地采用如下分段常系数：开始时选择 $a_{K_1}=1000$，$a_{K_2}=500$，$a_{K_3}=100$，$a_k=1$，然后当 $Q \leqslant Q(1)/2$ 时，将它们调小至 $a_{K_1}=1000Q(1)/4$，$a_{K_2}=500Q(1)/4$，$a_{K_3}=100Q(1)/4$，$a_k=Q(1)/4$，然后当 $Q \leqslant Q(1)/3$ 时，再调整为 $a_{K_1}=1000Q(1)/5$，$a_{K_2}=500Q(1)/5$，$a_{K_3}=100Q(1)/5$，$a_1=Q(1)/5$，其中，$Q(1)$ 表示第一次迭代时成本函数的值。图 3.4 展示了成本函数值随着学习迭代次数的变化。我们看到成本函数明显下降，下降速率比图 3.2 所示的常系数成本函数的下降速率显著加快。成本函数在 100 次迭代内下降到初始值的一半以下。然而，由于搜索幅值 a_{K_i} 的突然切换，我们注意到成本函数有几次突然跳跃。我们将在测试 3 中选择不同的方式来改变搜索幅值，从而进一步平滑学习收敛。学习的反馈增益如图 3.5 所示。它们的收敛速度也比测试 1 的收敛速度快得多。我们还注意到，测试 2 与测试 1 中的增益并不收敛到相同的值，这是由于 MES 搜索算法的局部特性导致的。然而，即使没有达到全局最优增益，我们仍然明显改善了闭环性能，该点可以通过学习成本函数的降低得到证明。从图 3.5 可以看出，增益收敛到一个均值，但仍然存在均值附近的较大偏移。这是由于振幅 a_{K_i} 选择为分段常值，这导致即使将成本函数降低至可接受的阈值，仍会导致常偏移。消除这种最终偏移的一种直接方法是使增益保持不变，即当成本函数降至期望的阈值之下时，停止学习。测试 3 给出了具有较小的增益残余振荡的另一种更平滑的学习方法。

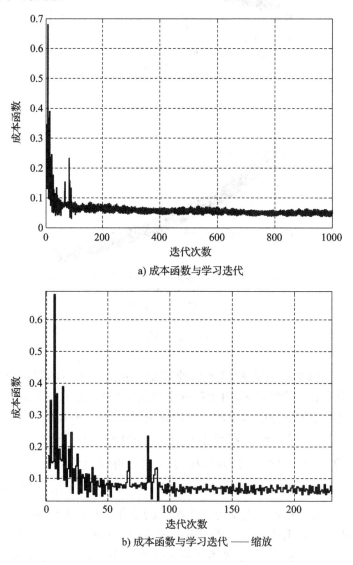

a) 成本函数与学习迭代

b) 成本函数与学习迭代 —— 缩放

图 3.4   成本函数——测试 2

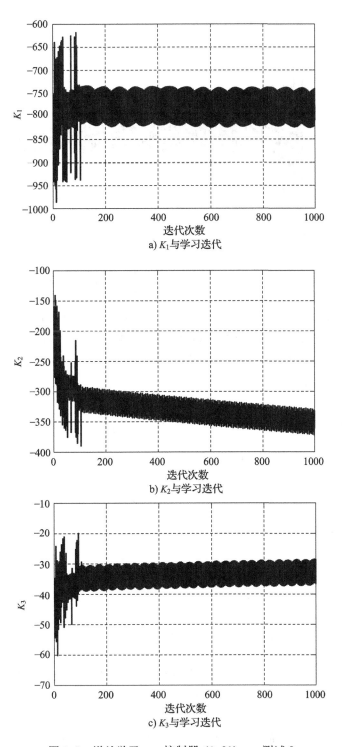

a) K_1 与学习迭代

b) K_2 与学习迭代

c) K_3 与学习迭代

图 3.5　增益学习——控制器 (3.29)——测试 2

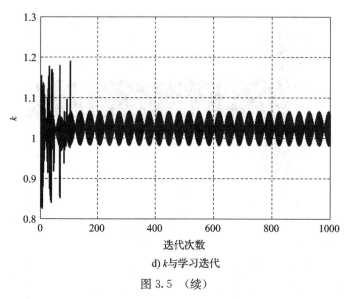

d) k 与学习迭代

图 3.5 （续）

在这组仿真中，我们建议通过将搜索幅值 a_{K_i} 与成本函数的幅值相关联来对幅度进行微调，与测试 1 中使用的常数 a_{K_i} 的静态 MES 相对比，我们将这个 MES 算法称为动态 MES 算法。为了获得搜索幅值的平滑变化，我们对原始的 MES 算法（3.45）进行如下微小改变：

$$\dot{x}_{K_1} = a_{K_1} \sin\left(\omega_1 t - \frac{\pi}{2}\right) Q(z(\beta))$$

$$\delta \hat{K}_1(t) = x_{K_1}(t) + a_{K_1} Q(z(\beta)) \sin\left(\omega_1 t + \frac{\pi}{2}\right)$$

$$\dot{x}_{K_2} = a_{K_2} \sin\left(\omega_2 t - \frac{\pi}{2}\right) Q(z(\beta))$$

$$\delta \hat{K}_2(t) = x_{K_2}(t) + a_{K_2} Q(z(\beta)) \sin\left(\omega_2 t + \frac{\pi}{2}\right)$$

$$\dot{x}_{K_3} = a_{K_3} \sin\left(\omega_3 t - \frac{\pi}{2}\right) Q(z(\beta))$$

$$\delta \hat{K}_3(t) = x_{K_3}(t) + a_{K_3} Q(z(\beta)) \sin\left(\omega_3 t + \frac{\pi}{2}\right)$$

$$\dot{x}_k = a_k \sin\left(\omega_4 t - \frac{\pi}{2}\right) Q(z(\beta))$$

$$\delta \hat{k}(t) = x_k(t) + a_k Q(z(\beta)) \sin\left(\omega_4 t + \frac{\pi}{2}\right)$$

$$\delta K_j(t) = \delta \hat{K}_j((I-1)t_f), \ (I-1)t_f \leqslant t < It_f, \ j \in \{1, 2, 3\}, \ I = 1, 2, 3, \cdots$$

$$\delta k(t) = \delta \hat{k}((I-1)t_f), \ (I-1)t_f \leqslant t < It_f, \ I = 1, 2, 3, \cdots$$

$$(3.35)$$

在这种情况下，搜索幅值是成本函数值的函数，并且将随着 Q 的减少而减小。我们实现了反馈控制器(3.29)、(3.33)和(3.35)，其中系数 $a_{K_1}=1000, a_{K_2}=500, a_{K_3}=100, a_k=1$。得到的成本函数如图3.6所示，可以看到，与测试2相比，动态MES导致成本函数的降低要平滑得多，而且与测试1相比能够更快地减少：在这种情况下，在20次迭代内，成本函数降低至初始值的一半以下。相应的反馈增益学习趋势如图3.7所示。

　　与测试2中获得的增益进行比较(如图3.5所示)，我们会发现学习的瞬时部分(第一次迭代)不会像测试2中那样出现突然的大跳跃。这是由于搜索幅值作为成本函数的函数所发生的平滑变化。此外，由于与成本值成正比，增益的偏移幅值迅速下降。再则，当成本函数降低到预定阈值之下时，我们可以停止学习，而这种情况将比测试1和测试2中发生得更快。

　　在这些测试中，我们的结论是：若控制目标是如成本函数(3.32)所示的电枢的软着陆，动态MES意味着比静态MES(测试1)和准静态MES(测试2)能够更快、更平滑地获得增益。

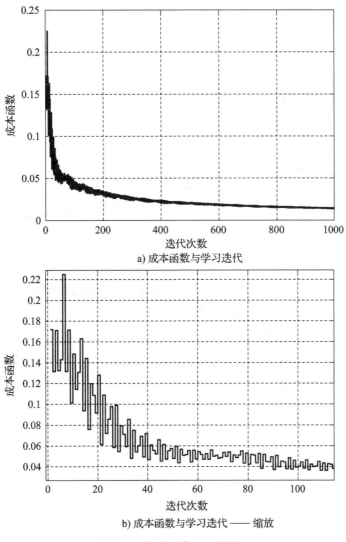

a) 成本函数与学习迭代

b) 成本函数与学习迭代 —— 缩放

图3.6　成本函数——测试3

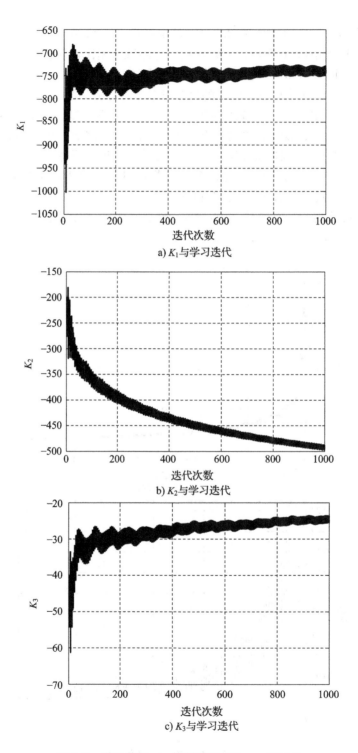

a) K_1 与学习迭代

b) K_2 与学习迭代

c) K_3 与学习迭代

图 3.7 增益学习——控制器(3.29)——测试 3

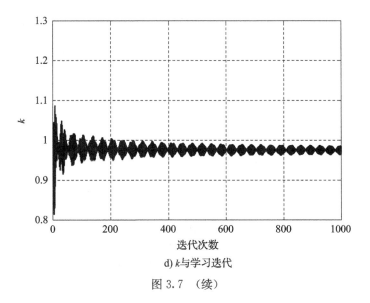

d) k与学习迭代

图 3.7　(续)

接下来，当面对另一个控制目标时，我们将通过测试 4 来评估该学习算法。在下面的仿真中，我们重新定义描述跟踪控制目标的成本函数：

$$Q(z(\beta)) = \int_{(I-1)t_f}^{It_f} z_1^{\mathrm{T}}(t) C_1 z_1(t) \mathrm{d}t + \int_{(I-1)t_f}^{It_f} z_2^{\mathrm{T}}(t) C_2 z_2(t) \mathrm{d}t \qquad (3.36)$$

其中，$C_1 > 0$，$C_2 > 0$。选择此成本函数意味着在这个测试中，我们着重于调整反馈增益以使得电枢位置和速度跟从期望轨迹。由于在之前的测试中，动态 MES 具有最佳收敛性能，因此这里只展示了动态 MES(见式(3.35))的性能。如图 3.8 所示，由于引入新的成本函数，电枢位置和速度相比于之前的测试能够更好地跟从期望参考轨迹(见图 3.1)。成本函数的相应减少量如图 3.9 所示。最后，增益的学习情况如图 3.10 所示。

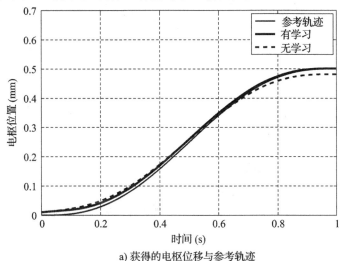

a) 获得的电枢位移与参考轨迹

图 3.8　获得的输出与参考轨迹——控制器(3.29)

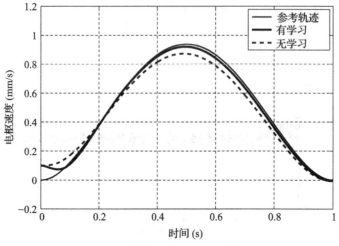

b) 获得的电枢速度与参考轨迹

图 3.8 （续）

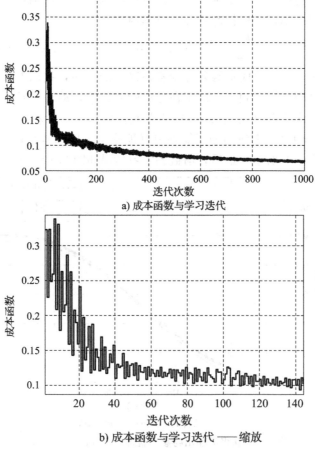

a) 成本函数与学习迭代

b) 成本函数与学习迭代 —— 缩放

图 3.9 成本函数——测试 4

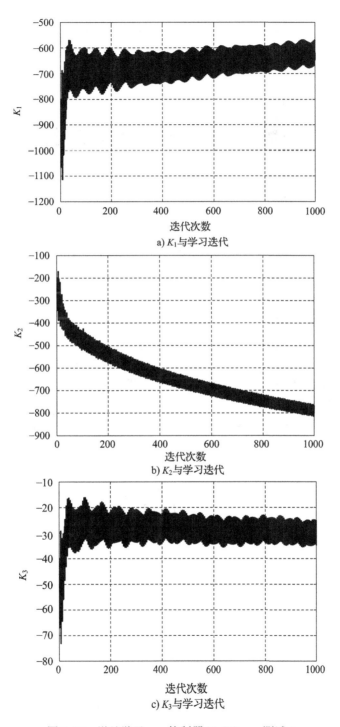

a) K_1 与学习迭代

b) K_2 与学习迭代

c) K_3 与学习迭代

图 3.10 增益学习——控制器(3.29)——测试 4

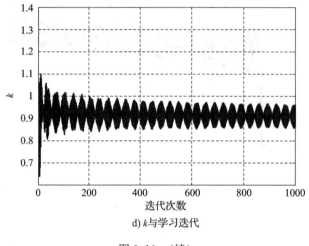

d) k 与学习迭代

图 3.10 （续）

3.5.2 双连杆刚性机械臂

现在我们来考虑机器人操作臂的输出轨迹跟踪问题。为了简化，我们关注双连杆刚性臂的情况。当然，同样的结果可以轻松地推广到 n 个连杆的情况。控制器的任务是使机器人关节的角度跟踪上期望的角度时间轨迹，其中反馈增益在线自动整定。

3.5.2.1 系统建模

在有关机器人的文献中已经建立了刚性连杆机械臂的动力学模型（见 Spong (1992)）：

$$H(q)\ddot{q}+C(q,\dot{q})\dot{q}+D\dot{q}+G(q)=\tau \tag{3.37}$$

其中，$q \triangleq (q_1,q_2)^{\mathrm{T}}$ 表示两个关节角，$\tau \triangleq (\tau_1,\tau_2)^{\mathrm{T}}$ 表示两个关节扭矩。假设矩阵 H 是非奇异的且由下式给出：

$$H \triangleq \begin{bmatrix} H_{11} & H_{12} \\ H_{21} & H_{22} \end{bmatrix}$$

其中，

$$H_{11}=m_1\ell_{c1}^2+I_1+m_2[\ell_1^2+\ell_{c_2}^2+2\ell_1\ell_{c_2}\cos(q_2)]+I_2$$
$$H_{12}=m_2\ell_1\ell_{c_2}\cos(q_2)+m_2\ell_{c_2}^2+I_2$$
$$H_{21}=H_{12}$$
$$H_{22}=m_2\ell_{c_2}^2+I_2 \tag{3.38}$$

矩阵 $C(q,\dot{q})$ 由下式给出：

$$C(q,\dot{q}) \triangleq \begin{bmatrix} -h\dot{q}_2 & -h\dot{q}_1-h\dot{q}_2 \\ h\dot{q}_1 & 0 \end{bmatrix}$$

其中，$h = m_2 \ell_1 \ell_{c_2} \sin(q_2)$。阻尼矩阵 D 由下式给出：

$$D \triangleq \begin{bmatrix} \eta_1 & 0 \\ 0 & \eta_2 \end{bmatrix}, \eta_1 > 0, \eta_2 > 0$$

向量 $G = [G_1 \quad G_2]^T$ 定义如下：

$$G_1 = m_1 \ell_{c_1} g \cos(q_1) + m_2 g [\ell_2 \cos(q_1 + q_2) + \ell_1 \cos(q_1)] \tag{3.39}$$
$$G_2 = m_2 \ell_{c_2} g \cos(q_1 + q_2)$$

其中，ℓ_1 和 ℓ_2 分别是第一和第二根连杆的长度；m_1 和 m_2 分别是第一和第二根连杆的质量；I_1 是第一根连杆的惯性矩，I_2 是第二根连杆的惯性矩；η_1 和 η_2 分别是第一和第二个关节的阻尼系数；g 为地球引力常数。

3.5.2.2 鲁棒控制器

考虑模型（3.37）的不确定情形：

$$H(q) \ddot{q} + C(q, \dot{q}) \dot{q} + (D + \delta D) \dot{q} + G(q) + d(t) = \tau \tag{3.40}$$

其中，阻尼矩阵的有界不确定性 $\delta D = \mathrm{diag}(\delta \eta_1, \delta \eta_2), \delta \eta_1 \leqslant \delta \eta_{1\max}, \delta \eta_2 \leqslant \delta \eta_{2\max}$，加性有界扰动 $d(t) = (d_1, d_2)^T$，且满足 $\| d(t) \| \leqslant d_{\max}, \forall t$。

在这种情况下，很容易验证假设 3.1。为了检验假设 3.2，我们算出 y 的逐次导数，直到输入向量 τ 出现，在本节中对应于相对阶向量 $r = (2, 2)^T$。

接着，可以很直接地发现模型（3.37）是式（3.2）的形式，其中，$A = H^{-1}, b = H^{-1} (C\dot{q} + D\dot{q} + G)$。于是，根据定理 3.1，我们可以写出如下鲁棒控制器：

$$
\begin{aligned}
\tau = {} & C\dot{q} + D\dot{q} + G(q) + H v_s \\
& + \left(\frac{\partial V}{\partial \dot{q}_1}, \frac{\partial V}{\partial \dot{q}_2} \right)^T k \| H^{-1} \|_F \left(\delta \eta_{\max} \sqrt{\dot{q}_1^2 + \dot{q}_2^2} + d_{\max} \right) \\
& v_s = y_{\mathrm{ref}}^{(2)} - K_D (y^{(1)} - y_{\mathrm{ref}}^{(1)}) - K_P (y - y_{\mathrm{ref}}) \\
& k > 0, \delta \eta_{\max} = \mathrm{Max}(\delta \eta_{1\max}, \delta \eta_{2\max}) \\
& K_D = \mathrm{diag}(k_{d1}, k_{d2}) > 0, K_P = \mathrm{diag}(k_{p1}, k_{p2}) > 0
\end{aligned}
\tag{3.41}
$$

其中，$y_{\mathrm{ref}}(t) = (q_{1\mathrm{ref}}(t), q_{2\mathrm{ref}}(t))^T$ 是期望的输出轨迹，其至少为 $\mathcal{C}^2$ 类。李雅普诺夫函数可定义为 $V = z^T P z$，其中 $z = (z_1, z_2, z_3, z_4)^T = (q_1 - q_{1\mathrm{ref}}(t), \dot{q}_1 - \dot{q}_{1\mathrm{ref}}(t), q_2 - q_{2\mathrm{ref}}(t), \dot{q}_2 - \dot{q}_{2\mathrm{ref}}(t))^T$，$P > 0$ 是李雅普诺夫方程 $P \widetilde{A} + \widetilde{A}^T P = -I$ 的解，且

$$\widetilde{A} = \begin{bmatrix} 0 & 1 & 0 & 0 \\ -k_{p1} & -k_{d1} & 0 & 0 \\ 0 & 0 & 0 & 1 \\ 0 & 0 & -k_{p2} & -k_{d2} \end{bmatrix} \tag{3.42}$$

其中，通过选择 k_{p1}、k_{d1}、k_{p2} 和 k_{d2}，使得矩阵 $\widetilde{A}$ 是赫尔维茨的。这可以看作对角子矩阵 $\widetilde{A}$ 的对应二阶子系统的一个简单极点配置。

3.5.2.3　基于学习的反馈增益自动调整

尽管系统具有模型不确定性，我们的任务是跟踪期望输出轨迹，并且存在反馈增益 $k_{pi}, k_{di}, i=1,2$ 的自动调整。这个控制目标在使用机械臂的工业应用中非常有用，例如，在两个期望位置之间移动对象。事实上，确切的动力学模型是很难知道的，并且手动整定增益也很耗时。在这种设定下，一个能够在调整期间保证系统稳定的增益自动调整是非常重要的，常常被工业界称为自动整定。

为此，我们首先必须定义一个合适的学习成本函数，用以描述控制器的期望性能。特别是在本节情况下，由于最终控制目标是输出轨迹跟踪，因此选择如下跟踪成本函数：

$$Q(y(\beta)) = \int_{(I-)t_f}^{It_f} ey^{\mathrm{T}}(t) C_1 ey(t) \mathrm{d}t + \int_{(I-1)t_f}^{It_f} ey^{(1)\mathrm{T}}(t) C_2 ey^{(1)}(t) \mathrm{d}t \tag{3.43}$$

其中，$ey=(z_1, z_3)^{\mathrm{T}}, C_1=\mathrm{diag}(c_{11}, c_{12})>0, C_2=\mathrm{diag}(c_{21}, c_{22})>0, t_f$ 是期望轨迹的有限时间区间长度，且 $I=1,2,\cdots$ 表示迭代索引。β 是优化变量向量，定义为 $\beta=(\delta k_{p1}, \delta k_{d1}, \delta k_{p2}, \delta k_{d2}, \delta k)^{\mathrm{T}}$，因此反馈增益可写为

$$k_{p1}=k_{p1_{\mathrm{nominal}}}+\delta_{k_{p1}}$$
$$k_{d1}=k_{d1_{\mathrm{nominal}}}+\delta_{k_{d1}}$$
$$k_{p2}=k_{p2_{\mathrm{nominal}}}+\delta_{k_{p2}}$$
$$k_{d2}=k_{d2_{\mathrm{nominal}}}+\delta_{k_{d2}}$$
$$k=k_{\mathrm{nominal}}+\delta k \tag{3.44}$$

其中，$k_{pi_{\mathrm{nominal}}}, k_{di_{\mathrm{nominal}}} (i=1,2)$ 表示控制器的标称增益，即满足假设 3.6 的任何初始增益。接下来，基于这个学习成本函数和 MES 算法（见式(3.18)、式(3.19)和式(3.21)），增益的变化量可给出：

$$\dot{x}_{k_{p1}}=ak_{p1}\sin\left(\omega_1 t-\frac{\pi}{2}\right) Q(y(\beta))$$

$$\delta\hat{k}_{p1}(t)=xk_{p1}(t)+ak_{p1}\sin\left(\omega_1 t+\frac{\pi}{2}\right)$$

$$\dot{x}k_{d1}=ak_{d1}\sin\left(\omega_2 t-\frac{\pi}{2}\right) Q(y(\beta))$$

$$\delta\hat{k}_{d1}(t)=xk_{d1}(t)+a_{k_{d1}}\sin\left(\omega_2 t+\frac{\pi}{2}\right)$$

$$\dot{x}_{k_{p2}}=ak_{p2}\sin\left(\omega_3 t-\frac{\pi}{2}\right) Q(y(\beta))$$

$$\delta\hat{k}_{p2}(t)=xk_{p2}(t)+ak_{p2}\sin\left(\omega_3 t+\frac{\pi}{2}\right)$$

$$\dot{x}k_{d2}=ak_{d2}\sin\left(\omega_4 t-\frac{\pi}{2}\right) Q(y(\beta))$$

$$\delta \hat{k}_{d2}(t) = xk_{d2}(t) + ak_{d2}\sin\left(\omega_4 t + \frac{\pi}{2}\right)$$

$$\dot{x}_k = a_k\sin\left(\omega_5 t - \frac{\pi}{2}\right) Q(y(\beta))$$

$$\delta \hat{k}(t) = x_k(t) + a_k\sin\left(\omega_5 t + \frac{\pi}{2}\right)$$

$$\delta k_{pj}(t) = \delta \hat{k}_{pj}((I-1)t_f)$$

$$\delta k_{dj}(t) = \delta \tilde{k}_{dj}((I-1)t_f),\ (I-1)t_f \leqslant t < It_f,\ j \in \{1,2\},\ I=1,2,3,\cdots$$

$$\delta k(t) = \delta \hat{k}((I-1)t_f),\ (I-1)t_f \leqslant t < It_f,\ I=1,2,3,\cdots \tag{3.45}$$

其中，$a_{k_{p1}}$，$a_{k_{p2}}$，$a_{k_{d1}}$，$a_{k_{d2}}$ 和 a_k 是正搜索幅值，并且对于 $p \neq q \neq r$，$\omega_p + \omega_q \neq \omega_r$，$p,q,r \in \{1,2,3,4,5\}$。

3.5.2.4　仿真结果

我们选择参考输出为五阶多项式：

$$q_{1\text{ref}}(t) = q_{2\text{ref}}(t) = \sum_{i=0}^{5} a_i (t/t_f)^i$$

其中，a_i 满足边界约束 $q_{i\text{ref}}(0)=0$，$q_{i\text{ref}}(t_f)=q_f$，$\dot{q}_{i\text{ref}}(0)=\dot{q}_{i\text{ref}}(t_f)=0$，$\ddot{q}_{i\text{ref}}(0)=\ddot{q}_{i\text{ref}}(t_f)=0$，$i=1,2$，且 $t_f=1\text{s}$，$q_f=1.5\text{rad}$。

我们采用表 3.2 中汇总的模型标称参数。假设参数不确定性 $\delta_{\eta 1}$、$\delta_{\eta 2}$ 有界，满足 $\delta\eta_{\max}=1$，且加性扰动 $d(t)$ 有界并满足 $d_{\max}=10$。采用定理 3.2 中的控制器，其中 $C_1=\text{diag}(500,100)$，$C_2=\text{diag}(1000,100)$，学习频率 $\omega_1=7.5\text{rad/s}$，$\omega_2=5.3\text{rad/s}$，$\omega_3=10\text{rad/s}$，$\omega_4=5.1\text{rad/s}$，$\omega_5=20\text{rad/s}$。

表 3.2　机械臂实例的模型参数数值

参数	数值	参数	数值
I_2	$\frac{5.5}{12}\text{kg}\cdot\text{m}^2$	ℓ_{c_1}	0.5m
m_1	10.5kg	ℓ_{c_2}	0.5m
m_2	5.5kg	I_1	$\frac{11}{12}\text{kg}\cdot\text{m}^2$
ℓ_1	1.1m	g	9.8m/s^2
ℓ_2	1.1m		

在这个测试中，我们采用恒定搜索幅值 $a_{k_{p1}}=5.10^{-3}$，$a_{k_{d1}}=10^{-2}/4$，$a_{k_{p2}}=5.10^{-3}$，$a_{k_{d2}}=10^{-2}/4$ 和 $a_k=10^{-2}$。增益学习从标称值 $k_{p1_{\text{nominal}}}=10$，$k_{d1_{\text{nominal}}}=5$，$k_{p2_{\text{nominal}}}=10$，$k_{d2_{\text{nominal}}}=5$ 和 $k_{\text{nominal}}=0.1$ 开始。控制器（见式(3.41)、式(3.43)、式(3.44)和式(3.45)）已应用于机器人的不确定模型。获得的角位移和速度如图 3.11 所示。我们可以清楚地看到，即使没有对增

益进行优化调整，系统也能够保持稳定（由于非线性控制器的鲁棒性），但是标称增益下的
跟踪性能并不好。然而，通过学习该性能得到了改善，图 3.12 展示了学习后的成本函数，
其随着迭代次数减小，并且仅在 8 次迭代后就达到非常低的值。如图 3.13 所示，相应的增
益学习迭代呈现了最优反馈增益向量的快速收敛性。由于在这个例子中，恒定搜索幅值下
已经得到非常快速的调整和整体性能提高，所以我们没有像在电磁执行器中那样尝试时变
搜索幅值算法。

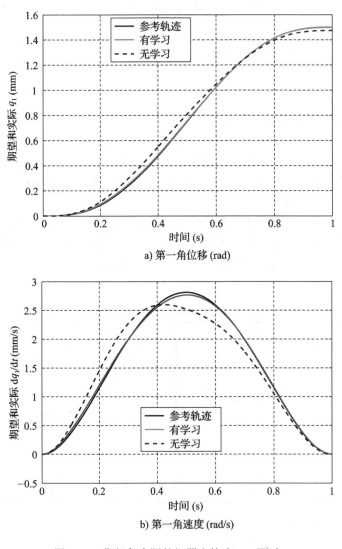

a) 第一角位移 (rad)

b) 第一角速度 (rad/s)

图 3.11　期望与实际的机器人轨迹——测试 1

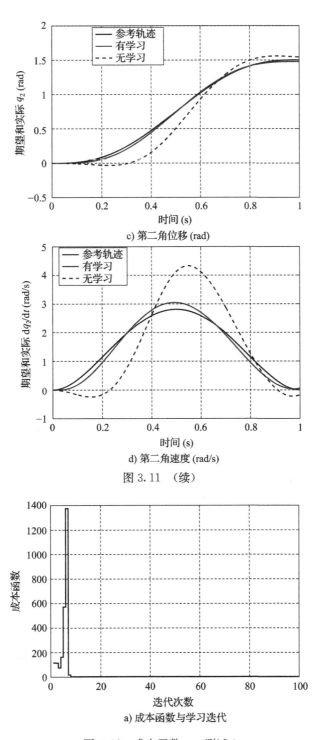

c) 第二角位移 (rad)

d) 第二角速度 (rad/s)

图 3.11 （续）

a) 成本函数与学习迭代

图 3.12 成本函数——测试 1

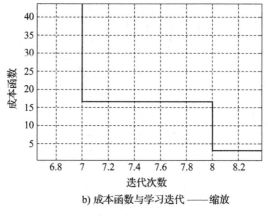

b) 成本函数与学习迭代 ——缩放

图 3.12 （续）

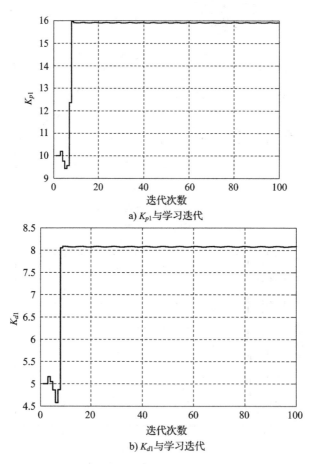

a) K_{p1} 与学习迭代

b) K_{d1} 与学习迭代

图 3.13 双连杆机器人学习控制——测试 1

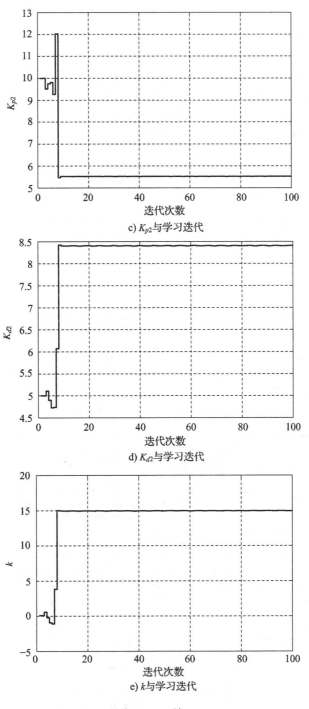

c) K_{p2}与学习迭代

d) K_{d2}与学习迭代

e) k与学习迭代

图 3.13　（续）

3.6 总结与展望

在本章中，我们研究了具有静态反馈的输入输出线性化控制的迭代反馈增益整定问题。首先，我们采用具有静态反馈的输入输出线性化方法，并通过李雅普诺夫重构技术对有界加性模型不确定性进行"鲁棒化"，以确保跟踪误差向量的一致有界性。其次，通过一个无模型学习算法来补偿输入输出线性化控制器，从而迭代地自动调整控制反馈增益并优化系统的期望性能。这里的学习算法是基于 MES 理论的。整个控制器，即学习算法与鲁棒控制器一起，构成一个能够自动整定增益的迭代输入输出线性化控制器。我们还给出了在电磁执行器以及双连杆机械臂示例中的一些数值结果。关于通过采用各种具有半全局收敛性的 MES 算法来提高收敛速度的开放性问题，可参见 Tan 等（2006）、Noase 等（2011）和 Khong 等（2013），并将该工作推广到不同类型的无模型学习算法，如机器学习算法。

参考文献

Ariyur, K.B., Krstic, M., 2002. Multivariable extremum seeking feedback: analysis and design. In: Proceedings of the Mathematical Theory of Networks and Systems, South Bend, IN.

Benosman, M., 2014. Multi-parametric extremum seeking-based auto-tuning for robust input-output linearization control. In: IEEE, Conference on Decision and Control, Los Angeles, CA, pp. 2685–2690.

Benosman, M., Atinc, G., 2013. Multi-parametric extremum seeking-based learning control for electromagnetic actuators. In: IEEE, American Control Conference, Washington, DC, pp. 1914–1919.

Benosman, M., Lum, K.Y., 2010. Passive actuators' fault tolerant control for affine nonlinear systems. IEEE Trans. Control Syst. Technol. 18 (1), 152–163.

DeBruyne, F., Anderson, B., Gevers, M., Linard, N., 1997. Iterative controller optimization for nonlinear systems. In: IEEE, Conference on Decision and Control, pp. 3749–3754.

Haddad, W.M., Chellaboind, V., Nersesov, S.G., 2006. Impulsive and Hybrid Dynamical Systems: Stability, Dissipativity, and Control. Princeton University Press, Princeton.

Hale, J., 1977. Theory of Functional Differential Equations, Applied Mathematical Sciences, vol. 3. Springer-Verlag, New York.

Hjalmarsson, H., 1998. Control of nonlinear systems using iterative feedback tuning. In: IEEE, Conference on Decision and Control, pp. 2083–2087.

Hjalmarsson, H., 2002. Iterative feedback tuning—an overview. Int. J. Adapt. Control Signal Process. 16 (5), 373–395. doi:10.1002/acs.714.

Hjalmarsson, H., Gunnarsson, S., Gevers, M., 1994. A convergent iterative restricted complexity control design scheme. In: IEEE, Conference on Decision and Control, pp. 1735–1740.

Hjalmarsson, H., Gevers, M., Gunnarsson, S., Lequin, O., 1998. Iterative feedback tuning: theory and applications. IEEE Control Syst. 18 (4), 26–41.

Isidori, A., 1989. Nonlinear Control Systems, second ed., Communications and Control Engineering Series. Springer-Verlag, Berlin.

Khalil, H., 1996. Nonlinear Systems, second ed. Macmillan, New York.

Khong, S.Z., Nesic, D., Tan, Y., Manzie, C., 2013. Unified frameworks for sampled-data extremum seeking control: global optimization and multi-unit systems. Automatica 49, 2720–2733.

Killingsworth, N., Kristic, M., 2006. PID tuning using extremum seeking. In: IEEE Control Systems Magazine, pp. 1429–1439.

Koszalka, L., Rudek, R., Pozniak-Koszalka, I., 2006. An idea of using reinforcement learning in adaptive control systems. In: International Conference on Networking, International Conference on Systems and International Conference on Mobile Communications and Learning Technologies, 2006, ICN/ICONS/MCL 2006, pp. 190–196.

Lequin, O., Gevers, M., Mossberg, M., Bosmans, E., Triest, L., 2003. Iterative feedback tuning of PID parameters: comparison with classical tuning rules. Control Eng. Pract. 11 (9), 1023–1033.

Moase, W., Manzie, C., Brear, M., 2009. Newton-like extremum seeking part I: theory. In: IEEE, Conference on Decision and Control, pp. 3839–3844.

Noase, W., Tan, Y., Nesic, D., Manzie, C., 2011. Non-local stability of a multi-variable extremum-seeking scheme. In: IEEE, Australian Control Conference, pp. 38–43.

Peterson, K., Stefanopoulou, A., 2004. Extremum seeking control for soft landing of electromechanical valve actuator. Automatica 40, 1063–1069.

Rotea, M.A., 2000. Analysis of multivariable extremum seeking algorithms. In: IEEE, American Control Conference, pp. 433–437.

Scheinker, A., 2013. Simultaneous stabilization of and optimization of unknown time-varying systems. In: IEEE, American Control Conference, pp. 2643–2648.

Sjoberg, J., Agarwal, M., 1996. Model-free repetitive control design for nonlinear systems. In: IEEE, Conference on Decision and Control, pp. 2824–2829.

Sjoberg, J., Bruyne, F.D., Agarwal, M., Anderson, B., Gevers, M., Kraus, F., Linard, N., 2003. Iterative controller optimization for nonlinear systems. Control Eng. Pract. 11, 1079–1086.

Spong, M.W., 1992. On the robust control of robot manipulators. IEEE Trans. Autom. Control 37 (11), 1782–2786.

Tan, Y., Nesic, D., Mareels, I., 2006. On non-local stability properties of extremum seeking control. Automatica 42, 889–903.

Tan, Y., Nesic, D., Mareels, I., 2008. On the dither choice in extremum seeking control. Automatica 44, 1446–1450.

Wang, Y., Stefanopoulou, A., Haghgooie, M., Kolmanovsky, I., Hammoud, M., 2000. Modelling of an electromechanical valve actuator for a camless engine. In: Fifth International Symposium on Advanced Vehicle Control, Number 93.

Wang, Y., Gao, F., Doyle III, F.J., 2009. Survey on iterative learning control, repetitive control, and run-to-run control. J. Process Control 19, 1589–1600.

Ziegler, J., Nichols, N., 1942. Optimum settings for automatic controllers. Trans. ASME 64, 759–768.

基于极值搜索的间接自适应控制

4.1 引言

极值搜索是一种著名的搜索方法，通过它可以搜索到与给定过程性能有关的成本函数的极值，而不需要对过程进行精确建模，参见 Ariyur 和 Krstic（2002，2003），Nesic（2009）。以下文献已提出一些 ES 算法：Krstic（2000）、Rotea（2000）、Ariyur 和 Krstic（2002，2003）、Tan 等（2006）、Nesic（2009）、Guay 等（2013），以及 Scheinker（2013），并且报导了关于 ES 算法的许多应用，参见 Zhang 等（2003）、Hudon 等（2008）、Zhang 和 Ordóñez（2012），以及 Benosman 和 Atinc（2013a，c）。许多文章致力于，在静态或动态已知映射下，分析 ES 算法及其收敛性，参见 Krstic 和 Wang（2003）、Rotea（2000）、Teel 和 Popovic（2001）以及 Ariyur 和 Krstic（2003）；然而，很少有文章解决 ES 算法在静态或动态不确定映射下的应用。Nesic 等（2013）中考察了将 ES 应用于一个不确定静态和动态映射的情况，所考虑系统具有常参数不确定。但是，作者运用 ES 算法来优化一个给定的性能（通过优化性能函数），并且采用经典的基于模型的滤波器/估计器来估计系统的状态和未知常参数，从而作为 ES 算法的补充。这和我们将要给出的方法不同，其中 ES 用于改善给定的控制性能，同时估计模型不确定。

如第 2 章所见，历史上对于不确定映射的控制是通过经典自适应控制来处理。事实上，经典的基于模型的自适应控制在处理部分未知过程的控制问题时，主要基于不确定模型，即带有参数不确定的控制对象。经典自适应方法主要分为两类：直接法，通过更新控制器来更好地适应过程；间接法，通过更新模型来更好地反映实际过程。在过去，针对线性和非线性系统的许多自适应控制算法被陆续提出，我们无法介绍所有已发表的设计和分析成果，详细内容可参见 Krstic 等（1995）和 Landau 等（2011）等文献。在这里我们想强调的是经典自适应控制的这些成果主要是基于系统模型的结构，如，线性与非线性、线性不确定参数化与非线性参数化等。

另一类自适应控制模式是通过学习机制来估计过程的不确定部分。实际上，在这类基于学习的控制器中，通过机器学习理论、神经网络、模糊系统等，要么估计一个不确定模型的参数，要么估计表示模型部分或整体的一个确定或随机函数的结构。该领域也已取得一些研究成果，详细结果可参见 Wang 和 Hill(2006)。

本章重点介绍 ES 理论在基于学习的自适应控制模式中的应用。事实上，该方向上已经发展了一些成果，如 Guay 和 Zhang(2003)、Zhang 等(2003)、Adetola 和 Guay(2007)、Ariyur 等(2009)、Hudon 等(2008)、Haghi 和 Ariyur(2011)，以及 Benosman 和 Atinc (2013a，c)。例如在 Guay 和 Zhang(2003)以及 Adetola 和 Guay(2007)中，针对具有线性参数不确定性的仿射非线性系统，提出了一种基于 ES 算法的控制器。该控制器使系统状态达到未知的最优状态，以优化一个期望的目标函数。Guay 和 Zhang(2003)以及 Adetola 和 Guay(2007)中所采用的 ES 控制器并不是无模型的，而是基于模型的已知部分(即基于目标函数和非线性模型结构)来设计的。Zhang 等(2003)和 Hudon 等(2008)在处理更明确的例子时，也用到类似的方法。在 Haghi 和 Ariyur(2011)以及 Ariyur 等(2009)中，作者采用一种基于期望成本函数的无模型 ES 方法来估计线性状态反馈参数从而补偿线性系统的未知参数。Atinc 和 Benosman(2013)研究了电磁执行器的自适应鲁棒控制问题，其中 ES 用于估计未知模型参数。Benosman(2014a，b)将此方法推广到更一般的非线性系统中。最后，在 Benosman 和 Xia(2015)、Benosman(2014a，b)中所用到的 ISS 反馈控制器存在这一强假设得到了放松，并且针对关于控制量仿射的非线性系统设计一个 ISS 反馈的构造性证明。

在此背景下，我们在本章给出一些非线性系统的基于 ES 的间接自适应控制器。这些结果来自之前所引用的参考文献中作者的工作，其主要思路基于一个模块化设计。我们首先设计一个反馈控制器，使得闭环跟踪误差动态关于估计误差 ISS(或类似小增益特性)，接着设计一个无模型 ES 算法对 ISS 控制器进行补充，该 ES 算法可以通过估计模型未知参数使得成本函数最小化。模块化设计简化了整个控制器，即 ISS 控制器和 ES 估计算法，的分析。

本章内容安排如下：4.2 节回顾本章将使用的一些符号和定义。在 4.3 节我们建立第一种间接自适应控制方法，即针对常参数化模型不确定性的基于 ES 的学习自适应控制器。在 4.4 节，我们采用时变 ES 技术研究具有时变参数化模型不确定性的情形。4.5 节主要是研究一类关于控制量仿射的非线性模型。在 4.6 节中我们主要研究两个机电一体化案例，即电磁执行器和刚性机械臂，将所建立的方法应用于这两个案例，并得到数值结果。最后，本章的总结和展望将在 4.7 节中给出。

4.2　基本符号和定义

本章用 $\|\cdot\|$ 来表示欧几里得范数，即对于 $x \in \mathbb{R}^r$，有 $\|x\| = \sqrt{x^{\mathrm{T}} x}$；用 $\dot{(\cdot)}$ 表示时间导数的简写，$\mathcal{C}^k$ 表示存在 k 阶导的函数；如果集合中每一点的某个邻域上都存在收敛的泰勒级数逼近，则称函数在给定集合中解析。若连续函数 $\alpha:[0,a) \to [0,\infty)$ 严格递增且 $\alpha(0) = 0$，则称该函数属于 $\mathcal{K}$ 类。若连续函数 $\beta:[0,a) \times [0,\infty) \to [0,\infty)$，对于每一个确定的 s，映射 $\beta(r,s)$ 关于 r 属于 $\mathcal{K}$ 类，对于任一确定的 r，映射 $\beta(r,s)$ 随着 s 递减且当 $s \to \infty$ 时 $\beta(r,s) \to 0$，则称函数

β 属于 $\mathcal{KL}$ 类。由元素 a_{ij} 构成的矩阵 $A \in \mathbb{R}^{m \times n}$，其弗罗贝尼乌斯范数定义为 $\|A\|_F \triangleq$ $\sqrt{\sum_{i=1}^{n} \sum_{j=1}^{n} |a_{ij}|^2}$。我们将用到如下范数性质(详见第1章)：

- 对任意 $x \in \mathbb{R}^n$，$A \in \mathbb{R}^{m \times n}$，$\|Ax\| \leqslant \|A\|_F \|x\|$
- 对任意 $x, y \in \mathbb{R}^n$，$\|x\| - \|y\| \leqslant \|x - y\|$
- 对任意 $x, y \in \mathbb{R}^n$，$x^T y \leqslant \|x\| \|y\|$

给定 $x \in \mathbb{R}^m$，向量 x 的符号函数定义为

$$\text{sign}(x) \triangleq [\text{sign}(x_1), \text{sign}(x_2), \cdots, \text{sign}(x_m)]^T$$

其中，x_i 代表 x 的第 $i (1 \leqslant i \leqslant m)$ 个元素，因此有 $x^T \text{sign}(x) = \|x\|_1$。

对于一个 $n \times n$ 矩阵 P，用 $P > 0$ 表示其正定，$P < 0$ 表示其负定。用 $\text{diag}\{A_1, A_2, \cdots, A_n\}$ 表示含有 n 个子块的对角分块矩阵。记 $B(i, j)$ 为矩阵 B 的第 (i, j) 个元素，I_n 为单位矩阵，当维数明确时可简写为 I，记 0 为适当维数的向量 $[0, \cdots, 0]^T$。

接下来介绍本章还将用到的一些概念，首先引入基本的 ISS 结论。

考虑系统

$$\dot{x} = f(t, x, u) \tag{4.1}$$

其中 $f: [0, \infty) \times \mathbb{R}^n \times \mathbb{R}^m \to \mathbb{R}^n$ 在时间 t 上分段连续，在 x 和 u 上满足局部 Lipschitz，并在 t 上一致。输入 $u(t)$ 对于所有 $t \geqslant 0$ 是 t 的一个逐段连续且有界函数。

定义 4.1(见 Khalil(2002)) 如果存在 $\mathcal{KL}$ 类函数 β 和 $\mathcal{K}$ 类函数 γ，使得对任意初始状态 $x(t_0)$ 和任意有界输入 $u(t)$，当 $t \geqslant t_0$ 时解 $x(t)$ 满足不等式 $\|x(t)\| \leqslant \beta(\|x(t_0)\|, t - t_0) + \gamma(\sup_{t_0 \leqslant \tau \leqslant t} \|u(\tau)\|)$，则称系统(4.1)是 ISS 的。

定理 4.1(见 Khalil(2002)) 设 $V: [0, \infty) \times \mathbb{R}^n \to \mathbb{R}$ 为连续可微函数，满足

$$\alpha_1(\|x\|) \leqslant V(t, x) \leqslant \alpha_2(\|x\|)$$

$$\frac{\partial V}{\partial t} + \frac{\partial V}{\partial x} f(t, x, u) \leqslant -W(x), \quad \forall \|x\| \geqslant \rho(\|u\|) > 0 \tag{4.2}$$

对所有 $(t, x, u) \in [0, \infty) \times \mathbb{R}^n \times \mathbb{R}^m$，其中 α_1、α_2 是 $\mathcal{K}_\infty$ 函数，ρ 是 $\mathcal{K}$ 函数，$W(x)$ 是 $\mathbb{R}^n$ 上的连续正定函数，那么系统(4.1)是 ISS 的。

下面，我们回顾相较于 ISS 来说稍弱的概念，称为局部积分输入-状态稳定(LiISS)。

定义 4.2(见 Ito 和 Jiang(2009))考虑系统

$$\dot{x} = f(t, x, u) \tag{4.3}$$

其中，$x \in \mathcal{D} \subseteq \mathbb{R}^n$ 满足 $0 \in \mathcal{D}$，$f: [0, \infty) \times \mathcal{D} \times \mathcal{D}_u \to \mathbb{R}^n$ 在时间 t 上分段连续，在 x 和 u 上满足局部 Lipschitz，在 t 上一致，设输入为可测且局部有界函数 $u: \mathbb{R}_{\geqslant 0} \to \mathcal{D}_u \subseteq \mathbb{R}^m$。对于给定的任意控制输入 $u \in \mathcal{D}_u$ 和任意 $\xi \in \mathcal{D}_0 \subseteq \mathcal{D}$，初始值问题 $\dot{x} = f(t, x, u)$，$x(t_0) = \xi$ 存在唯一极大值解。不失一般性，设 $t_0 = 0$，唯一解定义在某个极大开区间上，记作 $x(\cdot, \xi, u)$。对系统(4.3)，如果存在函数 $\alpha, \gamma \in \mathcal{K}, \beta \in \mathcal{KL}$，使得对所有 $\xi \in \mathcal{D}_0, u \in \mathcal{D}_u$ 和 $t \geqslant 0$，$x(t, \xi, u)$ 满足如下不等式：

$$\alpha(\parallel x(t,\xi,u)\parallel) \leqslant \beta(\parallel \xi \parallel,t) + \int_0^t \gamma(\parallel u(s) \parallel)\mathrm{d}s \tag{4.4}$$

则称系统(4.3)是 LiISS 的。

同样，对于所有 $t \geqslant 0$，当且仅当存在函数 $\beta \in \mathcal{KL}$ 和 $\gamma_1, \gamma_2 \in \mathcal{K}$，使得对于所有 $t \geqslant 0$，$\xi \in D_0$，$u \in D_u$，有

$$\parallel x(t,\xi,u)\parallel \leqslant \beta(\parallel \xi \parallel,t) + \gamma_1\Big(\int_0^t \gamma_2(\parallel u(s) \parallel)\mathrm{d}s\Big) \tag{4.5}$$

则系统(4.3)是 LiISS 的。

备注 4.1　在此我们想强调的是之前回顾的 ISS 和 LiISS 两种定义，只是可应用于文中自适应模块化设计所需性质的两个例子。实际上，主要的思想是在给定输入和给定状态之间确保实现小增益性质。小增益性质可以用 ISS、LiISS 或者其他定义的形式来表现，例如 Malisoff 和 Mazenc(2005)中带有衰减率 p 的 ISS(ISS(p))等。

本章将用到的另一类性质是具有最终界 $\delta((\varepsilon-\delta)-\text{SPUUB})$ 的 ε-半全局实用一致最终有界性，定义如下。

定义 4.3(($(\varepsilon-\delta)-\text{SPUUB}$)，见 Scheinker(2013))，考虑如下系统：

$$\dot{x} = f^\varepsilon(t,x) \tag{4.6}$$

$\phi^\varepsilon(t,t_0,x_0)$ 是式(4.6)在初始条件 $x(t_0)=x_0$ 下的解。若系统(4.6)满足以下三个条件：

(1) (ε,δ)-一致稳定：对每一个 $c_2 \in (\delta,\infty)$ 存在 $c_1 \in (0,\infty)$ 和 $\hat{\varepsilon} \in (0,\infty)$，使得对于所有 $t_0 \in \mathbb{R}, x_0 \in \mathbb{R}^n, \varepsilon \in (0,\hat{\varepsilon})$，有

$$\parallel \phi^\varepsilon(t,t_0,x_0) \parallel < c_2, \forall t \in [t_0,\infty)$$

(2) (ε,δ)-一致最终有界：对每一个 $c_1 \in (0,\infty)$，存在 $c_2 \in (\delta,\infty)$ 和 $\hat{\varepsilon} \in (0,\infty)$，使得对于所有 $t_0 \in \mathbb{R}, x_0 \in \mathbb{R}^n$ 且 $\parallel x_0 \parallel < c_1$，以及 $\varepsilon \in (0,\hat{\varepsilon})$，有

$$\parallel \phi^\varepsilon(t,t_0,x_0) \parallel < c_2, \forall t \in [t_0,\infty)$$

(3) (ε,δ)-全局一致吸引性：对所有 $c_1, c_2 \in (\delta,\infty)$，存在 $T \in (0,\infty)$ 和 $\hat{\varepsilon} \in (0,\infty)$，使得对所有的 $t_0 \in \mathbb{R}, x_0 \in \mathbb{R}^n$ 且 $\parallel x_0 \parallel < c_1$，以及 $\varepsilon \in (0,\hat{\varepsilon})$，有

$$\parallel \phi^\varepsilon(t,t_0,x_0) \parallel < c_2, \forall t \in [t_0+T,\infty)$$

则称系统(4.6)是 $(\varepsilon-\delta)-\text{SPUUB}$ 的。

现在我们已给出本章中关于非线性系统 ES 模块化自适应控制所需的所有概念。起初，我们主要针对某些强假设下的一般非线性模型；然而，在随后处理某些具体的非线性系统时，这些假设条件有可能被放松。

4.3　具有常值模型不确定性的一般非线性系统的 ES 间接自适应控制

若变量 $\Delta \in \mathbb{R}^p$ 表示恒定的参数不确定性，考虑如下带有 Δ 的形如(4.3)的系统：

$$\dot{x} = f(t, x, \Delta, u) \tag{4.7}$$

其输出向量为

$$y = h(x) \tag{4.8}$$

其中 $h: \mathbb{R}^n \to \mathbb{R}^m$。

在此，控制目标是使 y 能够渐近跟踪一个期望的光滑的时变轨迹向量 $y_{\text{ref}}: [0, \infty) \to \mathbb{R}^h$。

定义输出轨迹误差向量为

$$e_y(t) = y(t) - y_{\text{ref}}(t) \tag{4.9}$$

我们给出如下假设。

假设 4.1 存在一个鲁棒反馈控制 $u_{\text{iss}}(t, x, \hat{\Delta}): \mathbb{R} \times \mathbb{R}^n \times \mathbb{R}^p \to \mathbb{R}^{n_a}$，其中 $\hat{\Delta}$ 是不确定向量 Δ 的动态估计，使得闭环误差动态

$$\dot{e}_y = f_{e_y}(t, e_y, e_\Delta) \tag{4.10}$$

从输入向量 $e_\Delta = \Delta - \hat{\Delta}$ 到状态向量 e_y 是 LiISS 的。

备注 4.2 假设 4.1 的描述看上去太笼统，但是有多种控制策略可以用来设计控制器 u_{iss}，使得不确定系统是 LiISS 的，例如，Krstic 等 (1995) 表明采用反步控制法可以使参数严格反馈系统具有该性质。

下面定义成本函数：

$$Q(\hat{\Delta}) = F(e_y(\hat{\Delta})) \tag{4.11}$$

其中，当 $e_y \neq 0$ 时，$F: \mathbb{R}^h \to \mathbb{R}$，$F(0) = 0$，$F(e_y) > 0$。我们给出关于 Q 的如下额外假设。

假设 4.2 成本函数 Q 在 $\hat{\Delta}^* = \Delta$ 处存在局部最小。

假设 4.3 初始误差 $e_\Delta(t_0)$ 足够小，即初始参数估计向量 $\hat{\Delta}$ 足够接近实际的参数向量 Δ。

假设 4.4 成本函数解析，且在 Δ^* 的邻域内，其关于不确定变量的变化量有界，即 $\left\| \dfrac{\partial Q}{\partial \Delta}(\tilde{\Delta}) \right\| \leqslant \xi_2, \xi_2 > 0$，$\tilde{\Delta} \in \mathcal{V}(\Delta^*)$，其中 $\mathcal{V}(\Delta^*)$ 表示 Δ^* 的紧邻域。

备注 4.3 假设 4.2 仅意味着 Q 在不确定参数的真值处，至少局部最小。

备注 4.4 假设 4.3 表明我们的结果具有局部特性，即我们的分析在参数真值的一个小邻域内成立。

现在我们可以给出如下定理。

定理 4.2 考虑具有成本函数 (4.11) 和控制器 u_{iss} 的系统（见式 (4.7) 和式 (4.8)），其中 $\hat{\Delta}$ 通过如下 MES 算法进行估计：

$$\dot{z}_i = a_i \sin\left(\omega_i t + \frac{\pi}{2}\right) Q(\hat{\Delta})$$

$$\hat{\Delta}_i = z_i + a_i \sin\left(\omega_i t - \frac{\pi}{2}\right), \quad i \in \{1, \cdots, p\} \tag{4.12}$$

$\omega_i \neq \omega_j$, $\omega_i + \omega_j \neq \omega_k (i, j, k \in \{1, \cdots, p\})$ 且 $\omega_i > \omega^* (\forall i \in \{1, \cdots, p\})$，其中 ω^* 足够大，那么，在假设 4.1~假设 4.4 下，误差向量 e_y 的范数满足如下不等式：

$$\| e_y(t) \| \leqslant \beta(\| e_y(0) \|, t) + \alpha\left(\int_0^t \gamma(\widetilde{\beta}(\| e_\Delta(0) \|, s) + \| e_\Delta \|_{\max}) \mathrm{d}s\right)$$

其中，

$$\| e_\Delta \|_{\max} = \frac{\xi_1}{\omega_0} + \sqrt{\sum_{i=1}^{i=p} a_i^2}, \xi_1, \xi_2 > 0, \omega_0 = \max_{i \in \{1, \cdots, p\}} \omega_i, \alpha \in \mathcal{K}, \beta \in \mathcal{KL}, \hat{\beta} \in \mathcal{KL}, \gamma \in \mathcal{K}$$

证明： 考虑系统式（4.7）和式（4.8），于是在假设 4.1 下，控制器 u_{iss} 保证动态误差动态（4.10）在输入 e_Δ 和状态向量 e_y 间是 LiISS 的。由定义 4.1 可知，存在函数 $\alpha \in \mathcal{K}, \beta \in \mathcal{KL}, \gamma \in \mathcal{K}$，使得对于所有 $e_y(0) \in D_{e_y}, e_\Delta \in D_{e_\Delta}$ 和 $t \geqslant 0$，误差向量 e_Δ 的范数满足以下不等式：

$$\| e_y(t) \| \leqslant \beta(\| e_y(0) \|, t) + \alpha\left(\int_0^t \gamma(\| e_\Delta(0) \|) \mathrm{d}s\right) \tag{4.13}$$

接下来，需要评估向量 $\widetilde{\Delta}$ 的上界，为此我们引用了 Rotea(2000) 的结果。首先，根据假设 4.5，成本函数局部 Lipschitz，即 $\exists \eta_1 > 0$，满足 $|Q(\Delta_1) - Q(\Delta_2)| \leqslant \eta_1 \| \Delta_1 - \Delta_2 \|, \forall \Delta_1$，$\Delta_2 \in \mathcal{V}(\Delta^*)$。此外，因为 Q 解析，所以在 $\mathcal{V}(\Delta^*)$ 上可以用一个二次函数去局部逼近它，如二阶泰勒展开。基于此以及假设 4.2 和 4.3，我们可以得到如下不等式（见 Rotea(2000, p436-437)）：

$$\| e_\Delta(t) \| - \| d(t) \| \leqslant \| e_\Delta(t) - d(t) \| \leqslant \widetilde{\beta}(\| e_\Delta(0) \|, t) + \frac{\xi_1}{\omega_0}$$

$$\Rightarrow \| e_\Delta(t) \| \leqslant \widetilde{\beta}(\| e_\Delta(0) \|, t) + \frac{\xi_1}{\omega_0} + \| d(t) \|$$

$$\Rightarrow \| e_\Delta(t) \| \leqslant \widetilde{\beta}(\| e_\Delta(0) \|, t) + \frac{\xi_1}{\omega_0} + \sqrt{\sum_{i=1}^{i=p} a_i^2}$$

其中，$\widetilde{\beta} \in \mathcal{KL}, \xi_1 > 0, t \geqslant 0, \omega_0 = \max_{i \in \{1, \cdots, p\}} \omega_i, d(t) = \left[a_1 \sin\left(\omega_1 t + \frac{\pi}{2}\right), \cdots, a_p \sin\left(\omega_1 t + \frac{\pi}{2}\right) \right]^{\mathrm{T}}$，结合式（4.13），证明完毕。

目前我们所考虑的是常值模型不确定性的情况。实际应用中这种情况可以出现在系统的物理部分发生突变时，例如，当新的乘客进入电梯轿厢，则系统的质量瞬间发生改变。然而在其他情况下，系统参数的改变可能是随着时间变化，这就导致了时变不确定性。这种改变的典型例子就是系统的老化现象。事实上，系统某些部位的老化是由于长时间的重复使用，导致物理"常数"随着时间开始漂移，这些参数可描述为时变不确定性。此外，由于老化的固有慢动态特性（一般来说），不确定性随时间的变化是缓慢的，因此自适应控制方法非常适合该情况。下一节我们将重点学习具有时变参数不确定性的非线性模型。

4.4 具有时变模型不确定性的一般非线性系统的 ES 间接自适应控制

考虑具有时变参数不确定性 $\Delta(t):\mathbb{R}\to\mathbb{R}^p$ 的系统(4.7)，其输出向量如(4.8)所示。我们考虑同样的控制目标，即使 y 能够渐近跟踪一个期望的光滑的时变轨迹向量 $y_{\mathrm{ref}}:[0,\infty)\to\mathbb{R}^m$。

定义如下成本函数：

$$Q(\hat{\Delta},t)=F(e_y(\hat{\Delta}),t) \tag{4.14}$$

其中，当 $e_y\neq0$ 时，$F:\mathbb{R}^m\times\mathbb{R}^+\to\mathbb{R}^+,F(0,t)=0,F(e_y,t)>0$。

在这种情况下，我们给出关于 Q 的假设。

假设 4.5 $\left|\dfrac{\partial Q(\tilde{\Delta},\ t)}{\partial t}\right|<\rho Q,\forall t\in\mathbb{R}^+,\forall\tilde{\Delta}\in\mathbb{R}^p$。

由此可以得到如下结果。

定理 4.3 考虑系统(4.7)和(4.8)，且具有成本函数(4.14)和满足假设 4.1 的控制器 u_{iss}，其中 $\hat{\Delta}$ 可以由如下 MES 算法进行估计：

$$\dot{\hat{\Delta}}_i=a\sqrt{\omega_i}\cos(\omega_i t)-k\sqrt{\omega_i}\sin(\omega_i t)Q(\hat{\Delta}),\quad i\in\{1,\cdots,p\} \tag{4.15}$$

其中，$a>0,k>0,\omega_i\neq\omega_j(i,j,k\in\{1,\cdots,p\})$ 且 $\omega_i>\omega^*$（$\forall i\in\{1,\cdots,p\}$），其中 ω^* 足够大，那么，在假设 4.2 和 4.5 下，误差向量 e_y 的范数满足如下不等式：

$$\|e_y(t)\|\leqslant\beta(\|e_y(0)\|,t\|)+\alpha\left(\int_0^t\gamma(\|e_\Delta(s)\|)\mathrm{d}s\right)$$

其中，$\alpha\in\mathcal{K},\beta\in\mathcal{KL},\gamma\in\mathcal{K}$，并且 $\|e_\Delta\|$ 满足：

(1) $\left(\dfrac{1}{\omega},d\right)$-一致稳定：对于每一个 $c_2\in(d,\infty)$，存在 $c_1\in(0,\infty)$ 和 $\hat{\omega}>0$，使得对于所有的 $t_0\in\mathbb{R}$ 和 $x_0\in\mathbb{R}^n$，当 $\omega>\hat{\omega}$ 且 $\|e_\Delta(0)\|<c_1$ 时，有

$$\|e_\Delta(t,e_\Delta(0))\|<c_2,\forall t\in[t_0,\infty)$$

(2) $\left(\dfrac{1}{\omega},d\right)$-一致最终有界：对于每一个 $c_1\in(0,\infty)$，存在 $c_2\in(d,\infty)$ 且 $\hat{\omega}>0$，使得对于所有的 $t_0\in\mathbb{R}$ 和 $x_0\in\mathbb{R}^n$，当 $\omega>\hat{\omega}$ 且 $\|e_\Delta(0)\|<c_1$ 时，有

$$\|e_\Delta(t,e_\Delta(0))\|<c_2,\forall t\in[t_0,\infty)$$

(3) $\left(\dfrac{1}{\omega},\ d\right)$-全局一致吸引性：对于所有 $c_1,c_2\in(d,\infty)$，存在 $T\in(0,\infty)$ 且 $\hat{\omega}>0$，使得对于所有 $t_0\in\mathbb{R}$ 和 $x_0\in\mathbb{R}^n$，当 $\omega>\hat{\omega}$ 且 $\|e_\Delta(0)\|<c_1$ 时，有

$$\|e_\Delta(t,e_\Delta(0))\|<c_2,\forall t\in[t_0+T,\infty)$$

其中，$d=\min\{r\in(0,\infty):\Gamma_H\subset B(\Delta,r)\},\Gamma_H=\left\{\hat{\Delta}\in\mathbb{R}^n:\left\|\dfrac{\partial Q(\hat{\Delta},\ t)}{\partial\hat{\Delta}}\right\|<\sqrt{\dfrac{2\rho Q}{k\alpha\beta_0}}\right\},0<\beta_0<1$，

以及 $B(\Delta,\ r)=\{\hat{\Delta}\in\mathbb{R}^n:\|\hat{\Delta}-\Delta\|<r\}$。

备注 4.5 定理 4.3 表明通过减小常数 d 来缩小估计误差的界，即常数 c_2。常数 d 可以通过集合 Γ_H 的基数来调整，而后者可以转而通过在 MES 算法(4.15)中选择较大的系数 a 和 k 来实现。

证明： 考虑系统(4.7)和(4.8)。在假设 4.1 下，控制器 u_{iss} 保证了跟踪误差动态(4.10)在输入 e_Δ 和状态向量 e_y 间实现 LiISS。根据定义 4.1，存在函数 $\alpha \in \mathcal{K}, \beta \in \mathcal{KL}, \gamma \in \mathcal{K}$，使得对于所有的 $e(0) \in \mathcal{D}_e$ 和 $e_\Delta \in \mathcal{D}_{e_\Delta}$，以及 $t \geq 0$，误差向量 e_Δ 的范数满足如下不等式：

$$\| e_y(t) \| \leqslant \beta(\| e_y(0) \|, t) + \alpha\left(\int_0^t \gamma(\| e_\Delta \|)\mathrm{d}s\right), t \geq 0 \tag{4.16}$$

现在我们需要衡量估计向量 $\tilde{\Delta}$ 的界，为此我们用到了 Scheinker(2013)中的结果。事实上，根据 Scheinker(2013)定理 3，在假设 4.5 下，估计量(4.15)能使 Q 达到局部最优值，即 $\Delta^* = \Delta$（详见假设 4.2），且 $\left(\dfrac{1}{\omega}, d\right)$-SPUUB，其中 $d = \min\{r \in (0, \infty): \Gamma_H \subset B(\Delta, r)\}$，$\Gamma_H = \left\{\hat{\Delta} \in \mathbb{R}^n: \left\| \dfrac{\partial Q(\hat{\Delta}, t)}{\partial \hat{\Delta}} \right\| < \sqrt{\dfrac{2\rho Q}{k\alpha\beta_0}}\right\}, 0 < \beta_0 < 1$ 且 $B(\Delta, r) = \{\hat{\Delta} \in \mathbb{R}^n: \| \hat{\Delta} - \Delta \| < r\}$。

根据定义 4.2 易知，$\| e_\Delta \|$ 满足三个条件：$\left(\dfrac{1}{\omega}, d\right)$-一致稳定、$\left(\dfrac{1}{\omega}, d\right)$-一致最终有界和 $\left(\dfrac{1}{\omega}, d\right)$-全局一致吸引性。

备注 4.6 定理 4.2 和 4.3 中估计参数的上界与极值搜索算法(4.12)和(4.15)的选择有关。然而，通过其他 ES 算法可以轻松地改变这些上界，参考 Noase(2011)。这是由于控制器的模块化设计(即采用 LiISS 鲁棒机制来保证误差动态有界)，又采用学习机制来改善跟踪性能。

在此我们考虑的模型是非常一般的非线性形式，为了获得更有建设性的成果，我们需要考虑更具体的系统。一类更具体但也足够广泛的系统就是众所周知的关于控制向量仿射的非线性系统。一些重要的应用属于这类系统，如：刚柔体机械臂(见 Spong(1992))、某些航空器模型(见 Buffington(1999))等。在下节我们将关注此类模型，并提出一种构建性方法，通过非线性状态反馈来强化 ISS 性质。

4.5　关于控制量仿射的非线性模型情形

考虑如下形式的仿射不确定非线性系统：

$$\begin{aligned} \dot{x} &= f(x) + \Delta f(t, x) + g(x)u \\ y &= h(x) \end{aligned} \tag{4.17}$$

其中，$x \in \mathbb{R}^n, u \in \mathbb{R}^m, y \in \mathbb{R}^n (na \geq m)$ 分别表示状态、输入和控制输出向量，$\Delta f(t, x)$ 是一个代表模型加性不确定性的向量场。向量场 f、Δf、g 的列和函数 h 满足以下假设。

假设 4.6 函数 $f: \mathbb{R}^n \to \mathbb{R}^n$ 和 $g: \mathbb{R}^n \to \mathbb{R}^m$ 的列在有界集 X 上是 $\mathcal{C}^\infty$ 向量场，$h: \mathbb{R}^n \to \mathbb{R}^m$ 是 X 上的 $\mathcal{C}^\infty$ 向量，向量场 $\Delta f(x)$ 是 X 上的 $\mathcal{C}^1$ 类函数。

假设 4.7 系统 (4.17) 在每个 $x^0 \in X$ 上具有明确的（向量）相对阶 $\{r_1, \cdots, r_m\}$，且该系统可线性化，即 $\sum\limits_{i=1}^{m} r_i = n$。

假设 4.8 期望输出轨迹 $y_{id}(1 \leqslant i \leqslant m)$ 是时间的光滑函数，它将期望初始点 $y_{id}(0)$ 与期望终点 $y_{id}(t_f)$ 相关联。

4.5.1 控制目标

我们的目标是设计一个状态反馈自适应控制器，使得输出跟踪误差一致有界，鉴于跟踪误差上界是关于不确定参数估计误差的函数，因此可以通过 MES 学习来降低误差。需要强调的是 MES 控制器的目的并不是镇定，而是优化性能。也就是说，MES 是改善参数的估计误差，从而改善输出轨迹误差。为了实现这一控制目标，我们进行如下操作：首先，设计一个鲁棒控制器来确保估计误差输入到跟踪误差动态的输入-状态稳定性；然后，将该控制器与无模型极值搜索算法相结合，该极值搜索算法主要是通过在线优化一个期望学习成本函数，迭代地估计出不确定参数。

4.5.2 自适应控制器设计

自适应控制器的设计采用的是两步法。第一步，设计一个基于系统标称模型的标称控制器，即假设不确定的部分为零。然后，将不确定性添加到模型中，通过李雅普诺夫重构技术，原标称控制器被推广，从而解决不确定性所带来的影响。

4.5.2.1 标称控制器

首先，让我们考虑标称系统，即 $\Delta f(t, x) = 0$，由 Isidori (1989) 可知，在这种情形下，系统 (4.17) 可以写为

$$y^{(r)}(t) = b(\xi(t)) + A(\xi(t))u(t) \tag{4.18}$$

其中，

$$
\begin{aligned}
y^{(r)}(t) &= \left[y_1^{(r_1)}(t), y_2^{(r_2)}(t), \cdots, y_m^{(r_m)}(t) \right]^{\mathrm{T}} \\
\xi(t) &= \left[\xi^1(t), \cdots, \xi^m(t) \right]^{\mathrm{T}} \\
\xi^i(t) &= \left[y_i(t), \cdots, y_i^{(r_i-1)}(t) \right], 1 \leqslant i \leqslant m
\end{aligned}
\tag{4.19}
$$

函数 $b(\xi)$、$A(\xi)$ 可以写成关于 f、g、h 的函数，$A(\xi)$ 关于 $\tilde{X}$ 非奇异，$\tilde{X}$ 是状态系统 (4.17) 和线性化模型 (4.18) 间通过微分同胚 $x \to \xi$ 得到的集合 X 的镜像。为了处理不确定模型，首先需要介绍一个关于系统 (4.17) 的假设。

假设 4.9 式 (4.17) 中的加性不确定性 $\Delta f(t, x)$ 在输入-输出线性化模型 (4.18) 和 (4.19) 中表现为如下形式：

$$y^{(r)}(t) = b(\xi(t)) + A(\xi(t))u(t) + \Delta b(t, \xi(t)) \tag{4.20}$$

其中，$\Delta b(t, \xi(t))$ 关于状态向量 $\xi \in \tilde{X}$ 是 $\mathcal{C}^1$ 类。

备注 4.7 假设 4.9 在所谓的匹配条件（见 Elmali and Olagac(1992，p146)）下成立。

众所周知，标称模型(4.18)可以轻松地转换为线性输入-输出映射。实际上，我们首先定义一个虚拟输入向量 $v(t)$ 为

$$v(t) = b(\xi(t)) + A(\xi(t))u(t) \tag{4.21}$$

结合式(4.18)和式(4.21)可以得到以下输入-输出映射：

$$y^{(r)}(t) = v(t) \tag{4.22}$$

基于线性系统(4.22)可以直接设计出标称系统(4.18)的镇定控制器：

$$u_n = A^{-1}(\xi)[v_s(t,\xi) - b(\xi)] \tag{4.23}$$

其中，v_s 是 $m \times 1$ 的向量，其第 i 个($1 \leqslant i \leqslant m$)元素为

$$v_{si} = y_{id}^{(r_i)} - K_{r_i}^i(y_i^{(r_i-1)} - y_{id}^{(r_i-1)}) - \cdots - K_1^i(y_i - y_{id}) \tag{4.24}$$

若记跟踪误差为 $e_i(t) \triangleq y_i(t) - y_{id}(t)$，可以得到如下跟踪误差动态方程：

$$e_i^{(r_i)}(t) + K_{r_i}^i e^{(r_i-1)}(t) + \cdots + K_1^i e_i(t) = 0 \tag{4.25}$$

其中，$i \in \{1,2,\cdots,m\}$。

当 $i \in \{1,2,\cdots,m\}, j \in \{1,2,\cdots,r_i\}$ 时，适当地选择增益 K_j^i，可以得到跟踪误差 $e_i(t)$ 的全局渐近稳定性。为此我们给出了以下假设。

假设 4.10 存在非空集合 A，其中 $K_j^i \in A, i \in \{1,2,\cdots,m\}, j \in \{1,2,\cdots,r_i\}$，使得多项式(4.25)是 Hurwitz 的。

为此，定义 $z = [z^1, z^2, \cdots, z^m]^T$，其中 $z^i = [e_i, \dot{e}_i, \cdots, e_i^{(r_i-1)}], i \in \{1,2,\cdots,m\}$，则由式(4.25)可以得到：

$$\dot{z} = \tilde{A}z$$

其中，$\tilde{A} \in \mathbb{R}^{n \times n}$ 是如下形式的分块对角矩阵：

$$\tilde{A} = \text{diag}\{\tilde{A}_1, \tilde{A}_2, \cdots, \tilde{A}_m\} \tag{4.26}$$

每个 $\tilde{A}_i(1 \leqslant i \leqslant m)$ 都是如下的 $r_i \times r_i$ 矩阵：

$$\tilde{A}_i = \begin{bmatrix} 0 & 1 & & & \\ 0 & & 1 & & \\ 0 & & & . . & \\ . . & & & & 1 \\ -K_1^i & -K_2^i & . . & . . & -K_{r_i}^i \end{bmatrix}$$

正如之前讨论的，可以选择增益 K_j^i 使得矩阵 $\tilde{A}$ 是 Hurwitz 的，因此存在一个正定矩阵 $P > 0$ 满足如下方程（见 Khalil(2002)）：

$$\tilde{A}^T P + P\tilde{A} = -I \tag{4.27}$$

在下节中我们将采用标称控制器(4.23)来设计一个鲁棒 ISS 控制器。

4.5.2.2 基于李雅普诺夫重构的 ISS 控制器

当 $\Delta f(t,x)\neq 0$，考虑不确定模型(4.17)。式(4.20)给出了相应的线性化模型，其中 $\Delta b(t,\xi(t))\neq 0$。由于加性不确定性 $\Delta b(t,\xi(t))$ 的存在，误差动态(4.25)的全局渐近稳定性不再得到保证。于是我们将采用李雅普诺夫重构技术来设计一个新的控制器，使得在 $\Delta b(t,\xi(t))$ 估计误差有界的情况下，跟踪误差也能保证有界。

对不确定模型(4.20)设计如下新控制器：

$$u_f = u_n + u_r \tag{4.28}$$

其中，标称控制器 u_n 由式(4.23)给出，鲁棒控制器 u_r 将在下文给出，由式(4.20)、式(4.23)和式(4.28)，可得到：

$$
\begin{aligned}
y^{(r)}(t) &= b(\xi(t)) + A(\xi(t))u_f + \Delta b(t,\xi(t)) \\
&= b(\xi(t)) + A(\xi(t))u_n + A(\xi(t))u_r + \Delta b(t,\xi(t)) \\
&= v_s(t,\xi(t)) + A(\xi(t))u_r + \Delta b(t,\xi(t))
\end{aligned} \tag{4.29}
$$

由此推出如下误差动态：

$$\dot{z} = \widetilde{A}z + \widetilde{B}\delta \tag{4.30}$$

其中，$\widetilde{A}$ 由式(4.26)给出，δ 是一个 $m\times 1$ 向量：

$$\delta = A(\xi(t))u_r + \Delta b(t,\xi(t)) \tag{4.31}$$

矩阵 $\widetilde{B}\in\mathbb{R}^{n\times m}$ 为

$$
\widetilde{B} = \begin{bmatrix} \widetilde{B}_1 \\ \widetilde{B}_2 \\ \vdots \\ \widetilde{B}_m \end{bmatrix} \tag{4.32}
$$

其中，每个 $\widetilde{B}_i (1\leqslant i\leqslant m)$ 都是一个 $r_i\times m$ 的矩阵：

$$
\widetilde{B}_i(l,q) = \begin{cases} 1, & l=r_i, q=i \\ 0, & 其他 \end{cases}
$$

若选取 $V(z)=z^{\mathrm{T}}Pz$ 为动态(4.30)的李雅普诺夫函数，其中 P 为李雅普诺夫方程(4.27)的解，则

$$
\begin{aligned}
\dot{V}(t) &= \frac{\partial V}{\partial z}\dot{z} \\
&= z^{\mathrm{T}}(\widetilde{A}^{\mathrm{T}}P + P\widetilde{A}) \\
&= -\|z\|^2 + 2z^{\mathrm{T}}P\widetilde{B}\delta
\end{aligned} \tag{4.33}
$$

其中，δ 由式(4.31)给出，显然它依赖于鲁棒控制器 u_r。

接下来，我们将基于不确定参数 $\Delta b(t,\xi(t))$ 的形式来设计控制器 u_r。具体来说，在此我们考虑 $\Delta b(t,\xi(t))$ 表示成如下形式时的情况：

$$\Delta b(t,\xi(t)) = EQ(\xi,t) \tag{4.34}$$

其中，$E \in \mathbb{R}^{m \times m}$ 是一未知常参数矩阵，$Q(\xi, t)$：$\mathbb{R}^n \times \mathbb{R} \to \mathbb{R}^m$ 是一个已知的状态和时间变量的有界函数矩阵。为了简便，记 $\hat{E}(t)$ 为 E 的估计值，$e_E = E - \hat{E}$ 为估计误差。

定义未知参数向量 $\Delta = [E(1,1), \cdots, E(m,m)]^\mathrm{T} \in \mathbb{R}^{m^2}$，即 E 中所有元素的串接，其估计值记为 $\hat{\Delta}(t) = [\hat{E}(1,1), \cdots, \hat{E}(m,m)]^\mathrm{T}$，估计误差向量记为 $e_\Delta(t) = \Delta - \hat{\Delta}(t)$。

接下来，我们给出如下鲁棒控制器：

$$u_r = -A^{-1}(\xi)[\widetilde{B}^\mathrm{T} Pz \| Q(\xi,t) \|^2 + \hat{E}(t)Q(\xi,t)] \tag{4.35}$$

闭环误差动态方程为

$$\dot{z} = f(t,z,e_\Delta) \tag{4.36}$$

其中，$e_\Delta(t)$ 可看作系统 (4.36) 的输入。

定理 4.4　考虑系统 (4.17)，假设 4.6～4.10 成立，$\Delta b(t,\xi(t))$ 满足式 (4.34)，在反馈控制器 (4.28) 的作用下，其中 u_n 由式 (4.23) 给出，u_r 由式 (4.35) 给出，闭环系统 (4.36) 从估计误差输入 $e_\Delta(t) \in \mathbb{R}^{m^2}$ 到跟踪误差状态 $z(t) \in \mathbb{R}^n$ 是 ISS 的。

证明： 将式 (4.35) 代入式 (4.31)，可以得到：

$$\delta = -\widetilde{B}^\mathrm{T} Pz \| Q(\xi,t) \|^2 - \hat{E}(t)Q(\xi,t) + \Delta b(t,\xi(t))$$

$$= -\widetilde{B}^\mathrm{T} Pz \| Q(\xi,t) \|^2 - \hat{E}(t)Q(\xi,t) + EQ(t,\xi(t))$$

若选取 $V(z) = z^\mathrm{T} Pz$ 为误差动态方程 (4.30) 的李雅普诺夫函数，则由式 (4.33) 可得：

$$\dot{V} \leqslant - \| z \|^2 + 2z^\mathrm{T} P\widetilde{B} EQ(\xi,t) - 2z^\mathrm{T} P\widetilde{B}\hat{E}(t)Q(\xi,t) - 2 \| z^\mathrm{T} P\widetilde{B} \|^2 \| Q(\xi,t) \|^2$$

由此推出：

$$\dot{V} \leqslant - \| z \|^2 + 2z^\mathrm{T} P\widetilde{B} e_E Q(\xi,t) - 2 \| z^\mathrm{T} P\widetilde{B} \|^2 \| Q(\xi,t) \|^2$$

由于

$$z^\mathrm{T} P\widetilde{B} e_E Q(\xi) \leqslant \| z^\mathrm{T} P\widetilde{B} e_E Q(\xi) \| \leqslant \| z^\mathrm{T} P\widetilde{B} \| \| e_E \|_F \| Q(\xi) \|$$

$$= \| z^\mathrm{T} P\widetilde{B} \| \| e_\Delta \| \| Q(\xi) \|$$

可得到：

$$\dot{V} \leqslant - \| z \|^2 + 2 \| z^\mathrm{T} P\widetilde{B} \| \| e_\Delta \| \| Q(\xi,t) \| - 2 \| z^\mathrm{T} P\widetilde{B} \|^2 \| Q(\xi,t) \|^2$$

$$\leqslant - \| z \|^2 + 2 \left(\| z^\mathrm{T} P\widetilde{B} \| \| Q(\xi,t) \| - \frac{1}{2} \| e_\Delta \| \right)^2 + \frac{1}{2} \| e_\Delta \|^2$$

$$\leqslant - \| z \|^2 + \frac{1}{2} \| e_\Delta \|^2$$

因此，

$$\dot{V} \leqslant -\frac{1}{2} \| z \|^2, \quad \forall \| z \| \geqslant \| e_\Delta \| > 0$$

由式 (4.2) 可知，从输入 e_Δ 到状态 z，系统 (4.36) 是 ISS 的。

备注 4.8 当不确定向量恒定时，即 $\Delta b = \Delta = cte \in \mathbb{R}^m$，控制器(4.35)精简为如下的简单反馈：

$$u_r = -A^{-1}(\xi)\left[\widetilde{B}^{\mathrm{T}}Pz + \hat{\Delta}(t)\right] \tag{4.37}$$

4.5.2.3 基于 MES 的参数化不确定性估计

定义如下成本函数：

$$J(\hat{\Delta}) = F(z(\hat{\Delta})) \tag{4.38}$$

其中，对于 $z \in \mathbb{R}^n - \{\mathbf{0}\}$，有 $F: \mathbb{R}^n \to \mathbb{R}, F(\mathbf{0}) = 0, F(z) > 0$，同时给出关于 J 的假设。

假设 4.11 成本函数 J 在 $\hat{\Delta}^* = \Delta$ 上有局部最小值。

假设 4.12 初始误差 $e_\Delta(t_0)$ 足够小，即初始参数估计向量 $\hat{\Delta}$ 足够接近真实参数向量 Δ。

假设 4.13 成本函数 J 可解析，且在 $\hat{\Delta}^*$ 的邻域内关于不确定参数的变化量有界，即
$$\left\| \frac{\partial J}{\partial \hat{\Delta}}(\widetilde{\Delta}) \right\| \leqslant \xi_2, \; \xi_2 > 0, \; \xi_2 \in \mathcal{V}(\hat{\Delta}^*)，其中 \mathcal{V}(\hat{\Delta}^*) 是 \hat{\Delta}^* 的紧致邻域。$$

备注 4.9 假设 4.11 仅意味着成本函数 J 在不确定参数的真值处，至少局部最小。

备注 4.10 假设 4.12 表明我们的结果具有局部特性，即我们的分析在不确定参数真值的一个小邻域内成立。在实际应用中，这种情况常见于利用控制器的自适应性来跟踪系统的缓慢老化，即系统某些参数标称值的缓慢漂移。

现在可以建立如下结论。

引理 4.1 考虑具有成本函数(4.38)的系统(见式(4.20)和式(4.34))，在假设 4.6～4.13 下，通过反馈控制器(4.28)，其中 u_n、u_r 分别由式(4.23)和式(4.35)给出，$\hat{\Delta}(t)$ 通过 MES 算法进行估计：

$$\begin{aligned} \dot{x}_{\Delta_i} &= a_i \sin\left(\omega_i t + \frac{\pi}{2}\right) J(\hat{\Delta}) \\ \hat{\Delta}_i(t) &= \dot{x}_{\Delta_i} + a_i \sin\left(\omega_i t - \frac{\pi}{2}\right), \; i \in \{1, 2, \cdots, m^2\} \end{aligned} \tag{4.39}$$

其中，$\omega_i \neq \omega_j, \omega_i + \omega_j \neq \omega_k (i, j, k \in \{1, 2, \cdots, m^2\})$ 且 $\omega_i > \omega^*$（$\forall i \in \{1, 2, \cdots, m^2\}$），其中 ω^* 足够大。那么，误差向量 $z(t)$ 的范数满足如下不等式：

$$\| z(t) \| \leqslant \beta(\| z(0) \|, t) + \gamma(\widetilde{\beta}(\| e_\Delta(0) \|, t) + \| e_\Delta \|_{\max})$$

其中，

$$\| e_\Delta \|_{\max} = \frac{\xi_1}{\omega_0} + \sqrt{\sum_{i=1}^{m^2} a_i^2}, \xi_1 > 0, e_\Delta(0) \in \mathcal{D}_e, \omega_0 = \max_{i \in \{1, 2, \cdots, m^2\}} \omega_i,$$

$$\beta \in \mathcal{KL}, \widetilde{\beta} \in \mathcal{KL}, \gamma \in \mathcal{K}$$

证明： 根据定理 4.4，我们知道跟踪误差动态（4.36）从输入 $e_\Delta(t)$ 到状态 $z(t)$ 是 ISS 的。于是，由定义 4.1，存在一个 $\mathcal{KL}$ 类函数 β 和 $\mathcal{K}$ 类函数 γ 使得对于任意初始状态 $z(0)$、任意有界输入 $e_\Delta(t)$ 和 $t \geqslant 0$，有

$$\| z(t) \| \leqslant \beta(\| z(0) \|, t) + \gamma(\sup_{0 \leqslant \tau \leqslant t} \| e_\Delta(\tau) \|) \tag{4.40}$$

现在，需要评估估计向量 $\hat{\Delta}(t)$ 的上界，为此我们引用了 Rotea（2000）的结果。首先，根据假设 4.13，成本函数是局部 Lipschitz 的，也就是说，对于所有 Δ_1、$\Delta_2 \in \mathcal{V}(\hat{\Delta}^*)$，存在 $\eta_1 > 0$ 使得 $|J(\Delta_1) - J(\Delta_2)| \leqslant \eta_1 \| \Delta_1 - \Delta_2 \|$。此外，因为 J 解析，所以在 $\mathcal{V}(\hat{\Delta}^*)$ 上可以用一个二次函数去局部逼近它，如二阶泰勒展开。基于此以及假设 4.11 和 4.12，我们可以得到如下不等式（见 Rotea（2000），Benosman 和 Atinc（2015b））：

$$\| e_\Delta(t) \| - \| d(t) \| \leqslant \| e_\Delta(t) - d(t) \| \leqslant \tilde{\beta}(\| e_\Delta(0), t \|) + \frac{\xi_1}{\omega_0}$$

其中，

$$\tilde{\beta} \in \mathcal{KL}, \quad \xi_1 > 0, \quad t \geqslant 0, \quad \omega_0 = \max_{i \in \{1, 2, \cdots, m^2\}} \omega_i$$

$$d(t) = \left[a_1 \sin\left(\omega_i t + \frac{\pi}{2}\right), \cdots, a_{m^2} \sin\left(\omega_{m^2} t + \frac{\pi}{2}\right) \right]^{\mathrm{T}}$$

进一步，可写为

$$\| e_\Delta(t) \| \leqslant \tilde{\beta}(\| e_\Delta(0), t \|) + \frac{\xi_1}{\omega_0} + \| d(t) \|$$

$$\leqslant \tilde{\beta}(\| e_\Delta(0), t \|) + \frac{\xi_1}{\omega_0} + \sqrt{\sum_{i=1}^{m^2} a_i^2}$$

结合式（4.40），证明完毕。

备注 4.11 引理 4.1 中的自适应控制器采用 ES 算法（4.39）来估计模型参数不确定性。有读者可能会疑惑持续激励（PE）条件出现在哪里（关于 PE 的具体内容请参考第 1 章）。可以通过考察（4.39）找到答案。事实上，ES 算法采用正弦信号 $a_i \sin\left(\omega_i t + \frac{\pi}{2}\right)$ 作为输入，这刚好满足 PE 条件。与某些经典自适应控制结果的主要区别在于：这些激励信号并不是直接加在动态系统中的，而是用作 ES 算法的输入，反映到 ES 估计的输出上，从而通过反馈环传递给系统。

备注 4.12 与某些现有基于模型的自适应控制器相比，其主要区别是：ES 估计算法并不依赖于系统模型，即计算学习成本函数（4.38）时所需的信息只有期望轨迹和系统输出的测量值（请参考 4.6 节为例）。这一区别使得基于 ES 的自适应控制器可适用于一般情况下的非线性参数不确定性。例如，在 Benosman（2013）中，针对电磁执行器具有非线性参数不确定性的非线性模型，我们测试了类似的算法。另外值得一提的是，已有的基于模型的自适应控制器，如 X-swapping 模块化算法，详见 Krstic 等（1995），在某些情况下无法对多个不确定性同时进行估计。例如，Benosman 和 Atinc（2015a）中指

出：由于不确定参数存在线性相关性，X-swapping 自适应控制无法对电磁执行器中的多个不确定性进行估计。然而，对于同一个例子，基于 ES 的自适应控制就能很好地解决多个不确定性的问题，参见 Benosman 和 Atinc(2015b)。

正如之前提到的，4.3 节和 4.4 节所研究系统类别非常广泛。在下一节中，我们将考虑如何将这些结果应用到电磁执行器中。对于刚性机械臂，众所周知，其模型是一个关于控制量仿射的非线性模型，我们也会将 4.5 节中所建立的结论应用于其中。

4.6 机电一体化示例

4.6.1 电磁执行器

首先，Peterson 和 Stefanopoulou(2004)建立了电磁执行器的动态模型：

$$m\frac{\mathrm{d}^2 x}{\mathrm{d}t^2} = k(x_0 - x) - \eta\frac{\mathrm{d}x}{\mathrm{d}t} - \frac{ai^2}{2}\frac{1}{(b+x)^2}$$

$$u = Ri + \frac{a}{b+x}\frac{\mathrm{d}i}{\mathrm{d}t} - \frac{ai}{(b+x)^2}\frac{\mathrm{d}x}{\mathrm{d}t}, \quad 0 \leqslant x \leqslant x_f \tag{4.41}$$

其中，x 表示电枢位置，该位置被物理约束于电枢的初始位置 0 和电枢的最大位置 x_f 之间，$\frac{\mathrm{d}x}{\mathrm{d}t}$ 表示电枢速度，m 是电枢质量，k 是弹性系数，x_0 是初始弹簧长度，η 是阻尼系数，$\frac{ai^2}{2}\frac{1}{(b+x)^2}$ 表示线圈生成的电动势（EMF），a、b 是线圈的常参数，R 为线圈电阻，$L = \frac{a}{b+x}$ 是线圈的电感（假设由电枢位置所决定），$\frac{ai}{(b+x)^2}\frac{\mathrm{d}x}{\mathrm{d}t}$ 表示反电动势。最后，i 表示线圈电流，$\frac{\mathrm{d}i}{\mathrm{d}t}$ 为其时间导数，u 表示施加到线圈上的控制电压。

在此，我们考虑电磁系统的弹性系数 k 和阻尼系数 η 都是不确定参数的情况。

4.6.1.1 控制器设计

定义状态向量 $z := [z_1, z_2, z_3]^\mathrm{T} = [x, \dot{x}, i]^\mathrm{T}$，控制目标是让变量 (z_1, z_2) 鲁棒跟踪一个充分光滑（至少 $\mathcal{C}^2$）的时变位置轨迹 $z_1^{\mathrm{ref}}(t)$ 和速度轨迹 $z_2^{\mathrm{ref}}(t) = \frac{\mathrm{d}z_1^{\mathrm{ref}}(t)}{\mathrm{d}t}$，且满足约束 $z_1^{\mathrm{ref}}(t_0) = z_{1\mathrm{int}}, z_1^{\mathrm{ref}}(t_f) = z_{1f}, \dot{z}_1^{\mathrm{ref}}(t_0) = \dot{z}_1^{\mathrm{ref}}(t_f) = 0, \ddot{z}_1^{\mathrm{ref}}(t_0) = \ddot{z}_1^{\mathrm{ref}}(t_f) = 0$，其中 t_0 是轨迹的初始时间，t_f 为最终时间，$z_{1\mathrm{int}}$ 为初始位置，z_{1f} 为最终位置。

首先将系统(4.41)写为如下形式：

$$\dot{z}_1 = z_2$$

$$\dot{z}_2 = \frac{k}{m}(x_0 - z_1) - \frac{\eta}{m}z_2 - \frac{a}{2m}\frac{1}{(b+z_1)^2}z_3^2 \tag{4.42}$$

$$\dot{z}_3 = -\frac{R}{\frac{a}{b+z_1}}z_3 + \frac{z_3}{b+z_1}z_2 + \frac{u}{\frac{a}{b+z_1}}$$

Benosman 和 Atinc(2015b)已经表明，若选取如下反馈控制器：

$$u = \frac{a}{b+z_1}\left(\frac{R(b+z_1)}{a}z_3 - \frac{z_2 z_3}{(b+z_1)} + \frac{1}{2z_3}\left(\frac{a}{2m(b+z_1)^2}(z_2 - z_2^{\mathrm{ref}}) - c_2(z_3^2 - \widetilde{u})\right)\right)$$

$$+\frac{2mz_2}{z_3}\left(\frac{\hat{k}}{m}(x_0 - z_1) - \frac{\hat{\eta}}{m}z_2 + c_3(z_1 - z_1^{\mathrm{ref}}) + c_1(z_2 - z_2^{\mathrm{ref}}) - \dot{z}_2^{\mathrm{ref}} + k_1(z_2 - z_2^{\mathrm{ref}})\parallel \psi \parallel_2^2\right)$$

$$+\frac{m(b+z_1)}{z_3}\left(\left(\frac{\hat{k}}{m}(x_0 - z_1) - \frac{\hat{\eta}}{m}z_2 - \frac{a}{2m(b+z_1)^2}z_3^2 - \dot{z}_2^{\mathrm{ref}}\right)\left(c_1 + k_1 \parallel \psi \parallel_2^2 - \frac{\hat{\eta}}{m}\right)\right.$$

$$\left.-\frac{\hat{\eta}}{m}\dot{z}_2^{\mathrm{ref}}\right) + \frac{m(b+z_1)}{z_3}\left(2k_1(z_2 - z_2^{\mathrm{ref}})\right)$$

$$\times\left[\frac{(x_0 - z_1)(-z_2)}{m^2} + \frac{z_2\left(\frac{\hat{k}}{m}(x_0 - z_1) - \frac{\hat{\eta}}{m}z_2 - \frac{az_3^2}{2m(b+z_1)^2}\right)}{m^2}\right]$$

$$-k_2(z_3^2 - \widetilde{u})\left|\frac{m(b+z_1)}{z_3}\right|^2\left[\left|c_1 + k_1\parallel\psi\parallel_2^2 - \frac{\hat{\eta}}{m}\right|^2 + \left|2k_1(z_2 - z_2^{\mathrm{ref}})\right|^2\left|\frac{z_2}{m_2}\right|^2\right]\parallel\psi\parallel_2^2$$

$$-k_3(z_3^2 - \widetilde{u})\left|\frac{m(b+z_1)}{z_3}\right|^2\parallel\psi\parallel_2^2$$

$$+\frac{m(b+z_1)}{z_3}\left(-\frac{\hat{k}}{m}z_2 - \ddot{z}_2^{\mathrm{ref}} + c_3(z_2 - z_2^{\mathrm{ref}})\right) \tag{4.43}$$

其中，

$$\widetilde{u} = \frac{2m(b+z_1)^2}{a}\left[\frac{\hat{k}}{m}(x_0 - z_1) - \frac{\hat{\eta}}{m}z_2 + c_3(z_1 - z_1^{\mathrm{ref}}) + c_1(z_2 - z_2^{\mathrm{ref}}) - \dot{z}_2^{\mathrm{ref}}\right]$$

$$+\frac{2m(b+z_1)^2}{a}(k_1(z_2 - z_2^{\mathrm{ref}})\parallel\psi\parallel_2^2) \tag{4.44}$$

$\hat{k}$、$\hat{\eta}$ 是参数估计值，$\psi \triangleq \left(\frac{x_0 - z_1}{m}, \frac{z_2}{m}, \frac{1}{m}\right)^{\mathrm{T}}$，那么系统（4.41）、（4.43）和（4.44）是 LiISS 的。

接下来，定义成本函数：

$$Q(\hat{\Delta}) = \int_0^{t_f} Q_1(z_1(s) - z_1(s)^{\mathrm{ref}})^2 \mathrm{d}s + \int_0^{t_f} Q_2(z_2(s) - z_2^{\mathrm{ref}}(s))^2 \mathrm{d}s \tag{4.45}$$

其中，Q_1、$Q_2 > 0$，$\hat{\Delta} = (\hat{\Delta}_k, \hat{\Delta}_\eta)^{\mathrm{T}}$ 表示学习参数向量，定义如下：

$$\hat{k}(t) = k_{\mathrm{nominal}} + \hat{\Delta}_k(t)$$

$$\hat{\eta}(t) = \eta_{\mathrm{nominal}} + \hat{\Delta}_\eta(t) \tag{4.46}$$

其中，k_{nominal}、η_{nominal}是参数的标称值，$\hat{\Delta}_{is}$通过式(4.12)的离散形式计算得出，具体计算如下：

$$x_k(k'+1) = x_k(k') + a_k t_f \sin\left(\omega_k k' t_f + \frac{\pi}{2}\right) Q$$

$$\hat{\Delta}_k(k'+1) = x_k(k'+1) + a_k \sin\left(\omega_k k' t_f - \frac{\pi}{2}\right)$$

$$x_\eta(k'+1) = x_\eta(k') + a_\eta t_f \sin\left(\omega_k k' t_f + \frac{\pi}{2}\right) Q$$

$$\hat{\Delta}_\eta(k'+1) = x_\eta(k'+1) + a_\eta \sin\left(\omega_\eta k' t_f - \frac{\pi}{2}\right) \tag{4.47}$$

最终，根据定理4.2，控制器(4.43)、(4.44)、(4.46)和(4.47)可以确保：跟踪误差的范数受约束于一个估计误差的减函数。

4.6.1.2 数值结果

本节将所建立方法应用于电磁执行器(4.41)，其系统参数如表4.1所示。

表 4.1 电磁执行器的机械参数数值

参数	数值	参数	数值
m	0.3kg	k	160N/mm
R	6.5Ω	a	15×10^{-6}N·m²/A²
η	8kg/s	b	4.5×10^{-5}m
x_0	8mm		

参考轨迹设计为五阶多项式 $x^{\text{ref}}(t) = \sum\limits_{i=0}^{5} a_i \left(\dfrac{t}{t_f}\right)^i$，选择系数 a_i 来满足以下条件：

$$x^{\text{ref}}(0) = 0.1\text{mm}, x^{\text{ref}}(0.5) = 0.6\text{mm}, \dot{x}^{\text{ref}}(0) = 0,$$

$$\dot{x}^{\text{ref}}(0.5) = 0, \ddot{x}^{\text{ref}}(0) = 0, \ddot{x}^{\text{ref}}(0.5) = 0$$

考虑不确定性 $\Delta k = -4$，$\Delta \eta = -0.8$，采用控制器(4.43)和(4.44)，系数为 $c_1 = 100$，$c_2 = 100, c_3 = 2500, k_1 = k_2 = k_3 = 0.25$，同时采用学习算法(4.45)~(4.47)，系数为 $a_k = 0.3, \omega_k = 8\text{rad/s}, a_\eta = 0.1, \omega_\eta = 8.4\text{rad/s}, Q_1 = Q_2 = 100$。更多关于 MES 系数整定的内容，可参见 Rotea(2000)、Ariyur 和 Krstic(2002，2003)。不过，在此我们要强调的是：频率 $\omega_i(i=1,2)$ 要选得足够高来确保在搜索空间存在高效搜索以及收敛性。在应用中，抖振信号的振幅 $a_i(i=1,2)$ 的选择也要能保证搜索足够快速。在此，由于问题的周期特性，即电枢在 0 和 x_f 之间的周期运动，不确定参数的估计向量 $(\hat{k}, \hat{\eta})$ 每个周期进行更新。实际上，在每一周期的最后 $t = t_f$ 时，成本函数 Q 就得到更新，由此计算得到下一周期参数新的估计值。在采用 LiISS 反步控制器的同时使用 MES 策略，就是通过多次循环改进系统参数的估计，以此达到改善 LiISS 反步控制器性能的目的，从而在一段时间后减小跟踪误差。

从图 4.1a 和 b 中可以看出，反步控制通过 ES 的鲁棒化极大地改善了跟踪性能，图 4.2a 表明成本函数在 20 次迭代内降到了 2 以下。

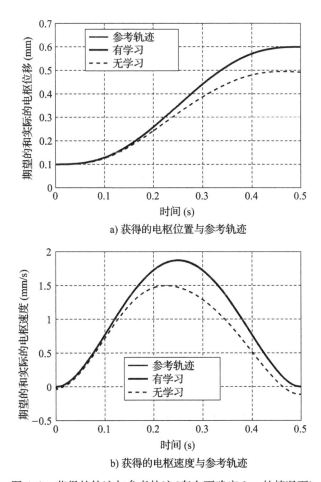

a) 获得的电枢位置与参考轨迹

b) 获得的电枢速度与参考轨迹

图 4.1　获得的轨迹与参考轨迹(存在不确定 k、η 的情况下)

　　从图 4.2b 中可以看出成本函数初始值在 12 左右,然后迅速减小。此外,如图 4.3 所示,参数的不确定性估计值 $\hat{\Delta}k$ 和 $\hat{\Delta}\eta$ 最后收敛到实际参数值附近的区域内。由于参数所允许的不确定性比较大,极值搜索方法需要多次迭代才能提高性能,因此使得估计值收敛的迭代次数可能会比较大。更进一步,我们特意测试了同时具有两种不确定性的情况,这使得学习算法的搜索空间更大。由于经典的基于模型的自适应控制存在一些固有限制(关于基于学习和基于模型的自适应控制之间的区别,请参考第 2 章),这种具有多个不确定性的问题无法通过基于模型的经典自适应控制器来解决,见 Benosman 和 Atinc(2013b)。然而,在实际应用中,不确定性会在一段较长时间内渐渐累积,学习算法能够持续地跟踪这些变化,因此极值搜索算法能够在较少的迭代次数内改善控制器的性能。

　　接下来,我们将尝试更具有挑战性的非线性不确定问题,即考虑模型(4.41)中的系数 b 是不确定的,并对这一参数的真值进行在线估计。假设不确定参数 $\Delta b=-0.005$,于是,应用控制器(4.43)和(4.44)以及 ES 估计器:

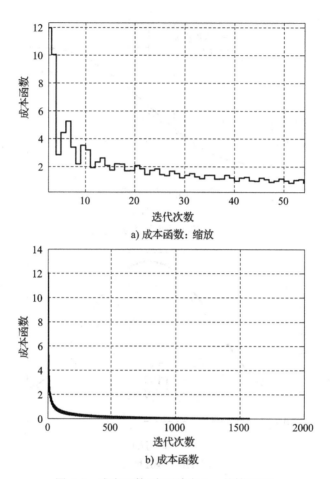

a) 成本函数: 缩放

b) 成本函数

图 4.2 成本函数 (在不确定 k、η 的情况下)

$$x_b(k'+1)=x_b(k')+a_bt_f\sin\left(\omega_bk't_f+\frac{\pi}{2}\right)Q$$

$$\hat{\Delta}_b(k'+1)=x_b(k'+1)+a_b\sin\left(\omega_bk't_f-\frac{\pi}{2}\right),k'=0,1,2,\cdots \tag{4.48}$$

其中,成本函数 Q 由式 (4.45) 给出。与前一种情况类似,不确定参数 $\hat{b}$ 可进行如下估计:

$$\hat{b}(t)=b_{\text{nominal}}+\hat{\Delta}_b(t) \tag{4.49}$$

取控制器 (4.43)~(4.45)、(4.48) 和 (4.49) 的参数如下: $c_1=100$, $c_2=100$, $c_3=2500$, $k_1=k_2=k_3=0.25$, $Q_1=Q_2=100$, $a_b=10^{-3}$, $\omega_b=7.6\text{rad/s}$。仿真结果如图 4.4 所示。从图 4.4a 中可以清楚地看出:成本函数的初始值为 5 然后在几次迭代后迅速减小 (少于 5 次迭代)。对 b 的估计如图 4.4b 所示,其中 b 的估计值收敛于该参数的真实值。最后,图 4.4c 和 d 分别表示对期望电枢位置和速度的跟踪性能,可以清楚地看出通过学习机制,性能得到了很大改善,即当应用学习机制时,我们甚至无法分辨参考轨迹和实际轨迹。

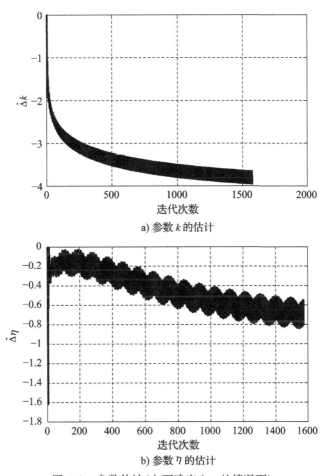

a) 参数 k 的估计

b) 参数 η 的估计

图 4.3　参数估计（在不确定 k、η 的情况下）

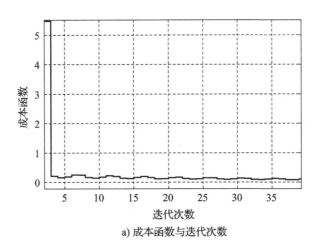

a) 成本函数与迭代次数

图 4.4　仿真结果（带不确定参数 b）

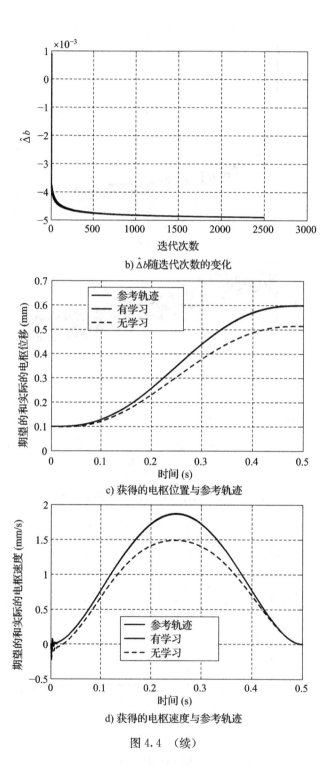

b) $\hat{\Delta}b$ 随迭代次数的变化

c) 获得的电枢位置与参考轨迹

d) 获得的电枢速度与参考轨迹

图 4.4 （续）

4.6.2 双连杆刚性机械臂

考虑具有如下动态的双连杆机械臂：

$$H(q)\ddot{q}+C(q,\dot{q})\dot{q}+G(q)=\tau \tag{4.50}$$

其中，$q\triangleq(q_1,q_2)^{\mathrm{T}}$ 表示两个关节角，$\tau\triangleq(\tau_1,\tau_2)^{\mathrm{T}}$ 表示两个关节扭矩。假设矩阵 H 是非奇异的且由下式给出：

$$H\triangleq\begin{bmatrix} H_{11} & H_{12} \\ H_{21} & H_{22} \end{bmatrix}$$

其中，

$$\begin{aligned}
H_{11}&=m_1\ell_{c_1}^2+I_1+m_2[\ell_1^2+\ell_{c_2}^2+2\ell_1\ell_{c_2}\cos(q_2)]+I_2 \\
H_{12}&=m_2\ell_1\ell_{c_2}\cos(q_2)+m_2\ell_{c_2}^2+I_2 \\
H_{21}&=H_{12} \\
H_{22}&=m_2\ell_{c_2}^2+I_2
\end{aligned} \tag{4.51}$$

矩阵 $C(q,\dot{q})$ 定义如下：

$$C(q,\dot{q})\triangleq\begin{bmatrix} -h\dot{q}_2 & -h\dot{q}_1-h\dot{q}_2 \\ h\dot{q}_1 & 0 \end{bmatrix}$$

其中，$h=m_2\ell_1\ell_{c_2}\sin(q_2)$。

向量 $G=[G_1,G_2]^{\mathrm{T}}$ 定义如下：

$$\begin{aligned}
G_1&=m_1\ell_{c_1}\cos(q_1)+m_2g[\ell_2\cos(q_1+q_2)+\ell_1\cos(q_1)] \\
G_2&=m_2\ell_{c_2}g\cos(q_1+q_2)
\end{aligned} \tag{4.52}$$

其中，ℓ_1,ℓ_2 分别为第一和第二根连杆的长度；ℓ_{c_1},ℓ_{c_2} 分别是两连杆中心到旋转中心的距离；m_1,m_2 分别为两根连杆的质量；I_1 是第一根连杆的惯性矩；I_2 是第二根连杆的惯性矩；g 为地球引力常数。

在仿真中，各参数取值如表 4.2 所示。系统动态方程(4.50)可写为

$$\ddot{q}=H^{-1}(q)\tau-H^{-1}(q)[C(q,\dot{q})\dot{q}+G(q)] \tag{4.53}$$

表 4.2 机械臂实例的系统参数

参数	数值	参数	数值
I_2	5.5kg・m^2	ℓ_{c_1}	0.5m
m_1	10.5kg	ℓ_{c_2}	0.5m
m_2	5.5kg	I_1	$\frac{11}{12}$kg・m^2
ℓ_1	1.1m	g	9.8m/s^2
ℓ_2	1.1m		

于是标称控制器可以写作：

$$\tau_n = [C(q,\dot{q})\dot{q} + G(q)] + H(q)[\ddot{q}_d - K_d(\dot{q} - \dot{q}_d) - K_p(q - q_d)] \tag{4.54}$$

其中，$q_d = [q_{1d}, q_{2d}]^T$ 表示期望轨迹，选择对角增益矩阵 $K_p > 0, K_d > 0$ 使得线性误差动态方程（如式（4.25）所示）达到渐近稳定。选择五阶多项式 $q_{1\text{ref}}(t) = q_{2\text{ref}}(t) = \sum\limits_{i=0}^{5} a_i (t/t_f)^i$ 作为输出参考，其中 a_i 满足边界约束条件 $q_{i\text{ref}}(0) = 0, q_{i\text{ref}}(t_f) = q_f, \dot{q}_{i\text{ref}}(0) = \dot{q}_{i\text{ref}}(t_f) = 0,$ $\ddot{q}_{i\text{ref}}(0) = \ddot{q}_{i\text{ref}}(t_f) = 0 (i = 1, 2), t_f = 2s, q_f = 1.5\text{rad}$。在这些测试中，假设非线性模型（4.50）是不确定的，特别地，假设模型（4.53）存在加性不确定性，即

$$\ddot{q} = H^{-1}(q)\tau - H^{-1}(q)[C(q,\dot{q})\dot{q} + G(q)] - EG(q) \tag{4.55}$$

其中，E 为常不确定参数矩阵。根据式（4.35），控制的鲁棒部分写作：

$$\tau_r = -H(\tilde{B}^T Pz \parallel G \parallel^2 - \hat{E}G(q)) \tag{4.56}$$

其中，

$$\tilde{B}^T = \begin{bmatrix} 0 & 1 & 0 & 0 \\ 0 & 0 & 0 & 1 \end{bmatrix}$$

P 是李雅普诺夫方程（4.27）的解：

$$\tilde{A} = \begin{bmatrix} 0 & 1 & 0 & 0 \\ -K_p^1 & -K_d^1 & 0 & 0 \\ 0 & 0 & 0 & 1 \\ 0 & 0 & -K_p^2 & -K_d^2 \end{bmatrix}$$

$z = [q_1 - q_{1d}, \dot{q}_1 - \dot{q}_{1d}, q_2 - q_{2d}, \dot{q}_2 - \dot{q}_{2d}]^T$，$\hat{E}$ 是参数估计矩阵，最后，总的反馈控制器可写作：

$$\tau = \tau_n + \tau_r \tag{4.57}$$

4.6.3 基于 MES 的不确定参数估计

在此考虑两种情况：E 是对角的情况，以及 E 中存在两个不确定参数出现在同一行的情况，即不确定参数是线性相关的。由于不确定性的影响无法从系统输出来观测，因此后一种情况比前一种更具挑战性。下面分情况介绍时，将给出更多说明。

情况 1：对角 E。 先考虑 E 是对角矩阵的情况，其中 $E(i,i) = \Delta_i, i = 1, 2$。控制器将根据定理 4.4 来设计，并在 $\Delta_1 = 0.5, \Delta_2 = 0.3$ 的情况下进行仿真。通过式（4.39）的离散形式可以算出两个参数 $\hat{\Delta}_i(i = 1, 2)$ 的估计值：

$$x_{\Delta_i}(k+1) = x_{\Delta_i}(k) + a_i t_f \sin\left(\omega_i t_f k + \frac{\pi}{2}\right) J(\hat{\Delta})$$

$$\hat{\Delta}_i(k+1) = x_{\Delta_i}(k+1) + a_i \sin\left(\omega_i t_f k - \frac{\pi}{2}\right), i = 1, 2 \tag{4.58}$$

其中，$k \in \mathbb{N}$ 表示迭代次数，$x_i(0) = \hat{\Delta}_i(0) = 0$。选择如下学习成本函数：

$$J(\hat{\Delta}) = \int_0^{t_f} (q(\hat{\Delta}) - q_d(t))^{\mathrm{T}} \boldsymbol{Q}_1 (q(\hat{\Delta}) - q_d(t)) \mathrm{d}t$$

$$+ \int_0^{t_f} (\dot{q}(\hat{\Delta}) - \dot{q}_d(t))^{\mathrm{T}} \boldsymbol{Q}_2 (\dot{q}(\hat{\Delta}) - \dot{q}_d(t)) \mathrm{d}t \tag{4.59}$$

其中，$Q_1 > 0, Q_2 > 0$ 表示权重矩阵。MES 式(4.58)中所用到的参数由表 4.3 列出。不确定参数向量 $\hat{\Delta}$ 在每个周期都会得到更新，即在每次循环的最终 $t = t_f$ 时，成本函数 J 将得到更新，由此计算得到参数在下一周期中新的估计值。图 4.5 给出了学习成本函数，很明显成本函数随着学习迭代而减小。相应跟踪性能由图 4.8～图 4.11 给出。可以看出：当不使用学习机制，仅采用具有标称 Δ 值的控制器(4.57)的情况下，跟踪性能很差。但是当对不确定参数的实际值进行学习后，如图 4.6 和图 4.7 所示，将会获得很好的跟踪性能。

表 4.3　在情况 1 中 MES 算法所用到的参数

a_1	a_2	ω_1	ω_2
0.05	0.05	7	5

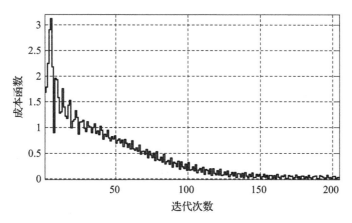

图 4.5　学习迭代中的成本函数（情况 1）

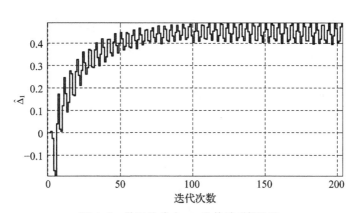

图 4.6　学习迭代中 Δ_1 的估计（情况 1）

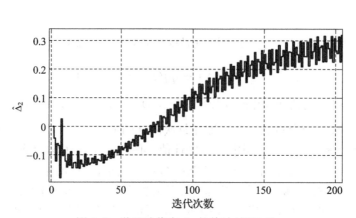

图 4.7　学习迭代中 Δ_2 的估计（情况 1）

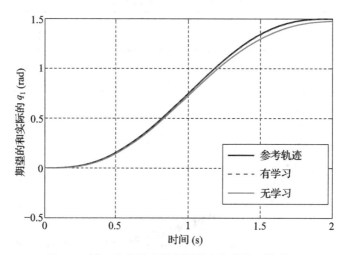

图 4.8　第一个角轨迹的实际值与期望值（情况 1）

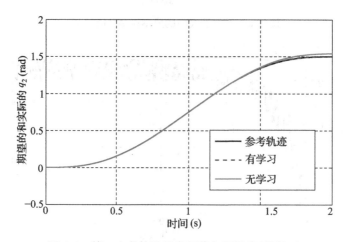

图 4.9　第二个角轨迹的实际值与期望值（情况 1）

情况 2：线性相关不确定性。 在这种情况下，即不确定性以线性相关函数的形式加入到模型中（例如，当矩阵 E 仅有 1 个非零线），某些经典的基于模型的自适应控制器（例如 X-swapping 控制器）无法同时估算所有的不确定参数。例如，Benosman 和 Atinc(2015a)中指出，在电磁执行器实例中，基于模型的梯度下降滤波器无法同时估计多个参数。

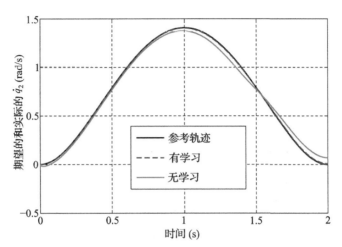

图 4.10　第一个角速度轨迹的实际值与期望值（情况 1）

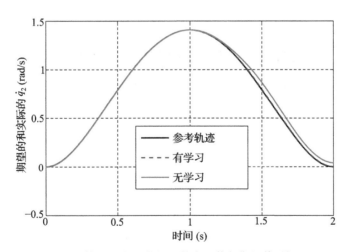

图 4.11　第二个角速度轨迹的实际值与期望值（情况 1）

更具体来说，在此考虑以下情况：$E(1,1)=0.3, E(1,2)=0.6, E(2,i)=0(i=1,2)$。此时，两个不确定参数对加速度 $\dot{q}_1$ 的影响无法区分，因此，采用基于模型的自适应方法很难估计两个不确定参数的真值。但是，接下来我们将通过使用控制器(4.54)、控制器(4.56)~(4.58)来估算不确定参数的真值并改善跟踪性能。事实上，我们将实现一个基于 MES 的自适应控制器，其学习参数如表 4.4 所示。所得的性能成本函数如图 4.12 所示，可以看出性能随着学习迭代而改善。相应的参数估计情况如图 4.13 和图 4.14 所示，结果显示第一个估计量$\hat{\Delta}_1$能够快速收敛到真值的一个邻域内。第二个估计量$\hat{\Delta}_2$收敛得要慢一些,这是由 MES 算法同时估计多个参数而导致的。

表 4.4   情况 2 中 MES 算法所用参数

a_1	a_2	ω_1	ω_2
0.1	0.05	7	5

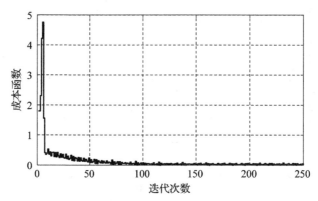

图 4.12   学习迭代中的成本函数(情况 2)

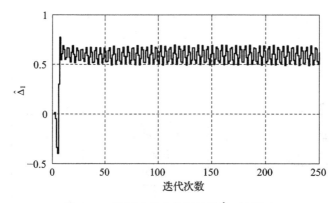

图 4.13   学习迭代中的估计量$\hat{\Delta}_1$(情况 2)

然而我们要强调一点,参数估计的收敛速度及其围绕最终均值的偏移量可以通过适当地选择式(4.58)中的学习系数 a_i,ω_i($i=1,2$)来直接进行调整。举例来说,众所周知,见 Moase 等(2009),选择变系数,即最开始选择较大值来加速初始搜索,当成本函数变小后再调小系数,将加速学习并且最后到达收敛于局部最优的一个紧致邻域内(由于抖振幅度的减小)。另一种常用的解决方案是在 MES 算法中引入一个额外的调节参数,即积分增益。最后,跟踪性能如图 4.15 和图 4.16 所示,可以看出,通过学习不确定参数的真值,跟踪轨迹与期望轨迹几乎重合。这里仅展示了第一个角轨迹是因为不确定性只影响加速度 $\ddot{q}_1$,而对第二角变量的跟踪的影响可以忽略不计。

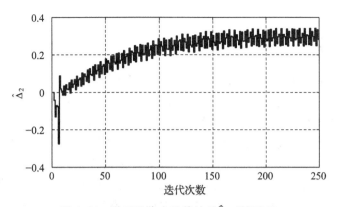

图 4.14   学习迭代中的估计量 $\hat{\Delta}_2$（情况 2）

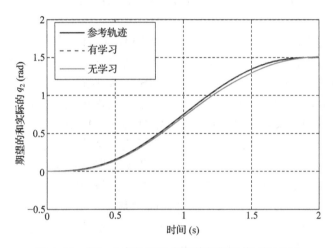

图 4.15   第一个角轨迹的实际值与期望值（情况 2）

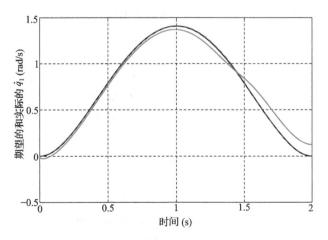

图 4.16   第一个角速度轨迹的实际值与期望值（情况 2）

4.7 总结与展望

本章中我们关注了含不确定参数的非线性动态系统的控制问题。为了实现对此类系统的控制，我们采用了主动方案。实际上，我们并不依赖于所采用方法的最差场景，例如，采用基于区间的鲁棒控制理论来处理参数不确定性。相反，我们致力于自适应控制器，使其能在线跟踪并估计不确定参数的真值。为此，我们选择了模块化间接自适应控制方法，该方法首先要基于不确定参数的最优估计值(或假设是最优估计值，如确定性等价模式)来设计一个基于模型的镇定控制器，然后在控制器中添加滤波器或估计器来对不确定性真值进行在线估计，由此提高自适应控制器的整体性能。不过，我们所提出的是一种新型的模块化自适应控制器实现方法，即，所用的估计滤波器仅依赖于系统的一些实时测量值，而不是基于系统模型。

在本章之初我们考虑了一类具有基本光滑假设(保证解的存在唯一性)的相当泛化的非线性系统，并没有考虑任何模型的具体结构。这种情况下，我们讨论如果能够找到一个反馈控制器使得闭环动态系统实现 ISS(或者某类 ISS，如半全局实用 ISS、LiISS 等)，则可以通过无模型学习算法来学习不确定参数的最优估计进而辅助 ISS 控制器。然后，为了提出更有建设性的证明和结果，我们研究了一类常见的关于控制向量仿射的非线性模型。对这类系统，我们给出一个建设性证明来设计 ISS 反馈控制器，并通过多元极值搜索算法在线学习不确定参数从而对其进行完善。正如之前所说，把这种学习机制称为"无模型"的原因在于它仅需要系统输出信号的测量值。将这些测量值与期望的参考信号(独立于模型)进行比较，借以学习模型不确定性的最优估计。通过基于模型的鲁棒控制器得到 ISS 结果，即使在学习阶段，也能保证闭环系统状态的有界性，从而保证了所建立算法的稳定性。ISS 结果和收敛的学习算法将一起最终得到有界的输出跟踪误差，且它会随着估计误差的减小而减小。

我们认为与现有基于模型的自适应控制器相比，我们提出的控制器的一个主要优点是可以同时学习(估计)多种不确定性，即使是它们以复杂的结构出现在模型方程中时，例如，线性相关不确定性影响的只有一个输出或模型中的非线性不确定性项，众所周知，这些都是基于模型方法的局限所在。另一个优点是由于它的模块化设计，可以在不改变控制器基于模型的部分的情况下轻松地更改学习算法。事实上，只要把控制器的第一部分，即基于模型的部分，设计成具有合适的 ISS 性质，那么就可以加入任意一个收敛的无模型学习算法。例如，在本工作中可以采用具有全局或半全局收敛性的极值搜索算法，而不是局部极值搜索算法。当然，也可以采用用强化学习算法等。

本章的最后，我们将所提出的方法应用到两种不同的机电一体化实例中，并展示和分析了相应结果。第一个例子是由一般非线性方程所建模的电磁执行器系统。第二个是关于控制量仿射的非线性模型的典型例子，即多连杆刚性机械臂。

参考文献

Adetola, V., Guay, M., 2007. Parameter convergence in adaptive extremum-seeking control. Automatica 43, 105–110.

Ariyur, K.B., Krstic, M., 2002. Multivariable extremum seeking feedback: analysis and design. In: Proceedings of the Mathematical Theory of Networks and Systems, South Bend, IN.

Ariyur, K.B., Krstic, M., 2003. Real-Time Optimization by Extremum-Seeking Control. John Wiley & Sons, Inc., New York, NY, USA.

Ariyur, K.B., Ganguli, S., Enns, D.F., 2009. Extremum seeking for model reference adaptive control. In: Proceedings of the AIAA Guidance, Navigation, and Control Conference, Chicago, IL.

Atinc, G., Benosman, M., 2013. Nonlinear backstepping learning-based adaptive control of electromagnetic actuators with proof of stability. In: IEEE 52nd Annual Conference on Decision and Control (CDC), 2013, pp. 1277–1282.

Benosman, M., 2013. Nonlinear learning-based adaptive control for electromagnetic actuators. In: IEEE European Control Conference, pp. 2904–2909.

Benosman, M., 2014a. Extremum-seeking based adaptive control for nonlinear systems. In: IFAC World Congress, Cape Town, South Africa, pp. 401–406.

Benosman, M., 2014b. Learning-based adaptive control for nonlinear systems. In: IEEE European Control Conference, Strasbourg, FR, pp. 920–925.

Benosman, M., Atinc, G., 2013a. Multi-parametric extremum seeking-based learning control for electromagnetic actuators. In: IEEE, American Control Conference, Washington, DC, pp. 1914–1919.

Benosman, M., Atinc, G., 2013b. Nonlinear adaptive control of electromagnetic actuators. In: SIAM Conference on Control and Applications, pp. 29–36.

Benosman, M., Atinc, G., 2013c. Nonlinear learning-based adaptive control for electromagnetic actuators. In: IEEE, European Control Conference, Zurich, pp. 2904–2909.

Benosman, M., Atinc, G., 2015a. Non-linear adaptive control for electromagnetic actuators. IET Control Theory Appl. 9 (2), 258–269.

Benosman, M., Atinc, G., 2015b. Nonlinear backstepping learning-based adaptive control of electromagnetic actuators. Int. J. Control 88 (3), 517–530.

Benosman, M., Xia, M., 2015. Extremum seeking-based indirect adaptive control for nonlinear systems with time-varying uncertainties. In: IEEE, European Control Conference, Linz, Austria, pp. 2780–2785.

Benosman, M., Liao, F., Lum, K.Y., Wang, J.L., 2009. Nonlinear control allocation for non-minimum phase systems. IEEE Trans. Control Syst. Technol. 17 (2), 394–404.

Buffington, J.M., 1999. Modular control design for the innovative control effectors (ICE) tailless fighter aircraft configuration 101-3. Tech. Rep. AFRL-VA-WP-TR-1999-3057, U.S. Air Force Research Laboratory, Wright-Patterson AFB, OH.

Elmali, H., Olgac, N., 1992. Robust output tracking control of nonlinear MIMO systems via sliding mode technique. Automatica 28 (1), 145–151.

Guay, M., Zhang, T., 2003. Adaptive extremum seeking control of nonlinear dynamic systems with parametric uncertainties. Automatica 39, 1283–1293.

Guay, M., Dhaliwal, S., Dochain, D., 2013. A time-varying extremum-seeking control approach. In: IEEE, American Control Conference, pp. 2643–2648.

Haghi, P., Ariyur, K., 2011. On the extremum seeking of model reference adaptive control in higher-dimensional systems. In: IEEE, American Control Conference, pp. 1176–1181.

Hudon, N., Guay, M., Perrier, M., Dochain, D., 2008. Adaptive extremum-seeking control of convection-reaction distributed reactor with limited actuation. Comput. Chem. Eng. 32 (12), 2994–3001.

Ito, H., Jiang, Z., 2009. Necessary and sufficient small gain conditions for integral input-to-state stable systems: a Lyapunov perspective. IEEE Trans. Autom. Control 54 (10), 2389–2404.

Khalil, H., 2002. Nonlinear Systems, third ed. Prentice Hall, Englewood Cliffs, NJ.

Krstic, M., 2000. Performance improvement and limitations in extremum seeking. Syst. Control Lett. 39, 313–326.

Krstic, M., Wang, H.H., 2000. Stability of extremum seeking feedback for general nonlinear dynamic systems. Automatica 36, 595–601.

Krstic, M., Kanellakopoulos, I., Kokotovic, P., 1995. Nonlinear and Adaptive Control Design. John Wiley & Sons, New York.

Landau, I.D., Lozano, R., M'Saad, M., Karimi, A., 2011. Adaptive control: Algorithms, analysis and applications, Communications and Control Engineering. Springer-Verlag, Berlin.

Malisoff, M., Mazenc, F., 2005. Further remarks on strict input-to-state stable Lyapunov functions for time-varying systems. Automatica 41 (11), 1973–1978.

Moase, W., Manzie, C., Brear, M., 2009. Newton-like extremum seeking part I: theory. In: IEEE, Conference on Decision and Control, pp. 3839–3844.

Nesic, D., 2009. Extremum seeking control: convergence analysis. Eur. J. Control 15 (3-4), 331–347.

Nesic, D., Mohammadi, A., Manzie, C., 2013. A framework for extremum seeking control of systems with parameter uncertainties. IEEE Trans. Autom. Control 58 (2), 435–448.

Noase, W., Tan, Y., Nesic, D., Manzie, C., 2011. Non-local stability of a multi-variable extremum-seeking scheme. In: IEEE, Australian Control Conference, pp. 38–43.

Peterson, K., Stefanopoulou, A., 2004. Extremum seeking control for soft landing of electromechanical valve actuator. Automatica 40, 1063–1069.

Rotea, M., 2000. Analysis of multivariable extremum seeking algorithms. In: Proceedings of the American Control Conference, 2000, vol. 1, pp. 433–437.

Scheinker, A., 2013. Simultaneous stabilization of and optimization of unknown time-varying systems. In: IEEE, American Control Conference, pp. 2643–2648.

Spong, M.W., 1992. On the robust control of robot manipulators. IEEE Trans. Autom. Control 37 (11), 1782–2786.

Tan, Y., Nesic, D., Mareels, I., 2006. On non-local stability properties of extremum seeking control. Automatica 42, 889–903.

Teel, A.R., Popovic, D., 2001. Solving smooth and nonsmooth multivariable extremum seeking problems by the methods of nonlinear programming. In: Proceedings of the 2001 American Control Conference, 2001, vol. 3. IEEE, pp. 2394–2399.

Wang, C., Hill, D., 2006. Deterministic learning theory for identification, recognition, and control, Automation and Control Engineering Series. Taylor & Francis Group, Boca Raton.

Zhang, C., Ordóñez, R., 2012. Extremum-Seeking Control and Applications. Springer-Verlag, London.

Zhang, T., Guay, M., Dochain, D., 2003. Adaptive extremum seeking control of continuous stirred-tank bioreactors. AIChE J. 49, 113–123.

基于极值搜索的非线性系统实时参数辨识

5.1 引言

　　系统辨识可以被解释为在给定一组实验数据的情况下学习系统最佳可能模型的科学。系统辨识有很多分支。事实上，它可以分为线性与非线性模型、基于时域与基于频域、开环与闭环、随机与确定性，以及用于控制的辨识与用于模拟和预测的辨识，基于面向目标的辨识或者协同设计辨识。这使得很难在几页纸之内对所有的结果进行详尽介绍。相反，我们推荐读者参考此领域中一些杰出的研究工作，比如：Astrom 和 Eykhoff（1971）、Ljung 和 Vicino（2005）、Gevers（2006）、Ljung（2010），以及 Pillonetto 等（2014）。

　　这里将把重点放在系统辨识的一小部分上，即状态空间形式表示的非线性系统的系统辨识。在系统辨识这个子领域，我们将给出用于时域中开环和闭环参数辨识的确定性方法的一些结论。本章不打算对非线性系统辨识进行详细的研究，而是给出一些利用无模型学习算法对非线性系统进行参数辨识的新方法。

　　事实上，非线性系统辨识是非线性输入/输出映射辨识领域中一项具有挑战性的研究课题，比如：Sjoberg 等（1995）、Juditsky 等（1995）、Bendat（1990）、Narendra 和 Parthasarathy（1990）、Leontaritis 和 Billings（1985），以及 Rangan 等（1995）。然而，近些年对非线性辨识的研究重心转移到了对由系统物理学决定的非线性模型的参数辨识上，其中模型的结构由相应的物理学基本定律来定义，比如，非线性常微分方程（Ordinary Differential Equation，ODE）或者非线性偏微分方程（Partial Differential Equation，PDE）。然后，利用辨识技术来寻找这些模型系数的最优值，参见 Schittkowski（2002）、Klein 和 Morelli（2006）。例如，Andrieu 等（2004）和 Schön 等（2006）采用具有仿射未知系数的状态空间表示，其中使用了期望最大化算法，并结合粒子滤波方法进行参数辨识。更多的关于利用粒子滤波对非线性模型进行参数辨识的结果可以参见 Kitagawa（1998）、Schon 和 Gustafsson（2003）、Doucet 和 Tadic（2003），以及 Andrieu 等（2004）。我们还引用了 Glad 和 Ljung（1990a，b）以及 Ljung 和 Glad（1994）的一系列工作，其中采用微分代数工具解决一类非线性系统辨识的凸化问题。

　　本章我们遵循 Ljung 和 Glad（1994）中的确定性表达式，这是因为我们在无干扰的确定性时间域内处理非线性模型。我们将辨识问题简单地转化为一个确定性能成本函数的最小化问题,并采用极值搜索理论在线解决此优化问题,进而为非线性系统的开环和闭环参数辨识提供一个简单的实时解。

另一个与模型辨识密切相关的问题(至少在我们看来)就是所谓的对无限维系统的稳定模型降阶问题。事实上,将 PDE 模型降为较简单的有限维 ODE 模型在工程和物理学中都是至关重要的,因为解决此类的 PDE 模型是非常耗时的。能够将 PDE 模型降为它的最简单可能实现,同时又不丢失原始模型的主要特征,比如稳定性和预测精度,这种思想对于任何基于模型的实时计算都具有吸引力。然而,这个问题仍然很有挑战性,因为模型降阶通常以损失稳定性和预测退化作为代价。为了解决这个问题,学术界(主要在物理和应用数学界)一直在针对稳定模型降阶问题研究解决方法。

这个领域的成果有很多,因此我们在这里不打算包含所有关于稳定模型降阶的话题。相反,我们引用一些跟在本领域所做结果相关的参考文献,这些参考文献在本章后续将会介绍。比如在 Cordier 等(2013)中,作者提出一种降阶建模方法来解决 Navier-Stokes 流模型的稳定模型降阶问题。其主要思想是在降阶模型(Reduced Order Model,ROM)上加一个非线性黏度稳定项。然后,采用基于解决确定性优化问题的变分数据同化方法对稳定非线性项的系数进行辨识。在文献 Balajewicz 等(2013) 和 Balajewicz (2013)中,针对不可压缩流提出了一种基于李雅普诺夫的稳定模型简化方法。该方法是基于满足一些局部李雅普诺夫稳定性条件投影模式的一种迭代搜索方法。我们也引用了参考文献 San 和 Borggaard (2014)、San 和 Iliescu(2013),其研究了 Burger 的 PDE 稳定模型简化的情形。所提出的方法是基于封闭模型的,其基本上归结为使用常数附加项(例如,恒定涡流黏度模型)或者时间和空间变化项(例如,Smagorinsky 模型)来修正降阶 ODE 模型的一些系数。通过调整这些附加项的幅值来使得降阶模型稳定。

本章,我们采用基于 ES 辨识的方法解决稳定模型简化问题。事实上,我们把稳定模型简化问题看作系数辨识问题,这些系数或者是模型的真实系数亦或是稳定封闭模型系数的最优值。从这个意义上来说,稳定模型简化问题将会被转化为模型参数辨识问题,然后将会在基于多参数极值搜索的实时辨识方法框架下得到解决。

本章结构如下:为了本章的完整性,在 5.2 节,将会回顾一些通用符号和工具。在 5.3 节,我们给出基于 ES 的非线性系统开环辨识方法。接下来,在 5.4 节,我们研究非线性系统的闭环参数辨识问题。5.5 节致力于考虑 PDE 模型稳定简化和辨识的挑战性问题。5.6 节给出了两个机电一体化系统和一个流体力学问题的数值示例。最后,5.7 节讨论了一些结论以及一些开放性研究问题。

5.2　基本符号和定义

在整个章节,我们将使用 $\| \cdot \|$ 来表示欧几里得向量范数,即,对于 $x \in \mathbb{R}^n$,我们有 $\| x \| = \sqrt{x^{\mathrm{T}} x}$。Kronecker delta 函数被定义为 $\delta_{ij} = 0$,其中 $i \neq j$,以及 $\delta_{ii} = 1$。矩阵 $A \in \mathbb{R}^{m \times n}$,

元素为 a_{ij}，其 Frobenius 范数定义为 $\|A\|_F \triangleq \sqrt{\sum_{i=1}^{n}\sum_{j=1}^{n}|a_{ij}|^2}$。类似地，张量 $A \in \mathbb{R}^{\otimes_i n_i}$，其

元素为 $a_i = a_{i_1,\cdots,i_k}$，其 Frobenius 范数定义为 $\|A\|_F \triangleq \sqrt{\sum_{i=1}^{n}|a_i|^2}$。向量 $x \in \mathbb{R}^n$ 的 1-范数

表示为 $\|x\|_1$。我们使用下面的范数性质(参见 Golub 和 Van Loan(1996))：

1)对于任意的 $x \in \mathbb{R}^n$，有 $\|x\| \leqslant \|x\|_1$；

2)对于任意的 $x \in \mathbb{R}^n$，$A \in \mathbb{R}^{m\times n}$，有 $\|Ax\| \leqslant \|A\|_F \|x\|$；

3)对于任意的 $x,y \in \mathbb{R}^n$，有 $\|x\| - \|y\| \leqslant \|x-y\|$；

4)对于任意的 $x,y \in \mathbb{R}^n$，有 $x^T y \leqslant \|x\| \|y\|$。

对于 $n\times n$ 矩阵 P，如果它是正定的，则写为 $P>0$。类似地，如果它是负定的，则写为 $P<0$。我们使用 $\mathrm{diag}\{A_1,A_2,\cdots,A_n\}$ 表示具有 n 个块的对角块矩阵。对于矩阵 B，我们用 $B(i,j)$ 表示 B 的第 (i,j) 个元素。我们用 I_n 表示单位矩阵，如果维数可以从上下文清楚得到，则简写为 I。我们用 $\mathbf{0}$ 表示合适维数的向量 $[0,\cdots,0]^T$；用 $\mathrm{Max}(\nu)$，$\nu \in \mathbb{R}^n$ 表示向量 ν 的最大元素；使用 $(\dot{\cdot})$ 表示导数；使用 x^T 表示向量 x 的转置；用 $\mathcal{C}^k$ 表示具有 k 次可微的函数。一个函数如果在给定集合每一点的某个邻域中具有收敛的泰勒级数逼近，则称该函数是解析的。我们用 $f_1 \cdot f_2$ 表示两个映射 f_1 和 f_2 的组合。连续函数 $\alpha:[0,a) \to [0,\infty)$ 如果是严格增的且 $\alpha(0)=0$，则它是属于 $\mathcal{K}$ 类的。如果 $a=\infty$ 且 $r\to\infty$ 时有 $\alpha(r)\to\infty$，则它是 $\mathcal{K}_\infty$ 类的。如果对于每个固定的 s，映射 $\beta(r,s)$ 关于 r 是属于 $\mathcal{K}$ 类的，对于每个固定的 r，映射 $\beta(r,s)$ 关于 s 是下降的，且 $s\to\infty$ 时 $\beta(r,s)\to 0$，则连续函数 $\beta:[0,a)\times[0,\infty)\to[0,\infty)$ 是属于 $\mathcal{KL}$ 类的。我们考虑希尔伯特空间 $\mathcal{Z}=L^2([0,1])$，它是勒贝格(Lebesgue)平方可积函数的空间，即，如果 $\int_0^1 |f(x)|^2 \mathrm{d}x < \infty$，则 $f \in \mathcal{Z}$。我们定义 $\mathcal{Z}$ 上的内积 $\langle \cdot,\cdot \rangle_z$ 和相关的范数 $\|\cdot\|_z$ 为 $\|f\|_z^2 = \int_0^1 |f(x)|^2 \mathrm{d}x$ 和 $\langle f,g \rangle_z = \int_0^1 f(x)g(x)\mathrm{d}x$，对于 $f,g \in \mathcal{Z}$。函数 $\omega(t,x)$ 在空间 $L^2([0,T];\mathcal{Z})$ 里，如果对于每一个 $0\leqslant t \leqslant T$，有 $\omega(t,\cdot) \in \mathcal{Z}$ 和 $\int_0^T \|\omega(t,\cdot)\|\mathcal{Z}^2 \mathrm{d}t \leqslant \infty$。

为了本章的完整性，我们回顾一些非线性系统的稳定性定义(参见第 1 章)。考虑一般的时变系统

$$\dot{x} = f(t,x,u) \tag{5.1}$$

其中，$f:[0,\infty)\times\mathbb{R}^n\times\mathbb{R}^{n_a}\to\mathbb{R}^n$ 在 t 中分段连续且在 x 和 u 中是局部 Lipschitz 的。输入 $u(t)$ 对于所有的 $t\geqslant 0$ 是分段连续的有界函数。

定义 5.1(见 Khalil(2002)) 系统(5.1)是输入到状态稳定的(ISS)，如果存在 $\mathcal{KL}$ 类函数 β 和 $\mathcal{K}$ 类函数 γ 使得对于任意的初始状态 $x(t_0)$ 和任意的有界输入 $u(t)$，对于所有的 $t\geqslant t_0$，解 $x(t)$ 存在且满足

$$\|x(t)\| \leqslant \beta(\|x(t_0)\|,t-t_0) + \gamma(\sup_{t_0\leqslant\tau\leqslant t}\|u(\tau)\|)$$

定义 5.2(见 Khalil(2002)，Sontag(2008)) 系统(5.1)相关的输出映射 $y = h(t, x, u)$，其中 $h: [0, \infty) \times \mathbb{R}^n \times \mathbb{R}^{n_a} \to \mathbb{R}^n$ 在 t 中分段连续，在 x 和 u 中连续，则系统称为输入到输出稳定(IOS)，如果存在 $\mathcal{KL}$ 类函数 β 和 $\mathcal{K}$ 类函数 γ 使得对于任意初始状态 $x(t_0)$ 和任意有界输入 $u(t)$，对于所有的 $t \geqslant t_0$，解 $x(t)$ 存在，即对于所有的 $t \geqslant t_0$，y 存在且满足

$$\| y(t) \| \leqslant \beta(\| x(t_0) \|, t - t_0) + \gamma(\sup_{t_0 \leqslant \tau \leqslant t} \| u(\tau) \|)$$

定理 5.1(见 Khalil(2002)，Malisoff 和 Mazenc(2005)) 令 $V: [0, \infty) \times \mathbb{R}^n \to \mathbb{R}$ 为连续可微函数，使得对于所有的 $(t, x, u) \in [0, \infty) \times \mathbb{R}^n \times \mathbb{R}^m$ 有

$$\alpha_1(\| x \|) \leqslant V(t, x) \leqslant \alpha_2(\| x \|)$$
$$\frac{\partial V}{\partial t} + \frac{\partial V}{\partial x} f(t, x, u) \leqslant -W(x), \qquad \forall \| x \| \geqslant \rho(\| u \|) > 0 \tag{5.2}$$

其中，α_1, α_2 是 $\mathcal{K}_\infty$ 类函数，ρ 是 $\mathcal{K}$ 类函数，$W(x)$ 是 $\mathbb{R}^n$ 上的连续正定函数。那么，系统(5.1)是输入到状态稳定的。

定义 5.3(见 Haddad 和 Chellaboina(2008)) 系统 $\dot{x} = f(t, x)$ 称为拉格朗日稳定的，如果对于每一个初始状态 x_0 及时刻 t_0，存在 $\varepsilon(x_0)$ 使得对于任意 $t \geqslant t_0 \geqslant 0$，有 $\| x(t) \| < \varepsilon$。

5.3 非线性系统的基于 ES 的开环参数辨识

5.3.1 问题描述

在本节中，我们考虑如下一般形式的非线性系统：

$$\dot{x} = f(t, x, u, \theta), x(0) = x_0 \tag{5.3}$$
$$y = h(x, u, \theta)$$

其中，$x \in \mathbb{R}^n, u \in \mathbb{R}^{n_a}$ 以及 $y \in \mathbb{R}^m (n_a \geqslant m)$ 分别表示系统状态、控制输入以及观测输出向量；x_0 是给定的有限初始状态；$\theta \in \mathbb{R}^{n_\theta}$ 表示待辨识的 n_θ 维参数向量。向量场 f 和函数 h 满足如下假设。

假设 5.1 $f: \mathbb{R} \times \mathbb{R}^n \times \mathbb{R}^{n_a} \times \mathbb{R}^{n_\theta} \to \mathbb{R}^n$ 在 $\mathbb{R}^n \times \mathbb{R}^{n_a} \times \mathbb{R}^{n_\theta}$ 的有界集 X 上是一个 $\mathcal{C}^\infty$ 向量场，h 在 X 上是一个 $\mathcal{C}^\infty$ 函数。

假设 5.2 假设 θ 是系统某些物理参数的向量，并且其标称值(非精确)θ_0 是已知的。

备注 5.1 假设 5.2 在实际应用中是有意义的，因为工程师对他们试图建模的系统物理参数的标称值是有一定了解的。但是，这些标称值往往是不精确的，且需要微调。也就是说，必须对它们的精确值进行估计。

备注 5.2 一些读者可能会发现式(5.3)给出的问题描述"缺少噪声"。的确，我们选择了一种经典的确定性公式，它经常被其他研究者用在确定性辨识方法的领域中，参见 Ljung 和 Glad(1994)。此外，我们这里提出的基于学习的辨识方法本质上对有界可测量噪声具有鲁棒性。本章稍后将会回到这一个问题上。

5.3.2　开环参数估计

在开始介绍开环辨识方法之前，我们需要对系统做以下假设。

假设5.3　假设系统(5.3)是拉格朗日稳定的。

备注5.3　根据拉格朗日稳定性假设和模型的光滑性假设，直接可以得到以下结论：对于任意有界输入向量 u 和有界参数向量 θ，输出函数 h 也是有界的。

备注5.4　拉格朗日稳定性假设对于开环辨识显然是需要的，以便能够以开环方式运行系统，并可以将其可观测的有界输出与其基于模型的输出估计值进行比较。

定义输出估计误差：

$$e_y(t) = y(t) - y_m(t) \tag{5.4}$$

其中，$y_m(t)$ 表示在时刻 t 的输出测量值。

定义如下辨识成本函数：

$$Q(\hat{\theta}) = F(e_y(\hat{\theta})) \tag{5.5}$$

其中，$\hat{\theta}$ 是参数向量 θ 的估计值，且 $F: \mathbb{R}^m \to \mathbb{R}$，$F(0) = 0$，对于 $e_y \neq 0$ 有 $F(e_y) > 0$。

这个成本函数将会被用作学习成本函数。要做到这一点，我们需要对 Q 做出以下假设。

假设5.4　成本函数 Q 在 $\hat{\theta}^* = \theta$ 处有一个局部最小值。

假设5.5　初始参数估计向量 $\hat{\theta}(0)$，即标称参数值，与实际参数向量 θ 足够接近。

假设5.6　成本函数是解析的，且关于不确定变量的变化在 θ^* 的邻域内是有界的，即 $\left\| \dfrac{\partial Q}{\partial \theta}(\tilde{\theta}) \right\| \leqslant \xi_2, \xi_2 > 0 (\tilde{\theta} \in \mathcal{V}(\theta^*))$，其中 $\mathcal{V}(\theta^*)$ 表示 θ^* 的紧邻域。

基于这种开环公式，我们现在可以提出一种简单的基于 MES 的辨识算法。

定理5.2　考虑系统(5.3)，满足假设5.3，且开环控制 $u(t)$ 有界。那么，可以从参数向量 θ 的标称值 θ_{nom} 开始对其进行估计，使得

$$\hat{\theta}(t) = \theta_{\text{nom}} + \Delta\theta(t) \tag{5.6}$$

其中，$\Delta\theta = [\delta\theta_1, \cdots, \delta\theta_{n_\theta}]^\mathrm{T}$ 由 MES 算法计算得到：

$$\dot{z}_i = a_i \sin\left(\omega_i t + \frac{\pi}{2}\right) Q(\hat{\theta})$$

$$\delta\theta_i = z_i + a_i \sin\left(\omega_i t - \frac{\pi}{2}\right), i \in \{1, \cdots, n_\theta\}, i \in \{1, \cdots, n_\theta\} \tag{5.7}$$

这里，$\omega_i \neq \omega_j, \omega_i + \omega_j \neq \omega_k (i, j, k \in \{1, \cdots, n_\theta\})$，且对于任意的 $\forall i \in \{1, \cdots, n_\theta\}$，有 $\omega_i > \omega^*$，并且 ω^* 足够大，Q 由式(5.5)给出。此外，在假设 5.4～5.6 下，估计误差 $e_\theta = \theta - \hat{\theta}(t)$ 的范数存在如下的上界：

$$\| e_\theta(t) \| \leqslant \frac{\xi_1}{\omega_0} + \sqrt{\sum_{i=1}^{i=n_\theta} a_i^2}, t \to \infty \tag{5.8}$$

其中，$\xi_1>0$ 且 $\omega_0=\max_{i\in\{1,\cdots,n_\theta\}}\omega_i$。

证明：首先，根据假设 5.4～5.6，ES 非线性动态(5.54)可以由线性平均动态近似(采用随时间的平均近似 Rptea(2000a，p435，定义 1))。而且，存在 ξ_1,ω^*，使得对于所有的 $\omega_0=\max_{i\in\{1,\cdots,n_\theta\}}\omega_i>\omega^*$，平均模型的解 $\Delta\theta_{\mathrm{aver}}(t)$ 局部接近原始 MES 动态的解，且满足(见 Rotea(2000a，p436))：

$$\|\Delta\theta(t)-d(t)-\Delta\theta_{\mathrm{aver}}(t)\|\leqslant\frac{\xi_1}{\omega_0},\xi_1>0,\forall\,t\geqslant0$$

其中，$d(t)=\left(a_1\sin\left(\omega_1t-\frac{\pi}{2}\right),\cdots,a_{n_\theta}\sin\left(\omega_\theta t-\frac{\pi}{2}\right)\right)^{\mathrm{T}}$。此外，由于 Q 是解析的，可以用展开到二阶的泰勒级数在 $\mathcal{V}(\beta^*)$ 中对其进行局部估计，得到(见 Rotea(2000a，p437))：

$$\lim_{t\to\infty}\Delta\theta_{\mathrm{aver}}(t)=\Delta\theta^*$$

使得

$$\Delta\theta^*+\theta_{\mathrm{nom}}=\theta$$

其与之前的不等式联立共同得到：

$$\|\Delta\theta(t)-\Delta\theta^*\|-\|d(t)\|\leqslant\|\Delta\theta(t)-\Delta\theta^*-d(t)\|$$
$$\leqslant\frac{\xi_1}{\omega_0},\ \xi_1>0,\ t\to\infty$$

$$\Rightarrow\|\Delta\theta(t)-\Delta\theta^*\|\leqslant\frac{\xi_1}{\omega_0}+\|d(t)\|,\ t\to\infty$$

最终可得到：

$$\|\Delta\theta(t)-\Delta\theta^*\|\leqslant\frac{\xi_1}{\omega_0}+\sqrt{\sum_{i=1}^{i=n_\theta}a_i^2},\xi_1>0,\qquad t\to\infty$$

上述定理是在连续时间域内给出的，其中假设激励信号 u 在无穷时间轴($t\to\infty$)上是有界的。然而，在实际应用中，我们希望利用有限时间轴上的有界信号来激发系统，即 $t\in[t_0,t_f](0\leqslant t_0<t_f)$。在这种情况下，辨识收敛结果可以由以下引理来表述。

引理 5.1 考虑系统(5.3)，其满足假设 5.3，在有界开环控制 $u(t)$ 及有限时间轴下，即 $t\in[t_0,t_f](0\leqslant t_0<t_f)$。那么，参数向量 θ 可以从它的标称值 θ_{nom} 开始被迭代估计，使得

$$\hat\theta(t)=\theta_{\mathrm{nom}}+\Delta\theta(t)$$
$$\Delta\theta(t)=\hat{\Delta\theta}((I-1)t_f),(I-1)t_f\leqslant t<It_f,I=1,2,\cdots$$

（5.9）

其中，I 是迭代次数，$\hat{\Delta\theta}=[\hat{\delta\theta}_1,\cdots,\hat{\delta\theta}_{n_\theta}]^{\mathrm{T}}$ 由迭代 MES 算法计算得到：

$$\dot{z}_i=a_i\sin\left(\omega_it+\frac{\pi}{2}\right)Q(\hat\theta)$$
$$\hat{\delta\theta}_i=z_i+a_i\sin\left(\omega_it-\frac{\pi}{2}\right),i\in\{1,\cdots,n_\theta\}$$

（5.10）

其中，Q 由方程(5.5)给出，$\omega_i\neq\omega_j,\omega_i+\omega_j\neq\omega_k(i,j,k\in\{1,\cdots,n_\theta\})$ 且对于任意的 $i\in\{1,\cdots,n_\theta\}$

有 $\omega_i > \omega^*$（$\forall i \in \{1, \cdots, n_\theta\}$），此时，$\omega^*$ 足够大。那么在假设 5.2～5.6 下，上界估计如下：

$$\| \hat{\theta}(It_f) - \theta \| \leqslant \frac{\xi_1}{\omega_0} + \sqrt{\sum_{i=1}^{i=n_\theta} a_i^2}, I \to \infty$$

其中，$\xi_1 > 0$ 且 $\omega_0 = \max_{i \in \{1, \cdots, n_\theta\}} \omega_i$。

备注 5.5　正如之前提到的，这里我们以确定性的公式来描述辨识问题，而没有明确地加上系统测量噪声。事实上，背后的原因是众所周知的基于扰动的 MES 算法对于测量噪声是鲁棒的，参见 Calli 等(2012)对机器人技术的比较研究。此外，在测量噪声水平较高的情况下，可以选择较为"复杂的"MES 算法来取代一阶 MES 算法(5.10)。例如，Krstic(2000)在基于扰动的 ES 算法中加入几个滤波器来抵制加性测量噪声；Stankovica 和 Stipanovicb(2010)针对基于扰动的 ES 算法，研究了随机测量噪声的情况。

备注 5.6　假设 5.4 和 5.5 意味着参数真实值的搜索是局部的。这种类型的假设在辨识领域中被广泛接受，其对应于所谓的"局部辨识"假设，参见 Gevers(2006)。实际上，在实际应用中，通常情况下工程师对系统的物理参数(例如质量、惯性等)的值有一些初步的了解。在这种情况下，辨识过程归结为在标称值附近对这些参数进行微调，其对应于局部辨识。

备注 5.7　众所周知，在经典辨识算法中，回归矩阵必须满足持续激励的条件，以确保所辨识参数收敛到系统的真实参数。基于 MES 的算法似乎看起来不需要任何持续激励条件。但是，如果我们检查方程式(5.10)会发现辨识输出是成本函数 Q，因此在这种情况下的回归矩阵将会是对角矩阵，其元素是扰动信号 $a_i \sin\left(\omega_i t + \frac{\pi}{2}\right)$，其显然满足持续激励条件(参见第 1 章)。

5.4　非线性系统的基于 ES 的闭环参数辨识

在上一节中，我们考虑了开环辨识的情况，它要求系统是开环稳定的。然而，许多现实生活中的系统并没有如此好的开环特性。针对这种情况，在尝试参数辨识之前，首先有必要把系统变为闭环使其稳定。在本节中，我们将介绍一些处理此问题的算法。闭环辨识相比于开环辨识的另一个优点是它对初始条件误差具有鲁棒性。实际上，开环辨识算法对初始条件的不匹配问题很敏感，这是因为无法保证从不同初始条件出发的状态轨迹收敛。相反，利用一个反馈控制器使得系统在给定平衡点附近或者等价的在期望轨迹附近稳定，这至少可以局部地确保系统对初始条件误差具有鲁棒性。

5.4.1　问题描述

重新考虑方程式(5.3)的系统，但是其中稳定性假设 5.3 不再成立。相反，我们把问题转化为一个输出跟踪问题，通过适当设计一个反馈控制项来保证某些输入到输出稳定的性质。在这种情况下，辨识问题的新输入是期望的输出轨迹。

为了使这个想法正式化，我们引入一个相当一般的假设。

我们考虑一个有界光滑输出期望时间轨迹 $y_{\text{ref}}: [0,\infty) \to \mathbb{R}^m$。然后，做如下假设。

假设 5.7 存在一个控制反馈 $u_{\text{iss}}(t, x, y_{\text{ref}}, \hat{\theta}): \mathbb{R} \times \mathbb{R}^n \times \mathbb{R}^m \times \mathbb{R}^{n_\theta} \to \mathbb{R}^m$，其中 $\hat{\theta}$ 是向量参数 θ 的估计值，使得与方程(5.3)相关的闭环动态

$$\dot{x} = f \circ u_{\text{iss}} \equiv F(t, x, y_{\text{ref}}, e_\theta), e_\theta = \theta - \hat{\theta} \tag{5.11}$$
$$y_{\text{cl}} = h \circ u_{\text{iss}} \equiv H(t, x, y_{\text{ref}}, e_\theta)$$

从输入向量 $(y_{\text{ref}}^{\text{T}}, e_\theta^{\text{T}})$ 到新的输出向量 y_{cl} 满足输入到输出稳定。

备注 5.8 我们把反馈控制显示地写为向量 y_{ref} 的函数，即使它可能被隐式地包含在时变项里。这种"滥用符号"的原因是我们想要强调一个事实，即：在这个表述中，"新的"要辨识的稳定系统的输入是 y_{ref}。

备注 5.9 假设 5.7 对有界输入向量 $(y_{\text{ref}}^{\text{T}}, e_\theta^{\text{T}})$ 施加了输出向量 y_{cl} 的有界性。如果相对于状态向量的映射 H 是径向无界的，例如，$\mathcal{K}_\infty$ 类映射，则闭环动态状态向量的有界性可以由 y_{cl} 的有界性推导得到。

这里已经将问题重新定义为 IOS 系统(5.11)的参数辨识问题，我们可以对前面的开环情况给出一个类似的估计结果。

定理 5.3 在有界开环输入 $y_{\text{ref}}(t)$ 下，考虑系统(5.3)，满足假设 5.7。然后，可以从其标称值 θ_{nom} 开始对参数向量 θ 进行估计，使得

$$\hat{\theta}(t) = \theta_{\text{nom}} + \Delta\theta(t) \tag{5.12}$$

其中，$\Delta\theta = [\delta\theta_1, \cdots, \delta\theta_{n_\theta}]^{\text{T}}$ 利用 MES 算法计算得到：

$$\dot{z}_i = a_i \sin\left(\omega_i t + \frac{\pi}{2}\right) Q(\hat{\theta}) \tag{5.13}$$
$$\delta\theta_i = z_i + a_i \sin\left(\omega_i t - \frac{\pi}{2}\right), i \in \{1, \cdots, n_\theta\}$$

其中，$\omega_i \neq \omega_j, \omega_i + \omega_j \neq \omega_k (i, j, k \in \{1, \cdots, n_\theta\})$，且对于任意的 $i \in \{1, \cdots, n_\theta\}$ 有 $\omega_i > \omega^*$，其中 ω^* 足够大，Q 由方程(5.5)给出，$e_y = y_d - y_{\text{ref}}$。此外，在假设 5.4～5.6 下，估计误差 $e_\theta = \theta - \hat{\theta}(t)$ 的范数有如下的上界：

$$\| e_\theta(t) \| \leqslant \frac{\xi_1}{\omega_0} + \sqrt{\sum_{i=1}^{i=n_\theta} a_i^2}, t \to \infty \tag{5.14}$$

其中，$\xi_1 > 0, \omega_0 = \max_{i \in \{1, \cdots, n_\theta\}} \omega_i$。

类似于开环情况，直接可以写出在有界时间轴下轨迹 y_{ref} 实际情形的收敛结果。

引理 5.2 考虑系统(5.3)，其满足假设 5.7，在有界开环输入 $y_{\text{ref}}(t)$ 和有限时间轴上，即 $t \in [t_0, t_f](0 \leqslant t_0 < t_f)$。那么，参数向量 θ 可以从它的标称值 θ_{nom} 开始被迭代估计，使得

$$\hat{\theta}(t) = \theta_{\mathrm{nom}} + \Delta\theta(t) \tag{5.15}$$

$$\Delta\theta(t) = \hat{\Delta}\theta((I-1)t_f), (I-1)t_f \leqslant t < It_f, I = 1, 2, \cdots$$

其中，I 是迭代次数，$\hat{\Delta}\theta = [\hat{\delta\theta}_1, \cdots, \hat{\delta\theta}_{n_\theta}]^{\mathrm{T}}$ 由迭代 MES 算法计算得到：

$$\dot{z}_i = a_i \sin\left(\omega_i t + \frac{\pi}{2}\right) Q(\hat{\theta}) \tag{5.16}$$

$$\hat{\delta\theta}_i = z_i + a_i \sin\left(\omega_i t - \frac{\pi}{2}\right), i \in \{1, \cdots, n_\theta\}$$

其中，Q 由方程(5.5)给出，$e_y = y_d - y_{\mathrm{ref}}, \omega_i \neq \omega_j, \omega_i + \omega_j \neq \omega_k (i, j, k \in \{1, \cdots, n_\theta\})$，且对于任意 $i \in \{1, \cdots, n_\theta\}$ 有 $\omega_i > \omega^*$，此时 ω^* 足够大。那么，在假设 5.4～5.6 下，估计上界为

$$\| \hat{\theta}(It_f) - \theta \| \leqslant \frac{\xi_1}{\omega_0} + \sqrt{\sum_{i=1}^{i=n_\theta} a_i^2}, I \to \infty \tag{5.17}$$

其中，$\xi_1 > 0, \omega_0 = \max_{i \in \{1, \cdots, n_\theta\}} \omega_i$。

从前面的结果可以很明显看出，在满足假设 5.7 的情形下，不稳定开环动态的模型参数可以使用相同的工具来估计。换句话说，这里的难点更多的是找到一个 IOS 稳定反馈控制器，而不是辨识参数，其可以利用无模型 MES 算法(5.12)和(5.13)轻松解决。

虽然无法在一般情况下设计一个控制器使得任意非线性系统输入到输出稳定，但是，可以针对某些特定的非线性系统设计这样的反馈控制器。在本节接下来的部分我们将这样做。

5.4.2　非线性系统仿射控制的参数估计

现在，我们考虑一类特殊的非线性系统(5.3)，即，如下形式的一类系统：

$$\dot{x} = f(x) + \Delta f(t, x) + g(x)u \tag{5.18}$$

$$y = h(x)$$

其中，$x \in \mathbb{R}^n, u \in \mathbb{R}^{n_a}, y \in \mathbb{R}^m (n_a \geqslant m)$ 分别表示状态、输入以及受控输出向量。$\Delta f(t, x)$ 是一个向量场，表示加性模型不确定性，即具有参数不确定性的模型部分。向量场 f、Δf、g 的列以及函数 h 满足下面的经典假设。

假设 5.8　函数 $f: \mathbb{R}^n \to \mathbb{R}^n$ 和 $g: \mathbb{R}^n \to \mathbb{R}^{n_a}$ 的列是 $\mathbb{R}^n$ 上有界集 X 的 $\mathcal{C}^\infty$ 向量场，$h: \mathbb{R}^n \to \mathbb{R}^m$ 是光滑 $\mathcal{K}_\infty$ 类函数。向量场 $\Delta f(x)$ 在 X 上满足 $\mathcal{C}^1$。

假设 5.9　系统(5.18)在每个点 $x^0 \in X$ 有一个定义完善的(向量)相对度 $\{r_1, \cdots, r_m\}$，且系统是可线性化的，即 $\sum_{i=1}^{m} r_i = n$。

这里的目标是构建一个状态反馈使得闭环动态从输出参考信号到闭环系统状态是有界的。

为了做到这一点，我们需要对方程(5.18)中的不确定项 Δf 再做一个假设。

假设 5.10　方程(5.18)中的加性不确定项 $\Delta f(t, x)$ 以加性不确定项出现在输入-输出

线性化模型中，形式如下：

$$y^r(t) = b(\xi(t)) + A(\xi(t))u(t) + \Delta b(t, \xi(t)) \tag{5.19}$$

其中，$\Delta b(t, \xi)$ 对于状态向量 $\xi \in \tilde{X}$ 是 $\mathcal{C}^1$，且

$$y^r(t) = [y_1^{(r_1)}(t), y_2^{(r_2)}(t), \cdots, y_m^{(r_m)}(t)]^{\mathrm{T}}$$
$$\xi(t) = [\xi^1(t), \cdots, \xi^m(t)]^{\mathrm{T}} \tag{5.20}$$
$$\xi^i(t) = [y_i(t), \cdots, y_i^{(r_i - 1)}(t)], \qquad 1 \leqslant i \leqslant m$$

函数 $b(\xi)$、$A(\xi)$ 可以被写为 f、g 和 h 的函数，且 $A(\xi)$ 在 $\tilde{X}$ 中非奇异，其中 $\tilde{X}$ 是系统 (5.18) 状态和线性化模型 (5.19)、(5.20) 状态之间微分同胚 $x \to \xi$ 的 X 集合的图像。

基于假设 5.10，我们将会分两步来为系统 (5.18) 构造一个 IOS 控制器。首先，假设模型中没有不确定项，然后为标称模型设计一个标称反馈控制器。其次，我们在模型中加入不确定项，并利用李雅普诺夫重构技术来保证系统在有不确定时仍能输入到输出稳定。

首先，假设方程 (5.18) 中 $\Delta f \equiv 0$，即方程 (5.19) 中 $\Delta b \equiv 0$。在这种情况下线性化模型可以重写为

$$v(t) = b(\xi(t)) + A(\xi(t))u(t) \tag{5.21}$$
$$y^{(r)}(t) = v(t) \tag{5.22}$$

由方程式 (5.21)、(5.22) 可以写出如下标称输出跟踪控制器：

$$u_n = A^{-1}(\xi)[v_s(t, \xi) - b(\xi)] \tag{5.23}$$

其中，v_s 是一个 $m \times 1$ 向量，其第 $i(1 \leqslant i \leqslant m)$ 个元素 v_{si} 如下：

$$v_{si} = y_{\mathrm{ref}_i}^{(r_i)} - K_{r_i}^i(y_i^{(r_i - 1)} - y_{\mathrm{ref}_i}^{(r_i - 1)}) - \cdots - K_1^i(y_i - y_{\mathrm{ref}_i}) \tag{5.24}$$

最后得到如下跟踪动态：

$$e_i^{(r_i)}(t) + K_{r_i}^i e^{(r_i - 1)}(t) + \cdots + K_1^i e_i(t) = 0 \tag{5.25}$$

其中，$e_i(t) = y_i(t) - y_{\mathrm{ref}_i}(t) (i \in \{1, 2, \cdots, m\})$。为了保证误差动态的稳定性，即作用在标称模型上的标称控制器的稳定性，我们引入如下简单的假设。

假设 5.11 存在一个增益 $K_j^i \in A(i \in \{1, 2, \cdots, m\}, j \in \{1, 2, \cdots, r_i\})$ 的非空集 A，使得方程 (5.25) 的多项式是赫尔维茨的。

为了使用更为熟悉的矩阵表示法，我们定义向量 $z = [z^1, z^2, \cdots, z^m]^{\mathrm{T}}$，其中 $z^i = [e_i, \dot{e}_i, \cdots, e_i^{(r_i - 1)}](i \in \{1, 2, \cdots, m\})$，由此可得到方程 (5.25) 的另一种形式：

$$\dot{z} = \tilde{A}z$$

其中，$\tilde{A} \in \mathbb{R}^{n \times n}$ 是对角块矩阵，形式如下：

$$\tilde{A} = \mathrm{diag}\{\tilde{A}_1, \tilde{A}_2, \cdots, \tilde{A}_m\} \tag{5.26}$$

且 $\tilde{A}_i(1 \leqslant i \leqslant m)$ 是 $r_i \times r_i$ 矩阵，形式如下：

$$\tilde{A}_i = \begin{bmatrix} 0 & 1 & & & \\ 0 & & 1 & & \\ 0 & & & \ddots & \\ \vdots & & & & 1 \\ -K_1^i & -K_2^i & \cdots \cdots & & -K_{r_i}^i \end{bmatrix}$$

基于假设 5.11，存在一个正定矩阵 $P>0$ 使得(参见 Khalil(2002))

$$\tilde{A}^\mathrm{T}P+P\tilde{A}=-I \tag{5.27}$$

接下来，我们在模型中加入不确定项，并在标称控制器基础上设计一个控制器以保证闭环不确定系统输入到输出稳定。为此，我们将总的控制器写为

$$u_f=u_n+u_r \tag{5.28}$$

其中，标称控制器 u_n 由方程(5.23)给出，鲁棒控制器 u_r 基于李雅普诺夫重构技术得到。事实上，通过利用方程式(5.19)、式(5.28)可以得到：

$$
\begin{aligned}
y^{(r)}(t) &=b(\xi(t))+A(\xi(t))u_f+\Delta b(t,\xi(t)) \\
&=b(\xi(t))+A(\xi(t))u_n+A(\xi(t))u_r+\Delta b(t,\xi(t)) \\
&=v_s(t,\xi)+A(\xi(t))u_r+\Delta b(t,\xi(t))
\end{aligned} \tag{5.29}
$$

其中，式(5.29)由式(5.23)得到。这就得到了如下误差动态：

$$\dot{z}=\tilde{A}z+\tilde{B}\delta \tag{5.30}$$

其中，$\tilde{A}$ 如式(5.26)中定义，δ 是一个 $m\times 1$ 向量，形式如下：

$$\delta=A(\xi(t))u_r+\Delta b(t,\xi(t)) \tag{5.31}$$

矩阵 $\tilde{B}\in\mathbb{R}^{n\times m}$ 形式如下：

$$
\tilde{B}=\begin{bmatrix}
\tilde{B}_1 \\
\tilde{B}_2 \\
\vdots \\
\tilde{B}_m
\end{bmatrix} \tag{5.32}
$$

其中，每个 $\tilde{B}_i(1\leqslant i\leqslant m)$ 由一个 $r_i\times m$ 矩阵给出，满足

$$
\tilde{B}_i(l,q)=\begin{cases}1,l=r_i,q=i \\ 0,\text{其他}\end{cases}
$$

如果选择 $V(z)=z^\mathrm{T}Pz$ 作为动态(5.30)的一个李雅普诺夫函数，其中 P 是李雅普诺夫方程(5.27)的一个解，那么可以得到：

$$
\begin{aligned}
\dot{V}(t) &=\frac{\partial V}{\partial z}\dot{z} \\
&=z^\mathrm{T}(\tilde{A}^\mathrm{T}P+P\tilde{A})z+2z^\mathrm{T}P\tilde{B}\delta \\
&=-\parallel z\parallel^2+2z^\mathrm{T}P\tilde{B}\delta
\end{aligned} \tag{5.33}
$$

其中，δ 由方程(5.31)给出。

接下来，我们根据不确定项 Δb 的表现形式来研究不同的情形。

5.4.2.1　情形 1

首先考虑具有如下形式的不确定项：

$$\Delta b(t,\xi(t))=EL(\xi,t) \tag{5.34}$$

其中，$E\in\mathbb{R}^{m\times m}$ 是一个未知常参数矩阵，$L(\xi,t):\mathbb{R}^n\times\mathbb{R}\to\mathbb{R}^m$ 是一个关于状态和时间变

量的已知有界函数。定义估计误差向量 $e_E=E-\hat{E}$，其中 $\hat{E}(t)$ 表示 E 的估计值。为了利用向量符号，我们定义未知参数向量 $\theta=[E(1,1),\cdots,E(m,m)]^{\mathrm{T}}\in\mathbb{R}^{m^2}$，即 E 中所有元素的连结，它的估计向量表示为 $\hat{\theta}(t)=[\hat{E}(1,1),\cdots,\hat{E}(m,m)]^{\mathrm{T}}$，这就得到了估计误差向量 $e_\theta(t)=\theta-\hat{\theta}(t)$。为了保证假设 5.7 成立，我们提出下面的反馈控制器：

$$u_r=-A^{-1}(\xi)[\widetilde{B}^{\mathrm{T}}Pz\parallel L(\xi,t)\parallel^2+\hat{E}(t)L(\xi,t)] \tag{5.35}$$

现在需要分析由控制器(5.23)、(5.28)、(5.35)以及系统(5.19)组成的闭环动态的有界性。为此，我们为闭环系统定义新的输出 $y_{\mathrm{cl}}=z$。宽泛地说，我们想要表明这个输出(以及在当前假设下通过推理得到的状态 x)对于任何有界输入信号 y_{ref} 和 e_θ 保持有界。证明这个有界性的一种简单方法是将闭环误差动态写为

$$\dot{z}=f_z(t,z,e_\theta) \tag{5.36}$$

其中，f_z 表示闭环函数，其由开环模型 f 和闭环反馈联合得到。动态方程(5.36)可以看作一个新的状态空间模型，其中状态为 z，输入为 e_θ。接下来，针对这些动态，可以使用 ISS 参数来确保对于有界的输入 e_θ，其状态 z 是有界的。之后，我们将能够推导出扩展输入 $(y_{\mathrm{ref}}^{\mathrm{T}},e_\theta^{\mathrm{T}})^{\mathrm{T}}$ 和输出 z 之间的输入到输出稳定性质，最终考虑到对 h 假设的一些性质，可以得到状态向量 x 的有界性。

首先，为了证明方程(5.36)中 z 和输入 e_θ 是输入-状态稳定(ISS)的，将方程(5.35)代入方程(5.31)中得到：

$$\begin{aligned} \delta &=-\widetilde{B}^{\mathrm{T}}Pz\parallel L(\xi,t)\parallel^2-\hat{E}(t)L(\xi,t)+\Delta b(t,\xi(t)) \\ &=-\widetilde{B}^{\mathrm{T}}Pz\parallel L(\xi,t)\parallel^2-\hat{E}(t)L(\xi,t)+EL(\xi,t) \end{aligned}$$

然后，考虑与方程(5.33)相同的李雅普诺夫函数作为动态(5.36)的李雅普诺夫函数。由方程(5.33)可得到：

$$\dot{V}\leqslant-\parallel z\parallel^2+2z^{\mathrm{T}}P\widetilde{B}EL(\xi,t)-2z^{\mathrm{T}}P\widetilde{B}\hat{E}(t)L(\xi,t)-2\parallel z^{\mathrm{T}}P\widetilde{B}\parallel^2\parallel L(\xi,t)\parallel^2$$

进而得到：

$$\dot{V}=-\parallel z\parallel^2+2z^{\mathrm{T}}P\widetilde{B}e_EL(\xi,t)-2\parallel z^{\mathrm{T}}P\widetilde{B}\parallel^2\parallel L(\xi,t)\parallel^2$$

由于

$$\begin{aligned} z^{\mathrm{T}}P\widetilde{B}e_EL(\xi)&\leqslant\parallel z^{\mathrm{T}}P\widetilde{B}e_EL(\xi)\parallel\leqslant\parallel z^{\mathrm{T}}P\widetilde{B}\parallel\parallel e_E\parallel_{\mathrm{F}}\parallel L(\xi)\parallel \\ &=\parallel z^{\mathrm{T}}P\widetilde{B}\parallel\parallel e_\theta\parallel\parallel L(\xi)\parallel \end{aligned}$$

我们可以得到：

$$\begin{aligned} \dot{V}&\leqslant-\parallel z\parallel^2+2\parallel z^{\mathrm{T}}P\widetilde{B}\parallel\parallel e_\theta\parallel\parallel L(\xi,\ t)\parallel-2\parallel z^{\mathrm{T}}P\widetilde{B}\parallel^2\parallel L(\xi,\ t)\parallel^2 \\ &\leqslant-\parallel z\parallel^2-2(\parallel z^{\mathrm{T}}P\widetilde{B}\parallel\parallel L(\xi,\ t)\parallel-\frac{1}{2}\parallel e_\theta\parallel)^2+\frac{1}{2}\parallel e_\theta\parallel^2 \\ &\leqslant-\parallel z\parallel^2+\frac{1}{2}\parallel e_\theta\parallel^2 \end{aligned}$$

进而得到：

$$\dot{V} \leqslant -\frac{1}{2} \|z\|^2, \qquad \forall \|z\| \geqslant \|e_\theta\| > 0$$

　　然后由方程(5.2)，我们得到系统(5.36)从输入 e_θ 到状态 z 是输入-状态稳定(ISS)的。这意味着，通过定义5.1，z 有如下形式的上界：

$$\|z(t)\| \leqslant \beta(\|z(t_0)\|, t-t_0) + \gamma(\sup_{t_0 \leqslant \tau \leqslant t} \|e_\theta(\tau)\|)$$

其中，$z(t_0)$ 是任意的初始状态，β 是 $\mathcal{KL}$ 类函数，γ 是 $\mathcal{K}$ 类函数。接下来，由于参考轨迹 y_{ref} 的有界性，直接可以将前面的上界扩展为

$$\|z(t)\| \leqslant \beta(\|z(t_0)\|, t-t_0) + \gamma(\sup_{t_0 \leqslant \tau \leqslant t} \|(y_{ref}^T, e_\theta(\tau)^T)^T\|)$$

通过定义5.2可知闭环系统的输入 $(y_{ref}^T, e_\theta(\tau)^T)^T$ 和输出 z 满足输入到输出稳定，即满足假设5.7。最后，由假设 h 是 $\mathcal{K}_\infty$ 类函数可以得到状态向量 x 的有界性。现在我们找到了合适的反馈控制器，保证了闭环系统信号的有界性，然后就可以进一步利用与稳定开环情况相似的工具来进行参数辨识。我们在下面的引理中总结一下这个过程。

　　引理5.3　在满足假设5.8和5.9的情况下，考虑系统(5.19)、(5.20)以及不确定部分(5.34)。然后，如果采用闭环控制器(5.23)以及方程(5.28)、(5.35)，那么可以保证对于任意有界范数 $\|(y_{ref}^T, e_\theta^T)^T\|$，范数 $\|z\|$、$\|x\|$ 是有界的，而且未知参数向量 θ，即矩阵 E 的元素，可以利用以下成本函数：

$$Q(\hat{\theta}) = F(e_y(\hat{\theta})), F(0) = 0, F(e_y) > 0, \quad e_y \neq 0 \tag{5.37}$$
$$e_y(t) = y(t) - y_{ref}(t)$$

和估计算法(5.12)、(5.13)来辨识，在与定理5.3相同的假设下可以得到估计的上界(5.14)。

　　备注5.10　与引理5.2类似，在具有有限时间轴 $[t_0, t_f]$ 的参考轨迹的实际情况中，我们再次可以离散化辨识算法，即，估计参数的分段常数演化，而且写出相应的估计上界。

　　在情形1中，我们把模型的不确定部分考虑为一个等于待辨识的未知参数矩阵乘以一个以时间和状态为变量的函数的函数。接下来，通过考虑不完全已知的不确定项来放宽假设，但是，可以获得不确定项的上界。这在一些机电一体化应用中非常有用，由物理学得到的模型通常包含一些三角函数项，其可由简单函数限定上界。

5.4.2.2　情形2

　　这里假设不确定项的结构是不完全已知的，但是它的上界由一已知函数乘以一待被辨识的未知参数矩阵决定，即

$$\|\Delta b(t, \xi)\| \leqslant \|E\|_F L(\xi, t)\| \tag{5.38}$$

其中，$L(\xi, t): \mathbb{R}^n \times \mathbb{R} \to \mathbb{R}^m$ 是关于状态和时间变量的已知有界函数，$E \in \mathbb{R}^{m \times m}$ 是待被辨识的常数未知参数矩阵。与前面的情形类似，定义估计误差向量 $e_E = E - \hat{E}$，其中 $\hat{E}(t)$ 表示 E 的估计值。定义未知参数向量为 $\theta = [E(1,1), \cdots, E(m,m)]^T \in \mathbb{R}^{m^2}$，它的估计向量表示

为 $\hat{\theta}(t)=[\hat{E}(1,1)，\cdots,\hat{E}(m,m)]^\mathrm{T}$，这就得到了估计误差向量 $e_\theta(t)=\theta-\hat{\theta}(t)$。接下来，我们想要设计一个反馈控制器来保证对于有界辨识误差和有界参考轨迹闭环状态的有界性。与前面的情形类似，为了保证假设 5.7 成立，将标称控制器部分 (5.23) 强化为下面的控制结构：

$$u_r=-A^{-1}(\xi)\widetilde{B}^\mathrm{T}Pz\parallel L(\xi)\parallel^2-A^{-1}(\xi)\parallel\hat{\theta}(t)\parallel\parallel L(\xi)\parallel\mathrm{sign}(\widetilde{B}^\mathrm{T}Pz) \tag{5.39}$$

这里将再次使用输入-状态稳定 (ISS) 参数来给出闭环系统状态的有界性结论。为此，首先写出如方程 (5.36) 的闭环误差动态，并证明 e_θ 和 z 之间的输入-状态稳定 (ISS) 如下，通过结合式 (5.31) 和式 (5.39)，得到：

$$\delta=-\widetilde{B}^\mathrm{T}Pz\parallel L(\xi)\parallel^2-\parallel\hat{\theta}(t)\parallel\parallel L(\xi)\parallel\mathrm{sign}(\widetilde{B}^\mathrm{T}Pz)+\Delta b(\xi(t)) \tag{5.40}$$

考虑 $V(z)=z^\mathrm{T}Pz$ 作为误差动态 (5.36) 的李雅普诺夫函数，其中 $P>0$ 是式 (5.27) 的一个解。

可以得到：

$$\lambda_{\min}(P)\parallel z\parallel^2\leqslant V(z)\leqslant\lambda_{\max}(P)\parallel z\parallel^2 \tag{5.41}$$

其中，$\lambda_{\min}(P)>0$ 和 $\lambda_{\max}(P)>0$ 分别表示矩阵 P 的最小和最大特征值。那么，由式 (5.33) 可得到：

$$\dot{V}=-\parallel z\parallel^2+2z^\mathrm{T}P\widetilde{B}\Delta b(\xi(t))-2\parallel z^\mathrm{T}P\widetilde{B}\parallel^2\parallel L(\xi)\parallel^2$$
$$-2\parallel z^\mathrm{T}P\widetilde{B}\parallel_1\parallel\hat{\theta}(t)\parallel\parallel L(\xi)\parallel$$

由于 $\parallel z^\mathrm{T}P\widetilde{B}\parallel\leqslant\parallel z^\mathrm{T}P\widetilde{B}\parallel_1$，我们有

$$\dot{V}\leqslant-\parallel z\parallel^2+2z^\mathrm{T}P\widetilde{B}\Delta b(\xi(t))-2\parallel z^\mathrm{T}P\widetilde{B}\parallel^2\parallel L(\xi)\parallel^2$$
$$-2\parallel z^\mathrm{T}P\widetilde{B}\parallel\parallel\hat{\theta}(t)\parallel\parallel L(\xi)\parallel$$

然后根据 $z^\mathrm{T}P\widetilde{B}\Delta b(\xi(t))\leqslant\parallel z^\mathrm{T}P\widetilde{B}\parallel\parallel\Delta b(\xi(t))\parallel$，可得到：

$$\dot{V}\leqslant-\parallel z\parallel^2+2\parallel z^\mathrm{T}P\widetilde{B}\parallel\parallel E\parallel_\mathrm{F}L(\xi)\parallel$$
$$-2\parallel z^\mathrm{T}P\widetilde{B}\parallel^2\parallel L(\xi)\parallel^2-2\parallel z^\mathrm{T}P\widetilde{B}\parallel\parallel\hat{\theta}(t)\parallel\parallel L(\xi)\parallel$$
$$=-\parallel z\parallel^2-2\parallel z^\mathrm{T}P\widetilde{B}\parallel^2\parallel L(\xi)\parallel^2$$
$$+2\parallel z^\mathrm{T}P\widetilde{B}\parallel\parallel L(\xi)\parallel(\parallel\theta\parallel-\parallel\hat{\theta}(t)\parallel)$$

由于 $\parallel\theta\parallel-\parallel\hat{\theta}(t)\parallel\leqslant\parallel e_\theta\parallel$，我们有

$$\dot{V}\leqslant-\parallel z\parallel^2-2\parallel z^\mathrm{T}P\widetilde{B}\parallel^2\parallel L(\xi)\parallel^2+2\parallel z^\mathrm{T}P\widetilde{B}\parallel\parallel L(\xi)\parallel\parallel e_\theta\parallel$$

进一步，可以得到：

$$\dot{V}\leqslant-\parallel z\parallel^2-2(\parallel z^\mathrm{T}P\widetilde{B}\parallel\parallel L(\xi)\parallel-\frac{1}{2}\parallel e_\theta\parallel)^2+\frac{1}{2}\parallel e_\theta\parallel^2$$
$$\leqslant-\parallel z\parallel^2+\frac{1}{2}\parallel e_\theta\parallel^2$$

因此，我们得到以下的结论：

$$\dot{V} \leqslant -\frac{1}{2}\|z\|^2, \quad \forall \|z\| \geqslant \|e_\theta\| > 0$$

由式(5.2)可得到闭环误差动态(5.36)从输入 e_θ 到状态 z 满足输入到状态稳定。最后，根据与引理 5.3 相似的推理，我们可以得到闭环系统状态的有界性以及参数估计的收敛性。

5.5　基于 ES 的辨识和稳定 PDE 模型简化

在本节中，我们将要展示如何利用基于 MES 的辨识方法来解决 PDE 的辨识和稳定模型简化等具有挑战性的问题。实际上，PDE 是非常有价值的数学模型，可以用来描述一大类系统。例如，它们可以用来建模流体动力学（见 Rowley(2005)、Li 等(2013)、MacKunis 等(2011)、Cordier 等(2013)、Balajewicz 等(2013)），柔性梁和绳索（见 Montseny 等(1997)、Barkana(2014)），人群动力学（见 Huges(2003)、Colombo 和 Rosini (2005)）等。然而，作为无穷维系统，PDE 几乎不能以封闭形式求解（除了一些特例），也很难通过数值求解，即它们需要大量的计算时间。由于这种复杂性，通常很难直接使用 PDE 来实时分析、预测或者控制系统。相反，通常在实际应用中使用的一种可行的方法是首先把 PDE 模型降为有限维的"更简单"的 ODE 模型，然后利用这个 ODE 模型来分析、预测或者控制系统。获得尽可能接近原始 PDE 模型的 ODE 模型的过程称为模型简化。所获得的 ODE 被称为 ROM。模型简化的一个主要问题是 ROM 或者 ODE 中一些未知参数（即系统的物理参数）的辨识。我们将称此为 ROM 辨识问题。PDE 模型简化的另一个非常重要的问题是所谓的稳定模型简化。事实上，PDE 通常通过某种类型的投影来简化到更小维度的空间（我们将在本章的后续详细介绍该步骤）。然而，投影过程即维度降低过程，隐含着对原始 PDE 模型的某种截断，这可能导致 ROM 动态的不稳定（在拉格朗日稳定意义下）。换句话说，ROM 可能具有径向无界的解，而"真实的"原始 PDE 模型具有有界的解。模型 ODE ROM 和 PDE 之间的这种差异必须被控制或者修正，这个过程通常被称为 ROM 镇定。针对稳定模型简化和 ROM 参数辨识问题已有很多结果。通常来说，这些结果都是针对一些特定的 PDE 提出的，例如：Navier-Stokes 方程、Boussinesq 方程、Burgers 方程等代表了一类特殊的系统，比如一个房间的气流动力学或者一个容器里的流体运动。例如，在 MacKunis 等(2011)中，作者使用一种被称为本征正交分解（POD）的特定模型简化方法来使一般的非线性 Navier-Stokes PDE 简化为一个双 ODE 系统。然后作者使用该简化的双 ODE 模型并基于有限速度场测量值设计一个滑模非线性估计器来估计流体的流速。这个估计器将会在有限时间内得到收敛，这是滑模估计器一个众所周知的特性。

文献 Guay 和 Hariharan (2008)研究了建筑物的气流估计问题。在 2D 和 3D 中从常用的 Navier-Stokes PDE 开始，作者采用经典的 POD 技术进行了模型简化。然后，假设所获得的双线性 ODE 模型"足够好"，即，它是稳定的且它的解足够接近原始 PDE 模型的解，作者使用它们提出两种类型的估计器。首先，作者基于一个简单的非线性优化公式提出了一个数值估计器。在该公式中，定义一个非线性成本函数来表示在有限时间轴上测量的流速和估计的流速之间差值的量测。然后，在代表 ODE 模型的动态约束和代表 ODE 模型输出的代数约束下，相对于估计的基于速度投影系数对成本函数进行最小化。这个优化问题通过数值求解来获得基于速度投影的最佳估计系数，进一步可以得到在优化时间轴内任意时刻的最佳流速估计。作者还考虑了另一种估计技术，即扩展卡尔曼滤波，它是一种众所周知的针对非线性 ODE 的估计技术。作者通过数值展示了对于 2D 和 3D 情况的估计性能。

文献 Li 等(2013)研究了室内热环境的建模和控制问题。类似于前面提到的工作，本文献提出的方案分为两个阶段：离线阶段和在线阶段。在离线阶段，利用有限体积法(FVM)和经典的基于快照的 POD 方法，将与温度分布和气流耦合的室内热环境 PDE 模型简化为 ODE 模型。与之前工作一个很大的不同是所获得的模型是线性的而不是双线性的，这是由于在使用 POD 简化之前首先使用了有限体积法。在获得了降阶 ODE 模型后，使用卡尔曼滤波器从未知初始条件和所假设的测量噪声开始对气流速度进行估计。最终，使用所提出的模型和估计器以设计基于 MPC 的控制器以跟踪期望的参考轨迹。作者给出了所提出技术的数值性能。

在 Rowley(2005)中研究了流体 PDE 简化为有限维 ODE 的问题，作者比较了三种不同的模型简化方法：POD、平衡截断和平衡 POD 方法。POD 是一种 Galerkin 型投影方法，它是一种众所周知的模型简化方法并已被广泛应用于流体动力学模型的简化中。然而，尽管它具有直接的性质，但是这个方法对用于投影的经验数据的选取和基函数的选取比较敏感。事实上，对于这个方法，如果调整不当，即使在稳定平衡点附近也可以导致不稳定模型。另一方面，平衡截断方法主要是在非线性系统的控制理论界提出的，它不会受 POD 方法敏感度缺陷的影响。不幸的是，平衡截断方法受维度的困扰，因为它们对计算要求苛刻并且对于将要简化的动态维度不能很好地调节，这使得它们在流体系统应用中不太实用。第三种方法平衡 POD 结合了 POD 和平衡截断二者的思想。该方法利用经验格拉姆(Gramian)矩阵来计算具有高维度非线性系统的平衡截断。然后将这三种方法在平面通道中的线性化流上进行了比较。

文献 Balajewicz 等(2013)针对 Navier-Stokes 方程提出了一种新的模型简化方法。该新方法是基于经典的 POD 方法采用只用来建模大型能量流动力学的基函数。然而，对于具有高雷诺(Reynolds)数的 Navier-Stokes 方程，流体动力学具有大规模和低能量尺度双重特征。由于 POD 无法捕获解的低能量尺度，因此它不能精确地重现原始动力学的解。作者在 Balajewicz 等(2013)中介绍了一种新的思想，即使用同时具有高和低能量尺度的基函数。为此，他们把基函数的选择问题表述成了光谱离散流体流动的动能调节问题。事实上，知道了正的动能产生速率与再生更大比例的大规模能量尺度的基函数有关，负的动能产生速率与解决小型能量尺度的基函数有关后，我们可以通过使动能速率为正或负来捕获大型或小型能量尺度的最优基函数。作者将这个"调节"问题表述为有限维优化问题，进而得到最优基函数。

接下来，我们将在两个单独章节考虑 ROM 物理参数辨识问题和 ROM 镇定问题。

5.5.1　基于 ES 的 ROM 参数辨识

考虑由如下非线性 PDE 建模的稳定动态系统：

$$\dot{z} = \mathcal{F}(z, p) \in \mathcal{Z} \tag{5.42}$$

其中，$\mathcal{Z}$ 是一个无穷维希尔伯特空间，$p \in \mathbb{R}^m$ 代表将被辨识的物理参数向量。虽然该 PDE 的解可以通过数值离散化获得，例如：有限元、有限体积、有限差分等。但这些计算通常非常昂贵，不适合线上应用，比如：气流的分析、预测和控制。然而，原始 PDE 的解通常在最优基上呈现出低秩表现，这将被用来把 PDE 简化为有限维 ODE。

总休思路如下：首先找到一组最优（空间）基向量 $\phi_i \in \mathbb{R}^n$（维度 n 通常非常大，来自于 PDE 的"强力"离散化，例如有限元离散化），然后 PDE 的解近似为

$$z(t) \approx \Phi z_r(t) = \sum_{i=1}^{r} z_{r_i}(t)\phi_i \tag{5.43}$$

其中，Φ 是一个 $n \times r$ 矩阵，包含基向量 ϕ_i 作为其列向量。接下来，通过经典的非线性模型简化技术将 PDE 投影到有限 r 维空间，例如：Galerkin 投影，以此来得到如下形式的 ROM：

$$\dot{z}_r(t) = F(z_r(t), p) \in \mathbb{R}^r \tag{5.44}$$

其中，$F: \mathbb{R}^r \rightarrow \mathbb{R}^r$ 由原始 PDE 结构通过模型简化技术得到，例如：Galerkin 投影。显然，问题转化成了选择"最优"基矩阵 Φ。有很多模型简化方法，目的是寻找非线性系统的投影基函数。例如：POD、动态模态分解（DMD）以及简化基都是最常用的方法。我们将在后续回顾 POD 方法，然而基于 ES 的辨识结果与模型简化方法的类型无关，而且本章的结论是无论选择什么样的模型简化方法均保持有效。

5.5.1.1 POD 基函数

我们在这里简单回顾 POD 基函数的计算，感兴趣的读者可以参见 Kunisch 和 Volkwein（2007）与 Gunzburger 等（2007）以便对 POD 理论有一个更全面的理解。

POD 的一般思想是选择一组基函数，它们可以捕获原始 PDE 的最佳能量。POD 基函数是通过 PDE 解的有限时间轴上的快照集合获得的。这些快照通常是通过求解 PDE 的近似（离散结果）获得的，例如：利用有限元方法（FEM）或者当测量值可以得到时，通过由 PDE 建模的系统的直接测量值得到。接下来将更详细地介绍 POD 基函数的计算步骤。

这里考虑这样的情况，其中 POD 基函数由 PDE 的近似解快照精确计算得到（不使用实际测量值）。首先，利用任何有限元基函数离散化原始 PDE，例如，分段线性函数或者样条函数等（这里不再介绍任何 FEM。相反，我们推荐读者参见 FEM 领域的大量已有工作，例如 Sordalen（1997）、Fletcher（1983））。我们用 $z_{\text{fem}}(t, x)$ 表示关联 PDE 解的近似值，其中 t 代表标量时间变量，x 代表空间变量，通常被用来指 PDE 的维度，即：对于一维空间，x 是一个标量；对于二维空间，x 是一个具有两个元素的向量等。为了方便记号，这里考虑一维空间的情况，其中 x 是有限区间上的一个标量，不失一般性，我们认为有限区间为 $[0, 1]$。接下来，计算一组近似解的 s 快照：

$$S_z = \{z_{\text{fem}}(t_1, \cdot), \cdots, z_{\text{fem}}(t_s, \cdot)\} \subset \mathbb{R}^N \tag{5.45}$$

其中，N 是所选取 FEM 基函数的数量。

我们定义所谓的相关矩阵 K^z 元素如下：

$$K^z_{ij} = \frac{1}{s}\langle z_{\text{fem}}(t_i, \cdot), z_{\text{fem}}(t_j, \cdot)\rangle, i, j = 1, \cdots, s \tag{5.46}$$

然后计算 K^z 的归一化特征值和特征向量，表示为 λ^z 和 v^z（注意到 λ^z 也指 POD 的特征值）。最后，给出第 i 个 POD 基函数：

$$\phi_i^{\text{pod}}(x) = \frac{1}{\sqrt{s}\sqrt{\lambda_i^z}}\sum_{j=1}^{j=s}v_i^z(j)z^{\text{fem}}(t_j,x), i=1,\cdots,N_{\text{pod}} \tag{5.47}$$

其中，$N_{\text{pod}} \leqslant s$ 是保留的 POD 基函数的数量，它取决于实际应用。

POD 基函数的主要特征之一是正交性，这意味着基函数满足以下等式：

$$\langle \phi_i^{\text{pod}}, \phi_j^{\text{pod}} \rangle = \int_0^1 \phi_i^{\text{pod}}(x)\phi_j^{\text{pod}}(x)\mathrm{d}x = \delta_{ij} \tag{5.48}$$

其中，δ_{ij} 表示 Kronecker 符号函数。PDE 式(5.42)的解可以近似为

$$z^{\text{pod}}(t,x) = \sum_{i=1}^{i=N_{\text{pod}}}\phi_i^{\text{pod}}(x)q_i^{\text{pod}}(t) \tag{5.49}$$

其中，$q_i^{\text{pod}}(i=1,\cdots,N_{\text{pod}})$ 是 POD 投影系数（它在 ROM 式(5.44)中充当 z 的角色）。最后，使用 Galerkin 投影将 PDE(5.42)投影到低维度的 POD 空间，即在方程(5.42)两边乘以 POD 基函数，其中由 z^{pod} 代替 z，然后在空间区间[0, 1]上对方程两边进行积分。最后，使用正交约束(5.48)和原始 PDE 的边界约束，可以得到如下形式的 ODE：

$$\dot{q}^{\text{pod}}(t) = F(q^{\text{pod}}(t), p) \in \mathbb{R}^{N_{\text{pod}}} \tag{5.50}$$

其中，向量场 F 的结构（在非线性方面）与原始 PDE 的结构有关，且其中 $p \in \mathbb{R}^m$ 表示将被辨识的参数不确定向量。

现在可以继续考虑基于 MES 的参数不确定的估计问题。

5.5.1.2　基于 MES 的 PDE 开环参数估计

与 5.3.2 节类似，我们将要采用 MES 并使用它的 ROM 来估计 PDE 的参数不确定，即 POD ROM。首先，我们需要引入一些基本的稳定性假设。

假设 5.12　假设原始 PDE 模型(5.42)的解属于 $L^2([0,\infty); \mathcal{Z})$，并且关联的 POD ROM(5.49)和(5.50)是拉格朗日稳定的。

备注 5.11　假设 5.12 对于完成系统的开环辨识是需要的。不稳定 ROM 的情况将在下一节考虑。

为了能够使用 MES 框架辨识参数向量 p，我们定义一个辨识成本函数：

$$Q(\hat{p}) = H(e_z(\hat{p})) \tag{5.51}$$

其中，$\hat{p}$ 表示 p 的估计值，H 是 e_z 的一个正定函数，且 e_z 代表 ROM(5.49)、(5.50)和系统测量 z_m 之间的误差，定义如下：

$$e_z(t) = z^{\text{pod}}(t, x_m) - z_m(t, x_m) \tag{5.52}$$

x_m 是获得的测量值空间中的点。

为了表示估计误差范数的上界，我们对成本函数 Q 做如下假设。

假设 5.13　成本函数 Q 在 $\hat{p}^* = p$ 处有局部最小值。

假设 5.14　初始参数估计向量 $\hat{p}$，即标称参数向量与实际参数向量 p 足够接近。

假设 5.15　成本函数是解析的，并且其对于不确定变量的变化在 p^* 邻域内是有界的，即 $\left\|\dfrac{\partial Q}{\partial p}(\widetilde{p})\right\| \leqslant \xi_2 (\xi_2 > 0, \widetilde{p} \in \mathcal{V}(p^*))$，其中 $\mathcal{V}(p^*)$ 表示 p^* 的一个紧邻域。

基于前面的假设，我们可以在下面的引理中总结出 ODE 开环辨识结论。

引理 5.4　在假设 $5.12 \sim 5.15$ 下，考虑系统(5.42)，可以使用如下算法在线估计不确定参数向量 p：

$$\hat{p}(t) = p_{\text{nom}} + \Delta p(t) \tag{5.53}$$

其中，p_{nom} 是 p 的标称值，且 $\Delta p = [\delta p_1, \cdots, \delta p_m]^{\text{T}}$，可使用 MES 算法来计算：

$$\dot{z}_i = a_i \sin\left(\omega_i t + \frac{\pi}{2}\right) Q(\hat{p}) \tag{5.54}$$

$$\delta p_i = z_i + a_i \sin\left(\omega_i t - \frac{\pi}{2}\right), \qquad i \in \{1, \cdots, m\}$$

其中，$\omega_i \neq \omega_j, \omega_i + \omega_j \neq \omega_k (i, j, k \in \{1, \cdots, m\})$，且对于任意 $i \in \{1, \cdots, m\}$ 有 $\omega_i > \omega^*$，其中 ω^* 足够大，Q 由式(5.51)和式(5.52)给出，估计上界如下：

$$\| e_p(t) \| = \| \hat{p} - p \| \leqslant \frac{\xi_1}{\omega_0} + \sqrt{\sum_{i=1}^{i=m} a_i^2}, \qquad t \to \infty \tag{5.55}$$

其中，$\xi_1 > 0, \omega_0 = \max_{i \in \{1, \cdots, m\}} \omega_i$。

证明过程与定理 5.2 的证明过程相同。

与 5.3 节的结果类似，我们应该考虑在有限时间轴上的估计这一"更实际"的情况。这种情况总结在下面的引理中。

引理 5.5　在有限时间轴上考虑系统(5.42)，即 $t \in [t_0, t_f] (0 \leqslant t_0 \leqslant t_f)$。那么，参数向量 p 可以从其标称值 p_{nom} 开始被迭代估计，使得

$$\hat{p}(t) = p_{\text{nom}} + \Delta p(t) \tag{5.56}$$

$$\Delta p(t) = \hat{\Delta} p((I-1)t_f), (I-1)t_f \leqslant t < I t_f, \qquad I = 1, 2 \cdots$$

其中，I 是迭代次数，且 $\hat{\Delta} p = [\hat{\delta} p_1, \cdots, \hat{\delta} p_m]^{\text{T}}$，可通过迭代 MES 算法来计算：

$$\dot{z}_i = a_i \sin\left(\omega_i t + \frac{\pi}{2}\right) Q(\hat{p}) \tag{5.57}$$

$$\hat{\delta} p_i = z_i + a_i \sin\left(\omega_i t - \frac{\pi}{2}\right), \qquad i \in \{1, \cdots, m\}$$

其中，Q 由式(5.51)和式(5.52)给出，$\omega_i \neq \omega_j, \omega_i + \omega_j \neq \omega_k (i, j, k \in \{1, \cdots, m\})$，且对于任意 $i \in \{1, \cdots, m\}$ 有 $\omega_i > \omega^*$，其中 ω^* 足够大。然后在假设 $5.12 \sim 5.15$ 下，估计上界如下：

$$\| \hat{p}(I t_f) - p \| \leqslant \frac{\xi_1}{\omega_0} + \sqrt{\sum_{i=1}^{i=m} a_i^2}, I \to \infty$$

其中，$\xi_1 > 0$ 且 $\omega_0 = \max_{i \in \{1, \cdots, m\}} \omega_i$。

到目前为止，我们假设 PDE 的解以及 ROM 的解满足假设 5.12。然而，在某些情况下，即使 PDE 存在拉格朗日稳定解，其关联的 ROM 可能随着时间呈现径向无界解(例

如：Cordier 等（2013）中关于 Navier-Stokes POD ROM 不稳定的情况）。这种现象在流体力学界是众所周知的，其中对于 PDE 的一些边界条件 ROM 是稳定的，而当边界条件改变后它就变为不稳定的了。例如：众所周知的在流体动力学（参见 Noack 等（2011），Ahuja 和 Rowley（2010）以及 Barbagallo 等（2009））中，对于层状流动流体，基于 Galerkin 的 POD ROM（POD-ROM-G）会带来稳定解。然而，对于湍流（参见 Aubry 等（1988）和 Wang 等（2012）），POD-ROM-G 可能带来不稳定解。这种现象的一种解释是，在 Galerkin 投影步骤中被截断的一些高指数 POD 模态可能对再现实际流动的稳定行为起着重要作用。

为了弥补 ROM 的不稳定问题，流体动力学界提出了大量的所谓的"闭合模型"。术语闭合模型指添加到 ROM 的附加线性项或非线性项，以恢复截断模态的"物理"稳定影响。例如：在 Aubry 等（1988）中，使用涡流黏度项来对湍流边界层问题中截断 POD 模态的影响进行建模使得 POD ROM 稳定。在 San 和 Borggaard（2014）中，作者采用 Boussinesq 方程的 POD ROM 镇定研究了具有 Kelvin-Helmholtz 不稳定性（由温度跳变引起）的不稳定 Marsigli 流这一挑战性问题。使用两个涡流黏度闭合模型来恢复截断 POD 模态的耗散（稳定）影响。第一个闭合模型是基于向 POD ROM 添加一个常数涡流黏度系数，该方法也被称为 Heisenberg 镇定，参见 Bergmann 等（2009）。第二种闭合模型（由 Rempfer（1991）引入）是基于每个模态具有不同的常数涡流黏度系数的。文献 San 和 Iliescu （2013）针对 Burgers 方程提出并测试了其他相关的扩展闭合模型。还有许多其他的闭合模型研究，参见 Wang （2012）、Noack 等（2003，2005，2008）、Ma 和 Karniadakis（2002）以及 Sirisup 和 Karniadakis（2004）。我们不打算在这里详细介绍所有的结果，相反，我们将在下一节重点介绍 San 和 Iliescu （2013）与 Cordier 等（2013）提出的一些模型，并利用它们展示 MES 算法在 PDE 模型简化和镇定中调整闭合模型的功效。

5.5.2　基于 MES 的 PDE 稳定模型简化

我们首先提出一般形式的稳定模型简化问题，即不指定特定类型的 PDE。如果考虑由方程（5.42）给出的一般形式的 PDE，其中参数 p 由表示黏度的物理参数 μ 代替，可以重写 PDE 模型如下：

$$\dot{z} = \mathcal{F}(z,\mu) \in \mathcal{Z}, \mu \in \mathbb{R} \tag{5.58}$$

接下来，我们将 POD 模型简化技术应用到模型（5.58）中，得到形如式（5.49）和式（5.50）的 ODE 模型，其写为

$$\begin{cases} \dot{q}^{\mathrm{pod}}(t) = F(q^{\mathrm{pod}}(t),\mu) \\ z^{\mathrm{pod}}(t,x) = \sum_{i=1}^{i=N_{\mathrm{pod}}} \phi_i^{\mathrm{pod}}(x) q_i^{\mathrm{pod}}(t) \end{cases} \tag{5.59}$$

如前所述，这种"简单的"Galerkin POD ROM（表示为 POD ROM-G）的问题在于 z^{pod} 的范数在给定时间轴上可能变为无界，而方程（5.58）的解 z 实际上是有界的。闭合模型方法背后的一个主要思路是方程（5.59）中的黏度系数 μ 被一个虚拟黏度系数 μ_{cl} 代替，其形式以镇定 POD ROM（5.59）的解的方式进行选择。另一个思路是对原始（POD）ROM-G 加一补偿项

H，形式如下：

$$\dot{q}^{\mathrm{pod}}(t)=F(q^{\mathrm{pod}}(t),\mu)+H(t,q^{\mathrm{pod}}) \tag{5.60}$$

H 项结构的选取依赖于 F 的结构，以使得方程(5.59)稳定的方式选取，例如 San 和 Iliescu (2013)提出的 Cazemier 惩罚模型。我们将要回顾 San 和 Iliescu(2013)与 Cordier 等(2013) 提出的不同的闭合模型。

备注 5.12 我们想要强调的是虽然在 POD ROM 框架下提出了闭合模型的思想，但它不仅仅局限在使用 POD 技术得到的 ROM 上。事实上，至少在数学意义上，闭合模型思想可以应用在由其他模型简化技术得到的 ROM 上，例如 DMD。

5.5.2.1 用于 ROM 镇定的不同闭合模型

这里首先回顾在 San 和 Iliescu(2013)中针对 Burger 方程所示情形引入的几个闭合模型。虽然 San 和 Iliescu(2013)中的模型已经在 Burger 方程中进行了测试，但由于相似的闭合模型可以被用于其他的 PDE，我们仍将保持一般性的介绍。

1. 具有常数涡流黏度系数的闭合模型

○ 被称为 Heisenberg ROM(ROM-H)的涡流黏度模型由常数黏度系数简单给出：

$$\mu_{\mathrm{cl}}=\mu+\mu_{\mathrm{e}} \tag{5.61}$$

其中，μ 是方程(5.58)中黏度系数的标称值，μ_{e} 是附加常数项，用来补偿截断模态的阻尼效应。

○ ROM-H 的一个变形定义为 ROM-R(因为它是由 Rempfer(1991)提出的)，其中 μ_{e} 依赖于模式指标，由黏度系数(针对每个模式)给出如下：

$$\mu_{\mathrm{cl}}=\mu+\mu_{\mathrm{e}}\frac{i}{R} \tag{5.62}$$

这里，μ_{e} 是黏度幅值，i 是模式指标，R 是 ROM 计算中保留模式的数目。

○ San 和 Iliescu(2013)提出的另一种模式是 ROM-R 的二次方版本，因此被称为 ROM-RQ，由系数给出如下：

$$\mu_{\mathrm{cl}}=\mu+\mu_{\mathrm{e}}\left(\frac{i}{R}\right)^{2} \tag{5.63}$$

其中，变量的定义与方程(5.62)中的类似。

○ San 和 Iliescu(2013)提出的一种模型是 ROM-R 的平方根版本，因此被称为 ROM-RS，由系数给出如下：

$$\mu_{\mathrm{cl}}=\mu+\mu_{\mathrm{e}}\sqrt{\frac{i}{R}} \tag{5.64}$$

其中，系数为方程(5.62)中所定义。

○ 光谱消失黏度模型在诱导阻尼的量随着模式指标的变化而改变这个意义上与 ROM-R 相似。这个概念由 Tadmor(1989)引入，因此这些闭合模型被称为 ROM-T，给出如下：

$$\begin{cases} \mu_{\mathrm{cl}}=\mu, & i\leqslant M \\ \mu_{\mathrm{cl}}=\mu+\mu_{\mathrm{e}}, & i>M \end{cases} \tag{5.65}$$

其中，i 为模式指标，$M \leqslant R$ 是在其上引入非零阻尼的模式指标，R 是总的 ROM 模态数。

  ○ Sirisup 和 Karniadakis（2004）引入的模型属于消失黏度模型的范畴，我们表示其为 ROM-SK，给出如下：

$$\begin{cases} \mu_{cl} = \mu + \mu_e e^{\frac{-(i-R)^2}{(i-M)^2}}, & i \leqslant M \\ \mu_{cl} = \mu, & i > M, \ M \leqslant R \end{cases} \tag{5.66}$$

  ○ 最后一个模型是 Chollet（1984）及 Lesieur 和 Metais（1996）引入的 ROM-CLM，形式如下：

$$\mu_{cl} = \mu + \mu_e \alpha_0^{-1.5} \left(\alpha_1 + \alpha_2 e^{-\frac{\alpha_3 R}{i}} \right) \tag{5.67}$$

其中，i 是模式指标，$\alpha_0, \alpha_1, \alpha_2, \alpha_3$ 是正增益（参见 Karamanos 和 Karniadakis（2000）与 Chollet（1984）关于如何调整它们的一些分析），R 是总的 ROM 模态数。

  2. 具有时间和空间变化的涡流黏度系数闭合模型

  文献中已提出了几种变化的（在时间或空间上）黏性项。例如：文献 San 和 Iliescu（2013）考虑了 Smagorinsky 非线性黏度模型。然而，Smagorinsky 模型是基于每个时间步长非线性项的在线计算，这通常使得计算很耗时。我们在这里考虑 Cordier 等（2013）提出的非线性黏度模型，它是非线性的且是 ROM 状态变量的函数。为了能够描述这个模型，我们首先需要重写 ROM（5.59），以使它显式地包含线性黏度项，形式如下：

$$\begin{cases} \dot{q}^{pod}(t) = F(q^{pod}(t), \mu) = \widetilde{F}(q^{pod}(t)) + \mu D q^{pod} \\ z^{pod}(t, x) = \sum_{i=1}^{i=N_{pod}} \phi_i^{pod}(x) q_i^{pod}(t) \end{cases} \tag{5.68}$$

其中，$D \in \mathbb{R}^{N_{pod} \times N_{pod}}$ 表示一个常数黏性阻尼矩阵，$\widetilde{F}$ 表示 ROM 的其余部分，即没有阻尼的部分。

  基于方程（5.68），可以写出非线性涡流黏度模型 H_{nev}，如下：

$$H_{nev} = \mu_e \sqrt{\frac{V(q^{pod})}{V_\infty}} \text{diag}(d_{11}, \cdots, d_{N_{pod}N_{pod}}) q^{pod} \tag{5.69}$$

其中，$\mu_e > 0$ 是模型的幅值，$d_{ii}, i = 1, \cdots, N_{pod}$ 是矩阵 D 的对角元素，且 $V(q^{pod})$、V_∞ 的定义如下：

$$V = \sum_{i=1}^{i=N_{pod}} 0.5 q_i^{pod^2} \tag{5.70}$$

$$V_\infty = \sum_{i=1}^{i=N_{pod}} 0.5 \lambda_i \tag{5.71}$$

其中，λ_i 是所选择的 POD 特征值（在 5.5.1.1 节已定义）。这里需要指出，与之前的闭合模型相比，非线性闭合模型 H_{nev} 没有被加到黏度项中，而是作为加性镇定非线性项直接加到 ROM 方程（5.68）的右边。文献 Cordier 等（2013）分析了镇定效果，其基于能量函数 $K(t)$ 沿着 ROM 解的轨迹随时间而减小的分析方法，即李雅普诺夫型分析法。

本节给出了在镇定 ROM 领域提出的一些闭合模型。然而，这些闭合模型最大的挑战之一是它们的自由参数（如增益 μ_e）的调整，参见 Cordier 等（2013）及 San 和 Borggard（2014）。在下一节，我们将介绍如何使用 MES 自动调整闭合模型的自由参数以优化其镇定效果。

5.5.2.2　基于 MES 的闭合模型自调整

如 San 和 Borggaard（2014）所述，闭合模型幅值的调整对于 ROM 达到最优稳定是非常重要的。我们将使用无模型 MES 优化算法来调整 5.5.2.1 节提出的闭合模型的系数。使用 MES 的优点是，这类算法具有自调整能力。此外，需要强调的很重要的一点是使用 MES 允许我们不断调整闭合模型，即使是在系统的在线操作中。事实上，可以离线使用 MES 来调整闭合模型，但是它也可以在线连接到实际系统以便连续地调整闭合模型系数，这将使得与传统闭合模型相比，其在更长时间间隔内都是有效的，而传统闭合模型通常是在一个固定的有限时间间隔内离线调整。

与参数辨识情况类似，我们需要首先定义一个合适的学习成本函数。学习（或调整）的目的是使得 ROM（5.59）拉格朗日稳定，且保证 ROM（5.59）的解接近于原始 PDE（5.58）的解。后一个学习目标非常重要，因为模型简化的整个过程就是为了获得一个简单的 ODE 模型，它可以使用较少的计算量重现原始 PDE（实际系统）的解。

我们定义学习成本函数为一个关于方程（5.58）和 ROM（5.59）的解的误差范数的正定函数，形式如下：

$$Q(\hat{\mu}) = H(e_z(\hat{\mu})) \tag{5.72}$$
$$e_z(t) = z^{\text{pod}}(t, x) - z(t, x)$$

其中，$\hat{\mu} \in \mathbb{R}$ 为学习后的参数 μ。注意到误差 e_z 可以离线计算，其中 ROM 的镇定问题可以基于 ROM（5.59）和 PDE（5.58）在空间点向量 x 处的解数值求得。这个误差也可以在线求得，其中 z^{pod} 通过求解模型（5.59）得到，而 z 通过在选定的空间点 x 处的系统的实际测量得到。另一种实现基于 ES 调节 μ 的更实用的方式是一开始使用离线调整，然后使用得到的 ROM，即在系统的在线操作中获得 μ 的最优值，例如控制和估计，再然后通过系统运行过程中在任意给定的时间内连续学习 μ 的最优值在线调整 ROM。

为了给出一些正式的收敛结果，我们需要一些经典的关于原始 PDE 的解以及学习成本函数的假设。

假设 5.16　原始 PDE 模型（5.58）的解属于 $L^2([0, \infty); \mathcal{Z})$。

假设 5.17　方程（5.72）的成本函数 Q 在 $\hat{\mu} = \mu^*$ 处有局部最小值。

假设 5.18　方程（5.72）中的成本函数 Q 是解析的，且它关于 μ 的变化在 μ^* 邻域内有界，即 $\left\| \dfrac{\partial Q}{\partial \mu}(\tilde{\mu}) \right\| \leqslant \xi_2 (\xi_2 > 0, \tilde{\mu} \in \mathcal{V}(\mu^*))$，其中 $\mathcal{V}(\mu^*)$ 为 μ^* 的一个紧邻域。

我们可以给出如下引理。

引理 5.6　在假设 5.16 下，考虑 PDE（5.58）及其 ROM（5.59），其中黏度系数 μ 由 μ_{cl} 替代。然后，如果 μ_{cl} 取闭合模型（5.61）～（5.67）中的任一形式，其中闭合模型幅值 μ_e 基

于以下 ES 算法调节：

$$\dot{y} = a\sin\left(\omega t + \frac{\pi}{2}\right)Q(\hat{\mu}_{e})$$

$$\hat{\mu}_{e} = y + a\sin\left(\omega t - \frac{\pi}{2}\right)$$

(5.73)

其中，$\omega > \omega^*, \omega^*$ 足够大，Q 由方程(5.72)给出，在假设 5.17 和 5.18 下，关于最优值 μ_e 的距离($e_\mu = \mu^* - \hat{\mu}_e(t)$)范数有如下上界：

$$|e_\mu(t)| \leqslant \frac{\xi_1}{\omega} + a, t \rightarrow \infty$$

(5.74)

其中，$a > 0, \xi_1 > 0$ 且学习成本函数以如下的上界接近于它的最优值：

$$|Q(\hat{\mu}_e) - Q(\mu^*)| \leqslant \xi_2\left(\frac{\xi_1}{\omega} + a\right), t \rightarrow \infty$$

(5.75)

其中，$\xi_2 = \max_\mu \in \mathcal{V}(\mu^*)\left|\frac{\partial Q}{\partial \mu}\right|$。

证明：基于假设 5.17 和 5.18，ES 非线性动态(5.73)可以通过线性平均动态进行估计（使用随时间变化的平均近似，参见 Rotea(2000a，435 页，定义 1)）。此外，存在 ξ_1, ω^*，使得对于所有的 $\omega > \omega^*$，平均模型 $\hat{\mu}_{\text{aver}}(t)$ 的解局部接近于原始 ES 动态的解，且满足（参见 Rotea(2000a，p436)）

$$|\hat{\mu}_e(t) - d(t) - \hat{\mu}_{\text{aver}}(t)| \leqslant \frac{\xi_1}{\omega}, \xi_1 > 0, \forall t \geqslant 0$$

其中，$d(t) = a\sin\left(\omega t - \frac{\pi}{2}\right)$。此外，由于 Q 是解析的，所以它可以用二次函数（例如：展开到二阶的泰勒级数）在 $\mathcal{V}(\mu^*)$ 中被局部逼近，得到如下结果（参见 Rotea(2000a，p437)）：

$$\lim_{t \rightarrow \infty}\hat{\mu}_{\text{aver}}(t) = \mu^*$$

基于此，我们可以得出：

$$|\hat{\mu}_e(t) - \mu^*| - |d(t)| \leqslant |\hat{\mu}_e(t) - \mu^* - d(t)| \leqslant \frac{\xi_1}{\omega}, \xi_1 > 0, t \rightarrow \infty$$

$$\Rightarrow |\hat{\mu}_e(t) - \mu^*| \leqslant \frac{\xi_1}{\omega} + |d(t)|, t \rightarrow \infty$$

这意味着

$$|\hat{\mu}_e(t) - \mu^*| \leqslant \frac{\xi_1}{\omega} + a, \xi_1 > 0, t \rightarrow \infty$$

接下来，利用 Q 满足局部 Lipschitz 的条件，其中 Lipschitz 常数为 $\xi_2 = \max_\mu \in \mathcal{V}(\mu^*)\left|\frac{\partial Q}{\partial \mu}\right|$，成本函数的上界很容易由之前的界限得到。

基于恒定涡流黏度系数的闭合模型可以成为镇定 ROM 的一个很好的方案，且当 PDE 中线性项的影响占主导时，它可以保留原始 PDE 固有的能量特性，例如：在短时间尺度情况下。然而，在许多具有非线性能量级联的情况下，这些闭合模型是不实际的，因为线性项不能弥补在 ROM 计算中损失的非线性能量项。为此，许多学者试图提出非线性稳定项。方程(5.69)给出的闭合模型是非线性闭合模型的一个例子，此模型由 Noack 等(2008)基于有限时间热力学参数以及 Noack 等(2011)基于扩展参数提出。

基于此，这里采用线性和非线性闭合模型的组合。事实上，我们认为两个模型的组合可以得到更有效的闭合模型，该模型可以有效地处理在小时间尺度下有可能占主导的线性能量项，且可以处理在大时间尺度和一些特定的 PDE/边界条件下有可能更占主导的非线性能量项。此外，我们使用 MES 算法来自动调整这些"新的"闭合模型，给出一种依赖系统当前行为(例如：依赖于边界条件)而自动选择合适项来放大(甚至是在线，如果 MES 像前面章节所讲的在线实现)闭合模型的线性部分或者非线性部分的方式。

我们在下面的引理中给出结果。

引理 5.7　在假设 5.16 下，考虑 PDE(5.58)及其稳定的 ROM：

$$
\begin{cases}
\dot{q}^{\mathrm{pod}}(t) = F(q^{\mathrm{pod}}(t),\mu) = \widetilde{F}(q^{\mathrm{pod}}(t)) + \mu_{\mathrm{lin}} Dq^{\mathrm{pod}} + H_{\mathrm{nl}}(q^{\mathrm{pod}},\mu_{\mathrm{nl}}) \\[2mm]
z^{\mathrm{pod}}(t,x) = \displaystyle\sum_{i=1}^{i=N_{\mathrm{pod}}} \phi_i^{\mathrm{pod}}(x) q_i^{\mathrm{pod}}(t) \\[2mm]
H_{\mathrm{nl}} = \mu_{\mathrm{nl}} \sqrt{\dfrac{V(q^{\mathrm{pod}})}{V_\infty}} \,\mathrm{diag}(d_{11},\cdots,d_{N_{\mathrm{pod}}N_{\mathrm{pod}}}) q^{\mathrm{pod}} \\[2mm]
V = \displaystyle\sum_{i=1}^{i=N_{\mathrm{pod}}} 0.5 q_i^{\mathrm{pod}\,2} \\[2mm]
V_\infty = \displaystyle\sum_{i=1}^{i=N_{\mathrm{pod}}} 0.5 \lambda_i
\end{cases}
\tag{5.76}
$$

其中，线性黏度系数 μ_{lin} 由 μ_{cl} 代替，μ_{cl} 从恒定闭合模型(5.61)～(5.67)中任意选取，并且其中闭合模型幅值 μ_{e}、μ_{nl} 基于以下 MES 算法来调整：

$$
\begin{aligned}
\dot{y}_1 &= a_1 \sin\!\left(\omega_1 t + \frac{\pi}{2}\right) Q(\hat{\mu}_{\mathrm{e}}, \hat{\mu}_{\mathrm{nl}}) \\[2mm]
\hat{\mu}_{\mathrm{e}} &= y_1 + a_1 \sin\!\left(\omega_1 t - \frac{\pi}{2}\right) \\[2mm]
\dot{y}_2 &= a_2 \sin\!\left(\omega_2 t + \frac{\pi}{2}\right) Q(\hat{\mu}_{\mathrm{e}}, \hat{\mu}_{\mathrm{nl}}) \\[2mm]
\hat{\mu}_{\mathrm{nl}} &= y_2 + a_2 \sin\!\left(\omega_2 t - \frac{\pi}{2}\right)
\end{aligned}
\tag{5.77}
$$

其中，$\omega_{\max} = \max(\omega_1, \omega_2) > \omega^*$，$\omega^*$ 足够大，且 Q 由方程(5.72)给出，$\hat{\mu} = (\hat{\mu}_{\mathrm{e}}, \hat{\mu}_{\mathrm{nl}})$，在假设 5.17 和 5.18 下，相对于 μ_{e}、μ_{nl} 的最优值，距离向量 $e_\mu = (\mu_{\mathrm{e}}^* - \hat{\mu}_{\mathrm{e}}(t),\ \mu_{\mathrm{nl}}^* - \hat{\mu}_{\mathrm{nl}}(t))$ 的范数有如下的上界：

$$
\| e_\mu(t) \| \leqslant \frac{\xi_1}{\omega_{\max}} + \sqrt{a_1^2 + a_2^2}, \quad t \to \infty
\tag{5.78}
$$

其中，$a_1, a_2 > 0$，$\xi_1 > 0$，且学习成本函数以如下的上界接近它的最优值：

$$
| Q(\hat{\mu}_{\mathrm{e}}, \hat{\mu}_{\mathrm{nl}}) - Q(\mu_{\mathrm{e}}^*, \mu_{\mathrm{nl}}^*) | \leqslant \xi_2 \left(\frac{\xi_1}{\omega} + \sqrt{a_1^2 + a_2^2} \right), t \to \infty
\tag{5.79}
$$

其中，$\xi_2 = \max_{(\mu_1,\mu_2) \in \mathcal{V}(\mu^*)} \left\| \dfrac{\partial Q}{\partial \mu} \right\|$。

证明： 由于该引理与引理 5.6 的证明过程相同，因此这里不再给出。

备注 5.13 这里要强调的是，与仅含有一个线性闭合项或者仅含有一个非线性闭合项相比，具有两个调谐涡流系数幅值 μ_{lin} 和 μ_{nl} 给出了额外的自由度。然后 MES 可以根据正在考虑的 PDE 及边界条件选择某一项进行强化，即具有较高的振幅值。

备注 5.14 为了表述的清晰性和普遍性，我们保留了 PDE 和关联的 ROM 项的一般形式，即 $\mathcal{F}$ 和 $\widetilde{\mathcal{F}}$ 项。然而，我们提醒读者由方程(5.69)给出的非线性闭合模型已在 Noack 等(2008，2011)中针对 Navier-Stokes PDE 的特殊情况提出。这意味着无法保证当它用在具有不同非线性结构的不同 PDE 时会起作用，且除了引理 5.7 我们不打算进行声明。

现在考虑一般情况，其中 $\widetilde{\mathcal{F}}$ 可以是一个未知有界非线性函数，例如：具有有界结构不确定的函数。在这种情况下，我们将利用李雅普诺夫理论来提出使 ROM 镇定的非线性闭合模型，然后利用 MES 学习算法对其进行补充以便在重现原始 PDE 解方面优化 ROM 的性能。

让我们再次考虑 PDE(5.58)及其 ROM(5.68)。假设 $\widetilde{F}$ 满足以下假设。

假设 5.19 向量场 $\widetilde{F}$ 的范数由一个 q^{pod} 的已知函数约束，即 $\|\widetilde{F}(q^{pod})\| \leqslant \widetilde{f}(q^{pod})$。

备注 5.15 假设 5.19 允许我们考虑 PDE 及它们相关的 ROM 的一般结构。事实上，我们所需要的只是 ROM 的右边具有与方程(5.68)相似的结构，在其中提取出一个显式阻尼线性项，并将其加到一个有界非线性项 $\widetilde{F}$，其可以包含 ROM 的任意结构不确定，例如：有界参数不确定可以通过这种方式来提出。

现在可以得出下面的结论。

定理 5.4 在假设 5.16 下，考虑 PDE(5.58)及其稳定 ROM：

$$\begin{cases} \dot{q}^{pod}(t) = \widetilde{F}(q^{pod}(t)) + \mu D q^{pod} + H_{nl}(q^{pod}) \\ z^{pod}(t,x) = \displaystyle\sum_{i=1}^{i=N_{pod}} \phi_i^{pod}(x) q_i^{pod}(t) \end{cases} \tag{5.80}$$

其中，$\widetilde{F}$ 满足假设 5.19，D 的对角元素是负的，且 μ 由恒定闭合模型(5.61)~(5.67)中的任意一个给出。然后，非线性闭合模型

$$H_{nl} = \mu_{nl} \widetilde{f}(q^{pod}) \mathrm{diag}(d_{11},\cdots,d_{N_{pod}N_{pod}}) q^{pod}, \quad \mu_{nl} > 0 \tag{5.81}$$

镇定 ROM 的解到如下不变子集内：

$$\mathcal{S} = \{ q^{pod} \in \mathbb{R}^{Npod} \text{ s. t. } \mu \frac{\lambda(D)_{max} \| q^{pod} \|}{\widetilde{f}(q^{pod})} + \mu_{nl} \| q^{pod} \| \mathrm{Max}(d_{11},\cdots,d_{N_{pod}N_{pod}}) + 1 \geqslant 0 \}$$

此外，如果闭合模型的幅值 μ_e、μ_{nl} 利用 MES 算法来调节：

$$\dot{y}_1 = a_1 \sin\left(\omega_1 t + \frac{\pi}{2}\right) Q(\hat{\mu}_e, \ \hat{\mu}_{nl})$$

$$\hat{\mu}_e = y_1 + a_1 \sin\left(\omega_1 t - \frac{\pi}{2}\right)$$

$$\dot{y}_2 = a_2 \sin\left(\omega_2 t + \frac{\pi}{2}\right) Q(\hat{\mu}_e, \ \hat{\mu}_{nl}) \tag{5.82}$$

$$\hat{\mu}_{nl} = y_2 + a_2 \sin\left(\omega_2 t - \frac{\pi}{2}\right)$$

其中，$\omega_{max} = \max(\omega_1, \omega_2) > \omega^*$，$\omega^*$ 足够大，且 Q 由方程(5.72)给出，$\hat{\mu} = (\hat{\mu}_e, \hat{\mu}_{nl})$。那么，在假设 5.17 和 5.18 下，关于最优值 μ_e、μ_{nl} 的距离向量 $e_\mu = (\mu_e^* - \hat{\mu}_e(t), \mu_{nl}^* - \hat{\mu}_{nl}(t))$ 的范数有如下的上界：

$$\| e_\mu(t) \| \leqslant \frac{\xi_1}{\omega_{max}} + \sqrt{a_1^2 + a_2^2}, \qquad t \to \infty \tag{5.83}$$

其中，$a_1, a_2 > 0, \xi_1 > 0$，且学习成本函数在如下的上界范围内接近于它的最优值：

$$| Q(\hat{\mu}_e, \hat{\mu}_{nl}) - Q(\mu_e^*, \mu_{nl}^*) | \leqslant \xi_2 \left(\frac{\xi_1}{\omega} + \sqrt{a_1^2 + a_2^2}\right), \qquad t \to \infty \tag{5.84}$$

其中，$\xi_2 = \max_{(\mu_1, \mu_2) \in \mathcal{V}(\mu^*)} \left\| \frac{\partial Q}{\partial \mu} \right\|$。

证明：首先，我们证明非线性闭合模型(5.81)将 ROM(5.80)稳定在一个不变集内。为此，使用如下类似能量的李雅普诺夫函数：

$$V = \frac{1}{2} q^{pod^T} q^{pod} \tag{5.85}$$

然后沿着方程(5.80)和(5.81)来计算 V 的导数（利用假设 5.19），如下：

$$\dot{V} = q^{pod^T} (\widetilde{F}(q^{pod}(t)) + \mu D q^{pod} + \mu_{nl} \widetilde{f}(q^{pod}) \mathrm{diag}(d_{11}, \cdots, d_{N_{pod}N_{pod}}) q^{pod})$$

$$\leqslant \| q^{pod} \| \widetilde{f}(q^{pod}) + \mu \| q^{pod} \|^2 \lambda(D)_{max} + \mu_{nl} \widetilde{f}(q^{pod}) \| q^{pod} \|^2 \mathrm{Max}(d_{11}, \cdots, d_{N_{pod}N_{pod}})$$

$$\leqslant \| q^{pod} \| \widetilde{f}(q^{pod})(1 + \mu \frac{\lambda(D)_{max} \| q^{pod} \|}{\widetilde{f}(q^{pod})} + \mu_{nl} \mathrm{Max}(d_{11}, \cdots, d_{N_{pod}N_{pod}}) \| q^{pod} \|)$$

$$\tag{5.86}$$

其表明收敛到了如下不变集：

$$\mathcal{S} = \{ q^{pod} \in \mathbb{R}^{N_{pod}} \text{ s. t. } \mu \frac{\lambda(D)_{max} \| q^{pod} \|}{\widetilde{f}(q^{pod})}$$

$$+ \mu_{nl} \| q^{pod} \| \mathrm{Max}(d_{11}, \cdots, d_{N_{pod}N_{pod}}) + 1 \geqslant 0 \}$$

证明的其余部分与引理 5.6 的证明过程相同。

备注 5.16　上面的算法是在连续时间框架下提出的。然而，对于离散的情况，即学习是通过多次的迭代 N 完成的，每次迭代都在有限时间轴 t_f 内，可以如同 5.5.1.2 节针对 PDE 开环参数估计那样很容易写出。

作为一个说明例子，为了说明之前的公式对于有界模型不确定性是合适的这一事实是什么意思，我们给出了 $\widetilde{f}$ 项在一些特定的 PDE 结构中是如何定义的。

(A) Navier-Stokes 方程的情况

这里考虑 Navier-Stokes 方程的情况。假设在稳定空间域中具有不可压缩、黏性流的情况，具有与时间无关的空间边界条件，即 Neumann 条件或 Dirichlet 条件等。在这些条件下，将 Navier-Stokes 方程投影到 POD 模型的标准 Galerkin 投影将得到如下形式的 POD ROM 系统(参见 Cordier 等(2013))：

$$\dot{q}^{pod} = \mu D q^{pod} + [C q^{pod}] q^{pod} + [P q^{pod}] q^{pod}$$
$$u(x,t) = u_0(x) + \sum_{i=1}^{i=N_{pod}} \phi(x)_i^{pod} q_i^{pod}(t) \tag{5.87}$$

其中，$\mu > 0$ 是黏度系数，即 Reynolds 数的倒数，D 是具有负对角元素的黏性阻尼矩阵，C 是对流效应三维张量，P 是压力效应三维张量。注意到这个 POD ROM 主要有一个线性项和两个二次项。u 表示速度场，写成它的均值 u_0(或者一个基本模态)和 N_{pod} 空间模态 ϕ_i^{pod} $(i = 1, \cdots, N_{pod})$ 扩展的和。

POD ROM(5.87)具有方程(5.68)的形式：

$$\widetilde{F} = [C q^{pod}] q^{pod} + [P q^{pod}] q^{pod}$$

如果考虑系数 C 或 P 的有界参数不确定性，可以得到：

$$\widetilde{F} = [(C + \Delta C) q^{pod}] q^{pod} + [(P + \Delta p) q^{pod}] q^{pod}$$

其中，$\| C + \Delta C \|_F \leqslant c_{max}$ 以及 $\| P + \Delta P \|_F \leqslant p_{max}$，进而可得到 $\widetilde{F}$ 的上界，如下：

$$\| \widetilde{F} \| \leqslant c_{max} \| q^{pod} \|^2 + p_{max} \| q^{pod} \|^2$$

在这种情况下，非线性闭合模型(5.81)可写为

$$H_{nl} = \mu_{nl} (c_{max} \| q^{pod} \|^2 + p_{max} \| q^{pod} \|^2) diag(d_{11}, \cdots, d_{N_{pod} N_{pod}}) q^{pod}, \quad \mu_{nl} > 00 \tag{5.88}$$

其中，$d_{ii} (i = 1, \cdots, N_{pod})$ 为矩阵 D 的对角元素。

(B) Burger 方程的情况

简化的 Burger 方程表示速度场，其使用如下形式的 PDE，参见 San 和 Iliescu(2013)：

$$\frac{\partial u}{\partial t} = \mu \frac{\partial^2 u}{\partial^2 x} - u \frac{\partial u}{\partial x} \tag{5.89}$$

其中，u 表示速度场，$x \in \mathbb{R}$ 是一维空间变量。在 Dirichlet 边界条件下，POD ROM 可以写为(参见 San 和 Iliescu（2013）)

$$q^{\mathrm{pod}} = B_1 + \mu B_2 + \mu D q^{\mathrm{pod}} + \tilde{D} q^{\mathrm{pod}} + [C q^{\mathrm{pod}}] q^{\mathrm{pod}}$$

$$u_{\mathrm{ROM}}(x, t) = u_0(x) + \sum_{i=1}^{i=N_{\mathrm{pod}}} \phi(x)_i^{\mathrm{pod}} q_i^{\mathrm{pod}}(t) \tag{5.90}$$

其中，$\mu > 0$ 是黏度系数，即 Reynolds 数的倒数，D 是具有负对角元素的黏性阻尼矩阵，C 是对流效应三维张量，$\tilde{D}$、B_1、B_2 是常数矩阵。与前面的情形相比，这里的 POD ROM 具有一个常数项、两个线性项(其中一个直接正比于 u)和一个二次项。与之前例子相似，u 表示速度场，写为它的均值 u_0 和空间模态 $\phi_i^{\mathrm{pod}}(i=1, \cdots, N_{\mathrm{pod}})$ 扩展的和。

在这种情况下，以方程(5.68)的形式写出 ROM(5.90)，定义 $\tilde{F}$ 如下：

$$\tilde{F} = B_1 + \mu B_2 + \tilde{D} q^{\mathrm{pod}} + [C q^{\mathrm{pod}}] q^{\mathrm{pod}}$$

其上界为

$$\| \tilde{F} \| \leqslant b_{1_{\max}} + \mu_{\max} b_{2_{\max}} + \tilde{d}_{\max} \| q^{\mathrm{pod}} \| + c_{\max} \| q^{\mathrm{pod}} \|^2$$

其中，$\| B_1 + \Delta B_1 \|_{\mathrm{F}} \leqslant b_{1_{\max}}$，$\| B_2 + \Delta B_2 \|_{\mathrm{F}} \leqslant b_{2_{\max}}$，$\mu \leqslant \mu_{\max}$，$\| \tilde{D} + \Delta \tilde{D} \|_{\mathrm{F}} \leqslant \tilde{d}_{\max}$ 以及 $\| C + \Delta C \|_{\mathrm{F}} \leqslant c_{\max}$。

这将得到如下非线性闭合模型：

$$H_{\mathrm{nl}} = \mu_{\mathrm{nl}} (b_{1_{\max}} + \mu_{\max} b_{2_{\max}} + \tilde{d}_{\max} \| q^{\mathrm{pod}} \| + c_{\max} \| q^{\mathrm{pod}} \|^2)$$

$$\mathrm{diag}(d_{11}, \cdots, d_{N_{\mathrm{pod}} N_{\mathrm{pod}}}) q^{\mathrm{pod}} \tag{5.91}$$

备注 5.19　从前面 H_{nl} 的表达式中可以看出，我们需要黏度系数 μ 的上界。如果单独使用 H_{nl} 作为稳定方程(5.80)的唯一闭合模型，即 μ 是常数和标称值，那么可以直接确定 μ 的上界。在 μ 由恒定线性闭合模型(5.61)～(5.67)中任意一个给定的情况下，幅值 μ_e 的上界也需要考虑进去。这可以通过假设 μ_e 的搜索空间的上界来轻松完成。

在下一节，将通过几个实际例子来说明本章前面章节所提出的理论。我们将要把开环和闭环辨识算法应用到两个机电一体化例子中，即电磁执行器和双连杆刚性机械臂。还将针对简化的和耦合的 Burger PDE，测试所提出的 PDE 辨识和镇定方法。

5.6　应用示例

5.6.1　电磁执行器

考虑如下非线性模型电磁执行器，参见 Wang 等(2000)、Peterson 和 Stefanopoulou(2004)：

$$m \frac{\mathrm{d}^2 x_{\mathrm{a}}}{\mathrm{d} t^2} = k(x_0 - x_{\mathrm{a}}) - \eta \frac{\mathrm{d} x_{\mathrm{a}}}{\mathrm{d} t} - \frac{a i^2}{2(b + x_{\mathrm{a}})^2}$$

$$u = Ri + \frac{a}{b+x_a}\frac{\mathrm{d}i}{\mathrm{d}t} - \frac{ai}{(b+x_a)^2}\frac{\mathrm{d}x_a}{\mathrm{d}t}, \qquad 0 \leqslant x_a \leqslant x_f \tag{5.92}$$

其中，x_a 表示物理地约束在电枢初始位置 0 和电枢最大位置 x_f 之间的电枢位置，$\frac{\mathrm{d}x_a}{\mathrm{d}t}$ 表示电枢速度，m 表示电枢质量，k 是弹簧常数，x_0 是初始弹簧长度，η 是阻尼系数（假设为常数），$\frac{ai^2}{2(b+x_a)^2}$ 表示线圈产生的电磁力，a、b 是线圈的两个常数参数，R 是线圈的电阻，$L = \frac{a}{b+x_a}$ 是线圈的电感，$\frac{ai}{(b+x_a)^2}\frac{\mathrm{d}x_a}{\mathrm{d}t}$ 表示反电磁力。最后，i 表示线圈电流，$\frac{\mathrm{d}i}{\mathrm{d}t}$ 为它的时间导数，u 表示施加到线圈的控制电压。在这个模型中，我们不考虑由线圈产生的磁场中磁链的饱和区域，因为假设电流和电枢运动范围在磁通的线性区域内。

我们将使用 5.3 节提出的开环辨识结论。这里只提供仿真结果，但是在实际试验台设置中我们将在有限时间间隔内 $[0, t_f]$ 平行运行由有界电压驱动的开环电磁体，然后利用系统的测量值和模型的测量值来驱动引理 5.1 中的基于 MES 的辨识算法。在有界电压将导致有界线圈电流、电枢位移和电枢速度的意义上，电磁系统显然是拉格朗日稳定的。在这种情况下，开环辨识是可行的。我们针对不同参数的辨识给出了几个测试。

➡ **测试 1**：首先考虑辨识阻尼系数 η 的情况。使用 ES 算法进行辨识：

$$
\begin{aligned}
\hat{\eta}(t) &= \eta_{\mathrm{nom}} + \Delta\eta(t) \\
\Delta\eta(t) &= \delta\hat{\eta}((I-1)t_f), (I-1)t_f \leqslant t < It_f, \qquad I = 1, 2, \cdots \\
\dot{z} &= a\sin\left(\omega t + \frac{\pi}{2}\right)Q(\hat{\eta}) \\
\delta\hat{\eta} &= z + a\sin\left(\omega t - \frac{\pi}{2}\right)
\end{aligned}
\tag{5.93}
$$

其中，η_{nom} 是给定标称值（事先知道的最优值），I 是学习迭代数。假设系数的真值为 $\eta = 7.5\mathrm{kg/s}$，且假设的已知值为 $\eta_{\mathrm{nom}} = 7\mathrm{kg/s}$。其余的模型参数值设为 $k = 158\mathrm{N/mm}, m = 0.27\mathrm{kg}, x_0 = 8\mathrm{mm}, R = 6\Omega, a = 14.96\mathrm{Nm^2/A^2}, b = 0.04\mathrm{mm}$。在每次迭代中，我们以前馈方式运行系统，时间间隔长度 $t_f = 0.5\mathrm{s}$。利用模型（5.92）的直接反演，通过施加一个电枢光滑轨迹 $y_d(t)$ 和获得相关电流、反馈电压可以容易计算前馈电压。MES 参数选取如下：$a_1 = 6 \times 10^{-4}, a_2 = 10^{-2}, a_3 = 10^{-4}, \omega_1 = 5\mathrm{rad/s}, \omega_2 = 4\mathrm{rad/s}$ 以及 $\omega_3 = 10\mathrm{rad/s}$。学习成本函数选取如下：

$$Q(\delta\hat{\eta}) = \int_{(I-1)t_f}^{It_f} x_a^T(t)c_1 x_a(t)\mathrm{d}t + \int_{(I-1)t_f}^{It_f} \dot{x}_a^T(t)C_2 x_a(t)\mathrm{d}t + \int_{(I-1)t_f}^{It_f} i^T(t)c_3 i(t)\mathrm{d}t \tag{5.94}$$

对于每一步迭代 $I = 1, 2, \cdots, c_1 = c_2 = c_3 = 100$。我们在图 5.1a 中给出了在迭代中的学习函数轨迹，可以看到成本函数快速收敛到它的最小值。图 5.1b 给出了相关参数的估计值，可以看到如期望那样估计值收敛到真实值 $\delta\eta = 0.5$ 的一个小邻域内。

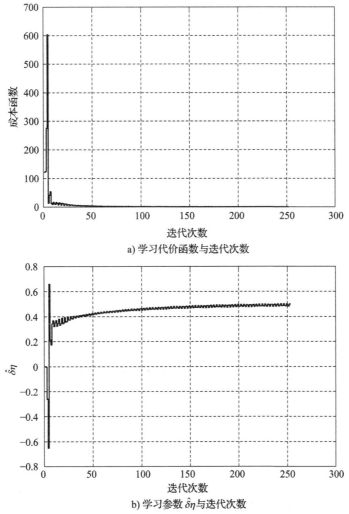

a) 学习代价函数与迭代次数

b) 学习参数 $\hat{\delta\eta}$ 与迭代次数

图 5.1　学习参数和学习成本函数：电磁辨识测试 1

➡ **测试 2**：现在我们测试一个更具挑战性的情况，其中待辨识的参数以非线性的形式出现在模型中。事实上，我们想要测试基于 MES 的辨识算法在估计方程(5.92)中参数 b 时的性能。假设真实值为 $b = 4 \times 10^{-2}\,\mathrm{mm}$，而它的假设已知值为 $b_{\mathrm{nom}} = 3 \times 10^{-2}\,\mathrm{mm}$。模型的其余参数与测试 1 中类似。使用 ES 算法估计参数 b 如下：

$$\hat{b}(t) = b_{\mathrm{nom}} + \Delta b(t)$$

$$\Delta b(t) = \delta\hat{b}((I-1)t_f),\ (I-1)t_f \leqslant t < It_f, \qquad I = 1,\ 2,\ \cdots$$

$$\dot{z} = a\,\sin\left(\omega t + \frac{\pi}{2}\right) Q(\hat{b})$$

$$\delta\hat{b} = z + a\sin\left(\omega t - \frac{\pi}{2}\right)$$

(5.95)

其中，$a=10^{-5}$，$\omega=10\mathrm{rad/s}$。学习成本函数与测试 1 相同。图 5.2 给出了成本函数以及 δb 的学习值的收敛情况。

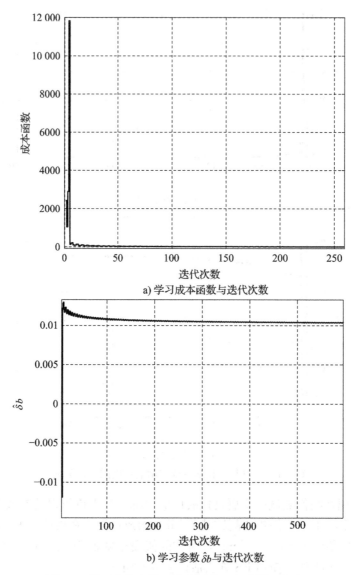

a) 学习成本函数与迭代次数

b) 学习参数 $\hat{\delta b}$ 与迭代次数

图 5.2   学习参数和学习成本函数：电磁辨识测试 2

➡ **测试 3**：最后我们想要评估辨识算法在处理多参数的辨识时的性能。考虑有三个未知参数 k、η、b 的情况。假设它们的真实值为 $k=158\mathrm{N/mm}$，$\eta=7.53\mathrm{kg/s}$，$b=4\times10^{-2}\mathrm{mm}$，而它们的最佳已知标称值为 $k=153\mathrm{N/mm}$，$\eta=7.33\mathrm{kg/s}$，以及 $b=3\times10^{-2}\mathrm{mm}$。使用 MES 算法估计参数如下：

$$\hat{\eta}(t)=\eta_{\mathrm{nom}}+\Delta\eta(t)$$

$$\Delta \eta(t) = \delta \hat{\eta}((I-1)t_f)$$

$$\dot{z}_1 = a_1 \sin\left(\omega_1 + \frac{\pi}{2}\right)Q(\hat{\eta}, \hat{k}, \hat{b})$$

$$\delta \hat{\eta} = z_1 + a_1 \sin\left(\omega_1 t - \frac{\pi}{2}\right)$$

$$\hat{k}(t) = k_{nom} + \Delta k(t)$$

$$\Delta k(t) = \delta \hat{k}((I-1)t_f)$$

$$\dot{z}_2 = a_2 \sin\left(\omega_2 t + \frac{\pi}{2}\right)Q(\hat{\eta}, \hat{k}, \hat{b})$$

$$\delta \hat{k} = z_2 + a_2 \sin\left(\omega_2 t - \frac{\pi}{2}\right)$$

$$\hat{b}(t) = b_{nom} + \Delta b(t)$$

$$\Delta b(t) = \delta \hat{b}((I-1)t_f)$$

$$\dot{z}_3 = a_3 \sin\left(\omega_3 t + \frac{\pi}{2}\right)Q(\hat{\eta}, \hat{k}, \hat{b})$$

$$\delta \hat{b} = z_3 + a_3 \sin\left(\omega_3 t - \frac{\pi}{2}\right) \tag{5.96}$$

其中,$(I-1)t_f \leqslant t < It_f (I=1,2,\cdots)$,$a_1 = 1.5 \times 10^{-5}$,$\omega_1 = 9 \text{rad/s}$,$a_2 = 15 \times 10^{-5}$,$\omega_2 = 8 \text{rad/s}$,$a_3 = 2 \times 10^{-6}$ 以及 $\omega_3 = 10 \text{rad/s}$。学习成本函数按照前面的测试选取。图5.3给出了成本函数和辨识参数的收敛情况。这里需要强调的一点是与单参数情况相比,多参数情况的收敛会花费比较长的时间。这可以通过更好地调整 MES 算法的参数进行改善,即 a_i 和 ω_i,参见 Tan 等(2008)。另一种方法是使用不同的 MES 算法(例如额外的滤波器)来加速学习收敛和扩大吸引域,参见 Noase 等(2011)。

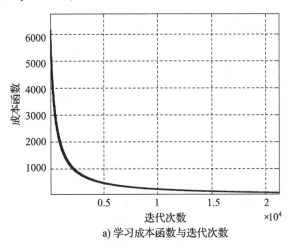

a) 学习成本函数与迭代次数

图5.3　学习参数和学习成本函数:电磁辨识测试3

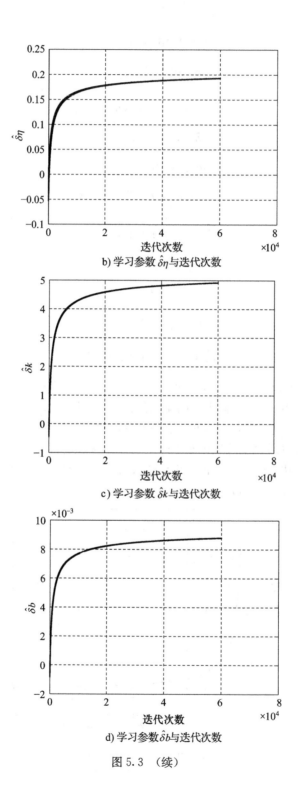

b) 学习参数 $\hat{\delta\eta}$ 与迭代次数

c) 学习参数 $\hat{\delta k}$ 与迭代次数

d) 学习参数 $\hat{\delta b}$ 与迭代次数

图 5.3 （续）

5.6.2　双连杆刚性机械臂

考虑具有如下动态的双连杆机械臂(参见 Spong(1992))：

$$H(q)\ddot{q}+C(q,\dot{q})\dot{q}+G(q)=\tau \tag{5.97}$$

其中，$q\triangleq[q_1,q_2]^{\mathrm{T}}$ 为两个关节角度，$\tau\triangleq[\tau_1,\tau_2]^{\mathrm{T}}$ 为两个关节扭矩。假设矩阵 H 为非奇异的且形式如下：

$$H\triangleq\begin{bmatrix} H_{11} & H_{12} \\ H_{21} & H_{22} \end{bmatrix}$$

其中，

$$\begin{aligned} H_{11}&=m_1\ell_{c1}^2+I_1+m_2[\ell_1^2+\ell_{c2}^2+2\ell_1\ell_{c2}\cos(q_2)]+I_2 \\ H_{12}&=m_2\ell_1\ell_{c2}\cos(q_2)+m_2\ell_{c2}^2+I_2 \\ H_{21}&=H_{12} \\ H_{22}&=m_2\ell_{c2}^2+I_2 \end{aligned} \tag{5.98}$$

矩阵 $C(q,\dot{q})$ 给出如下：

$$C(q,\dot{q})\triangleq\begin{bmatrix} -h\dot{q}_2 & -h\dot{q}_1-h\dot{q}_2 \\ h\dot{q}_1 & 0 \end{bmatrix}$$

其中，$h=m_2\ell_1\ell_{c2}\sin(q_2)$。向量 $G=[G_1,G_2]^{\mathrm{T}}$ 给出如下：

$$\begin{aligned} G_1&=m_1\ell_{c1}g\cos(q_1)+m_2g[\ell_2\cos(q_1+q_2)+\ell_1\cos(q_1)] \\ G_2&=m_2\ell_{c2}g\cos(q_1+q_2), \end{aligned} \tag{5.99}$$

其中，$\ell_1、\ell_2$ 分别为第一和第二根连杆的长度，$\ell_{c1}、\ell_{c2}$ 分别是第一和第二根连杆的旋转中心到质心的距离，$m_1、m_2$ 分别为第一和第二根连杆的质量，I_1 是第一根连杆的转动惯量，I_2 是第二根连杆的转动惯量，g 为地球引力常数。我们想要测试基于 MES 的辨识算法在估计连杆质量值时的性能。如果将质量矩阵 H 移到方程(5.97)的右边，可以看到关节角加速度不是参数 $m_1、m_2$ 的线性函数。使用如下的机器人参数值：$I_1=0.92\mathrm{kg\cdot m^2}$，$I_2=0.46\mathrm{kg\cdot m^2}$，$\ell_1=1.1\mathrm{m}$，$\ell_2=1.1\mathrm{m}$，$\ell_{c1}=0.5\mathrm{m}$，$\ell_{c2}=0.5\mathrm{m}$，$g=9.8\mathrm{m/s^2}$。假设质量的真实值为 $m_1=10.5\mathrm{kg}$，$m_2=5.5\mathrm{kg}$。

已知标称值为 $m_1=9.5\mathrm{kg}$，$m_2=5\mathrm{kg}$。使用 MES 算法来辨识质量的值：

$$\hat{m}_1(t)=m_{1-\mathrm{nom}}+\Delta m_1(t)$$

$$\Delta m_1(t)=\delta\hat{m}_1((I-1)t_f)$$

$$\dot{z}_1=a_1\sin\left(\omega_1 t+\frac{\pi}{2}\right)Q(\hat{m}_1,\hat{m}_2)$$

$$\delta\hat{m}_1=z_1+a_1\sin\left(\omega_1 t-\frac{\pi}{2}\right)$$

$$\hat{m}_2(t)=m_{2-\mathrm{nom}}+\Delta m_2(t)$$

$$\Delta m_2(t)=\delta m_2((I-1)t_f)$$

$$\dot{z}_2=a_2\sin\left(\omega_2 t+\frac{\pi}{2}\right)Q(\hat{m}_1,\hat{m}_2)$$

$$\delta \hat{m}_2 = z_2 + a_2 \sin\left(\omega_2 t - \frac{\pi}{2}\right) \tag{5.100}$$

其中，参数 $a_1 = 3 \times 10^5, \omega_1 = 7\text{rad/s}, a_2 = 10^5, \omega_2 = 5\text{rad/s}$。图 5.4 给出了学习成本函数和质量估计值的变化轨迹。

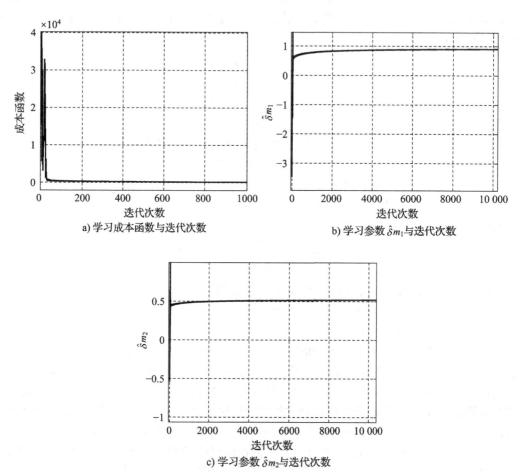

a) 学习成本函数与迭代次数

b) 学习参数 $\hat{\delta}m_1$ 与迭代次数

c) 学习参数 $\hat{\delta}m_2$ 与迭代次数

图 5.4 学习参数和学习成本函数：机械臂辨识

5.6.3 耦合 Burger PDE

这里考虑耦合 Burger 方程的情况，它是前面给出的简化方程(5.89)的一般式，写为(参见 Kramer(2011))：

$$\begin{cases} \dfrac{\partial \omega(t,x)}{\partial t} + \omega(t,x) \dfrac{\partial \omega(t,x)}{\partial x} = \mu \dfrac{\partial^2 \omega(t,x)}{\partial x^2} - \kappa T(t,x) \\[3mm] \dfrac{\partial T(t,x)}{\partial t} + \omega(t,x) \dfrac{\partial T(t,x)}{\partial x} = c \dfrac{\partial^2 T(t,x)}{\partial x^2} + f(t,x) \end{cases} \tag{5.101}$$

其中，T 表示温度，ω 表示速度场，κ 是热膨胀系数，c 是热扩散系数，μ 是黏度系数（Reynolds 数 R_e 的倒数），x 是一维空间变量，满足 $x \in [0,1]$，$t > 0$，f 是外部强加项，满足 $f \in L^2((0,\infty), X)$，$X = L^2([0,1])$。前面的方程与下面的边界条件相关：

$$\omega(t,0) = \delta_1, \frac{\partial \omega(t,1)}{\partial x} = \delta_2 \tag{5.102}$$

$$T(t,0) = T_1, T(t,1) = T_2$$

其中，$\delta_1, \delta_2, T_1, T_2 \in \mathbb{R}_{\geqslant 0}$。

考虑下面的一般化初始条件：

$$\omega(0,x) = \omega_0(x) \in L^2([0,1])$$

$$T(0,x) = T_0(x) \in L^2([0,1]) \tag{5.103}$$

根据 Galerkin 型映射到 POD 基函数（参见 Kramer(2011)），耦合 Burger 方程被简化为如下结构的 POD ROM：

$$\begin{bmatrix} \dot{q}_\omega^{\mathrm{pod}} \\ \dot{q}_T^{\mathrm{pod}} \end{bmatrix} = B_1 + \mu B_2 + \mu D q^{\mathrm{pod}} + \tilde{D} q^{\mathrm{pod}} + [C q^{\mathrm{pod}}] q^{\mathrm{pod}}$$

$$\omega_{\mathrm{ROM}}(x,t) = \omega_0(x) + \sum_{i=1}^{i=N_{\mathrm{pod}\omega}} \phi(x)_{\omega i}^{\mathrm{pod}} q_{\omega i}^{\mathrm{pod}}(t) \tag{5.104}$$

$$T_{\mathrm{ROM}}(x,t) = T_0(x) + \sum_{i=1}^{i=N_{\mathrm{pod}T}} \phi(x)_{T_i}^{\mathrm{pod}} q_{T_i}^{\mathrm{pod}}(t)$$

其中，矩阵 B_1 是由于强制项 f 的投影引起的，矩阵 B_2 是由于边界条件的投影引起的，D 是由于黏性阻尼项 $\mu \frac{\partial^2 \omega(t,x)}{\partial x^2}$ 的投影引起的，$\tilde{D}$ 是由于热耦合和热扩散项 $-\kappa T(t,x)$ 和 $c \frac{\partial^2 T(t,x)}{\partial x^2}$ 的投影引起的，张量 C 是由于基于梯度项 $\omega \frac{\omega(t,x)}{\partial x}$ 和 $\omega \frac{\partial T(t,x)}{\partial x}$ 的投影引起的。记号 $\phi_{\omega i}^{\mathrm{pod}}(x), q_{\omega i}^{\mathrm{pod}}(t)(i=1, \cdots, N_{\mathrm{pod}\omega})$ 和 $\phi_{T_i}^{\mathrm{pod}}(x), q_{T_i}^{\mathrm{pod}}(t)(i=1, \cdots, N_{\mathrm{pod}T})$ 分别表示速度和温度的空间基函数和时间投影坐标。$\omega_0(x)$、$T_0(x)$ 分别表示 ω 和 T 的均值（在时间上）。

5.6.3.1 Burger 方程基于 ES 的参数估计

为了说明 5.5 节提出的基于 ES 的参数估计结果，这里考虑几种不确定情况的 Burger 方程。

➡ **测试 1**：首先，我们给出 Reynold 数 R_e 具有不确定性的情况。考虑耦合 Burger 方程(5.101)，其中参数 $R_e = 1000, \kappa = 1, c = 0.01$，边界条件 $\delta_1 = 0, \delta_2 = 5, T_1 = 0, T_2 = 0.1\sin(0.5\pi t)$，初始条件 $\omega_0(x) = 2(x^2(0.5-x)^2), T_0(x) = 0.5\sin(\pi x)^5$，以及零强迫项 f。假设 R_e 具有很大的不确定性，且它的已知值为 $R_{e\text{-nom}} = 50$。使用引理 5.5 给出的估计算法，估计 R_e 的值如下：

$$\hat{R}_e(t) = R_{e\text{-nom}} + \delta R_e(t) \tag{5.105}$$

$$\delta R_e(t) = \delta \hat{R}_e((I-1)t_f), (I-1)t_f \leqslant t \leqslant I t_f, \qquad I = 1, 2, \cdots$$

其中，I 是迭代次数，$t_f = 50\mathrm{s}$ 是一次迭代的时间范围，利用迭代 ES 算法计算 $\delta \hat{R}_e$ 如下：

$$\dot{z} = a\sin\left(\omega t + \frac{\pi}{2}\right)Q(\hat{R}_e)$$

$$\delta\hat{R}_e = z_i + a\sin\left(\omega t - \frac{\pi}{2}\right)$$

(5.106)

选择如下学习成本函数：

$$Q = Q_1\int_0^{t_f}\langle e_T, e_T\rangle\mathrm{d}t + Q_2\int_0^{t_f}\langle e_\omega, e_\omega\rangle\mathrm{d}t, Q_1, Q_2 > 0$$

(5.107)

其中，$e_T = T - T_{\mathrm{ROM}}, e_\omega = \omega - \omega_{\mathrm{ROM}}$ 分别为关于温度和速度的真实模型值和 POD ROM 值之间的差值。我们使用 ES 算法(5.106)和(5.107)，其中 $a = 0.0032, \omega = 10\mathrm{rad/s}, Q_1 = Q_2 = 1$。

首先在图 5.5 中给出真实图(利用有限元方法通过解 Burger PDE 获得，在时间和空间具有 100 个元素的网格$^{\ominus}$)。考虑不精确参数值 $R_e = 50$，我们在图 5.6 中给出了通过标称值获得的速度和温度变化图，即具有四种关于速度的 POD 模态和关于温度的四种模态的无学习 POD ROM。从图 5.5 和图 5.6 可以看出由标称 POD ROM 得到的温度变化图与真实图没有太大不同。然而，速度变化图不同，这是由于 R_e 的不确定性主要影响 PDE 的速度部分。图 5.7 给出了真实值和标称 POD ROM 值之间的差值。现在，我们给出不确定参数 R_e 的基于 ES 的学习。首先在图 5.8a 中给出在学习迭代上的学习成本函数。注意到，利用选择的学习参数 a、ω，ES 在首次迭代后展示出一个大的探索步，这首先导致一个很大的成本函数。然而，这个很大的成本函数(由于大的探索步)导致快速到达真实值 R_e 的邻域内，如图 5.8b 所示。经过学习后的 POD ROM 和真实值的误差显示在图 5.9 中。通过比较图 5.7 和图 5.9，我们可以看出利用真实值 R_e 的学习，POD ROM 解和真实值之间的误差得到了很大的减小，尽管 $\hat{R}_e$ 仅仅收敛到了真实值的一个邻域内，如引理 5.5 中所述。

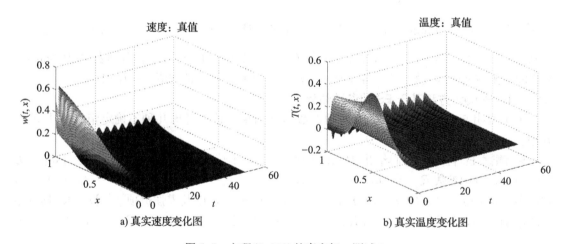

a) 真实速度变化图　　　　　　　　　　b) 真实温度变化图

图 5.5　方程(5.101)的真实解：测试 1

$\ominus$　在这里感谢 Dr. Boris Kramer 在 MERL 上做的前期工作，以及他所分享的解决 Burger 方程的代码。

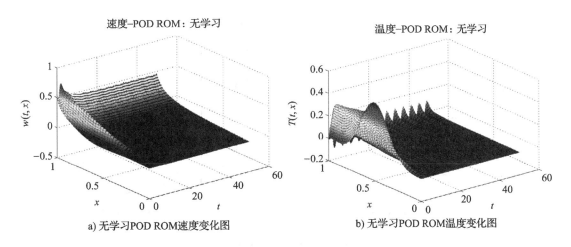

a) 无学习POD ROM速度变化图　　　　b) 无学习POD ROM温度变化图

图 5.6　方程(5.101)无学习 POD ROM 解：测试 1

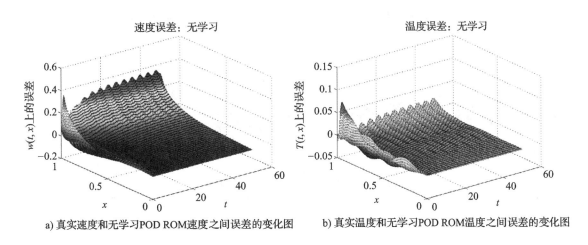

a) 真实速度和无学习POD ROM速度之间误差的变化图　　b) 真实温度和无学习POD ROM温度之间误差的变化图

图 5.7　标称 POD ROM 和真实值之间的误差值：测试 1

➡ **测试 2**：现在考虑耦合系数 κ 具有不确定性的情况。我们测试真实值为 $\kappa=1$ 而它的假设已知值为 $\kappa_{nom}=0.5$ 的情况。其余的系数、POD 模态数以及边界条件与第一个测试保持相似。首先给出无学习 POD ROM 解和这种情况下的真实解之间的误差，如图 5.10 所示。然后利用 ES 算法估计 κ 的值如下：

$$\hat{\kappa}(t)=\kappa_{nom}+\delta\kappa(t) \tag{5.108}$$

$$\delta\kappa(t)=\delta\hat{\kappa}((I-1)t_f),\ (I-1)t_f\leqslant t<It_f,\qquad I=1,2,\cdots$$

其中，I 是迭代次数，$t_f=50\mathrm{s}$ 为一次迭代的时间长度，利用迭代的 ES 算法计算 $\delta\hat{\kappa}$：

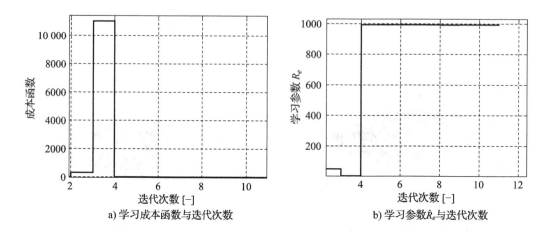

a) 学习成本函数与迭代次数　　　　　　　　b) 学习参数 $\hat{R}_e$ 与迭代次数

图 5.8　学习参数和学习成本函数：测试 1

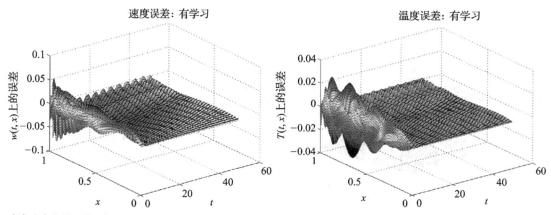

a) 真实速度和基于学习的POD ROM速度之间误差的变化图　　b) 真实温度和基于学习的POD ROM温度之间误差的变化图

图 5.9　基于学习的 POD ROM 和真实值之间的误差：测试 1

$$\dot{z} = a\sin\left(\omega t + \frac{\pi}{2}\right)Q(\hat{\kappa})$$

$$\delta\hat{\kappa} = z_i + a\sin\left(\omega t - \frac{\pi}{2}\right) \tag{5.109}$$

其中，$a = 1.8 \times 10^{-4}$，$\omega = 5\mathrm{rad/s}$，Q 由方程（5.107）给出，满足 $Q_1 = Q_2 = 1$。学习成本函数变化图和学习参数 $\hat{\kappa}$ 如图 5.11 所示。可以看出成本函数快速收敛到它的最小值，且估计参数 $\hat{\kappa}$ 快速收敛到其真实值的邻域内。这里需要强调的是可以通过使用更"复杂"的 ES 算法来收紧估计误差的上界，例如：具有时变扰动信号幅值 a 的 ES，或者具有额外的积分增益，参见 Moase 等(2009)。基于学习的 POD ROM 和真实解的误差如图 5.12 所示，其中误差比图 5.10 中的无学习情况要小。

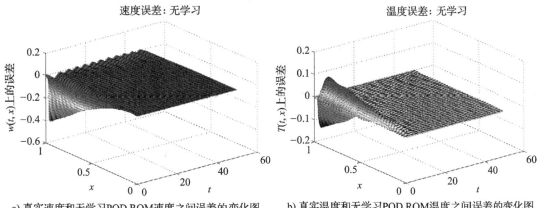

a) 真实速度和无学习POD ROM速度之间误差的变化图　　b) 真实温度和无学习POD ROM温度之间误差的变化图

图 5.10　标称 POD ROM 和真实值之间的误差：测试 2

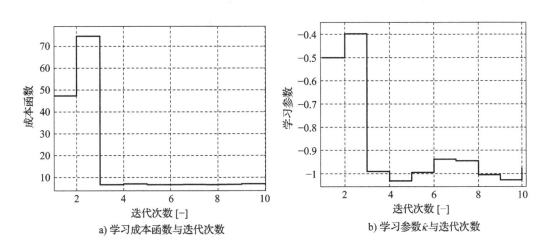

a) 学习成本函数与迭代次数　　b) 学习参数$\hat{\kappa}$与迭代次数

图 5.11　学习参数和学习成本函数：测试 2

➡ **测试 3**：在第三个测试中，我们考虑热扩散系数 c 具有不确定性的情况，其直接影响耦合 Burger 方程中的温度方程。我们考虑这样的情况，其中真实值为 $c=0.01$，而假设已知值为 $c_{nom}=0.1$。其余系数和 POD 模态数均保持不变。在这种情况下，c 的估计通过 ES 算法完成如下：

$$\hat{c}(t)=c_{nom}+\delta c(t) \tag{5.110}$$

$$\delta c(t)=\delta\hat{c}((I-1)t_f),\ (I-1)t_f\leqslant t<It_f,\qquad I=1,2,\cdots$$

其中，I 是迭代次数，$t_f=50s$ 是一次迭代的时间长度，$\delta\hat{c}$ 由迭代 ES 算法计算：

$$\dot{z} = a\sin\left(\omega t + \frac{\pi}{2}\right)Q(\hat{c})$$

$$\delta\hat{c} = z_i + a\sin\left(\omega t - \frac{\pi}{2}\right)$$

(5.111)

其中，$a = 1.2 \times 10^{-5}$，$\omega = 10\mathrm{rad/s}$，且 Q 由方程(5.107)给出，满足 $Q_1 = Q_2 = 1$。如之前的测试，首先给出标称 POD ROM 解和真实解之间的误差，如图 5.13 所示。成本函数变化图以及 c 的估计值如图 5.14 所示，可以看到在期望的估计误差范围内 $\hat{c}$ 收敛到 c 的真实值。基于学习的 POD ROM 更好地预测了真实解，如图 5.15 所示，其中给出了基于学习的 ROM 解和真实解之间的误差。

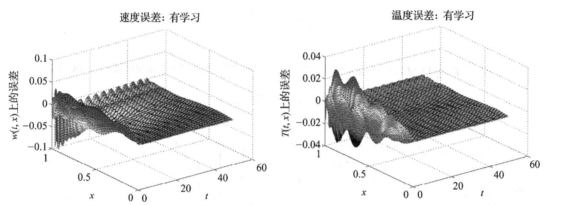

a) 真实速度和基于学习的POD ROM速度之间误差的变化图   b) 真实温度和基于学习的POD ROM温度之间误差的变化图

图 5.12   基于学习的 POD ROM 和真实值之间的误差：测试 2

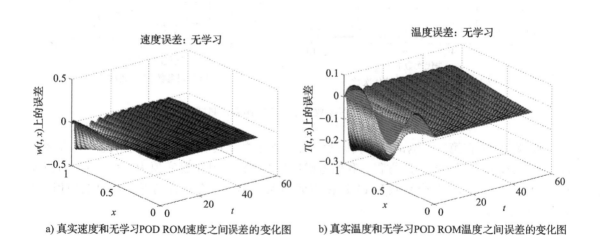

a) 真实速度和无学习POD ROM速度之间误差的变化图   b) 真实温度和无学习POD ROM温度之间误差的变化图

图 5.13   标称 POD ROM 和真实解之间的误差：测试 3

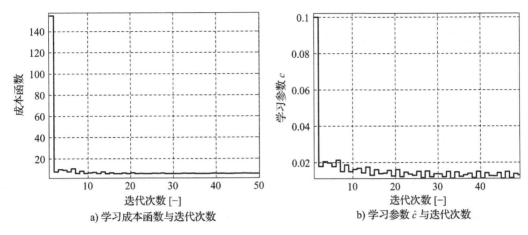

a) 学习成本函数与迭代次数　　　　b) 学习参数 $\hat{c}$ 与迭代次数

图 5.14　学习参数和学习成本函数：测试 3

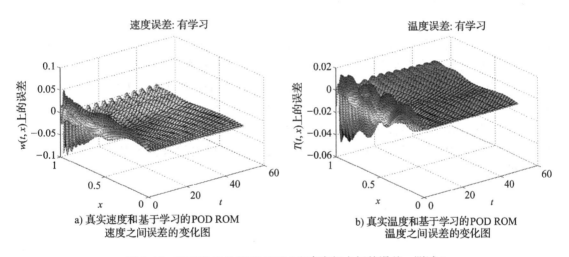

a) 真实速度和基于学习的 POD ROM
速度之间误差的变化图

b) 真实温度和基于学习的 POD ROM
温度之间误差的变化图

图 5.15　基于学习的 POD ROM 和真实解之间的误差：测试 3

现在让我们利用 5.5.2 节提出的结果来考虑一个关于 Burger 方程镇定的更具挑战性的问题。

5.6.3.2　基于 ES 的 Burger 方程 POD ROM 镇定

➡ **测试 1**：首先给出与引理 5.7 相关的情况，结合线性常黏度系数闭合模型和非线性闭合模型，我们测试了 MES 的自调整结果。考虑耦合 Burger 方程(5.101)，参数为 $R_e=1000$，$\kappa=5\times10^{-4}$，$c=0.01$，平凡边界条件为 $\delta_1=\delta_2=0$，$T_1=T_2=0$，仿真时间长度 $t_f=1$s，以及零强迫项 f，我们对于温度和速度变量都使用 10 POD 模态。对于初始条件的选择，遵循 San 和 Iliescu(2013)提出的条件，其中在 POD ROM 镇定中使用了简化的 Burger 方程。事实上，在 San 和 Iliescu(2013)中，作者针对速度变量提出了两种类型的初始条件，其导致了标称 POD ROM 的不稳定，即没有任何闭合模型的基本 Galerkin POD ROM(POD ROM-G)。

因此我们遵循 San 和 Iliescu(2013)来选择初始条件,这使得耦合 Burger 方程模型的简化成为一个具有挑战的问题。选择如下的初始条件:

$$\omega(x,0)=\begin{cases}1, & x\in[0,0.5]\\0, & x\in(0.5,1]\end{cases} \tag{5.112}$$

$$T(x,0)=\begin{cases}1, & x\in[0,0.5]\\0, & x\in(0.5,1]\end{cases} \tag{5.113}$$

我们应用引理 5.7 以及方程(5.61)给出的 Heisenberg 线性闭合模型。两个闭合模型的幅值 μ_e、μ_{nl} 通过方程(5.82)给出的 MES 算法来调整,其中 $a_1=6\times10^{-6}$,$\omega_1=10\text{rad/s}$,$a_2=6\times10^{-6}$,$\omega_2=15\text{rad/s}$。学习成本函数的选取与方程(5.107)一样,其中 $Q_1=Q_2=1$。

为比较首先给出真实解,其通过具有关于时间域的 100 个元素和关于空间域的 100 个元素网格的 FEM 算法来求解 PDE(5.101)获得。真实解如图 5.16 所示。然后在图 5.17 中给出 POD ROM-G 的解(无学习)。从图上可以很明显看到 POD ROM-G 的解不如真实解光滑,特别是速度变化图非常不规则,闭合模型调整的目的就是尽可能地使两个变化图光滑。为了更清晰地评估,还给出了真实解和 POD ROM-G 解之间的误差,如图 5.18 所示。然后采用 MES 算法并在图 5.19a 中给出学习成本函数在学习迭代中的变化情况。可以看到在前 20 次迭代中,成本函数快速下降。这意味着 MES 可以非常快速地改善 POD ROM 的整体解。两个闭合模型的振幅 $\hat{\mu}_e$ 和 $\hat{\mu}_{nl}$ 的相关变化情况如图 5.19b 和 5.19c 所示。我们看到尽管成本函数的值快速下降,MES 算法在迭代过程中仍需对参数 $\hat{\mu}_e$、$\hat{\mu}_{nl}$ 进行微调,并使得它们最终达到最优值 $\hat{\mu}_e\simeq0.3$ 和 $\hat{\mu}_{nl}\simeq0.76$。我们还给出了学习对 POD ROM 解的影响,如图 5.20 和图 5.21 所示,其与图 5.17 和图 5.18 相比较表明了利用闭合模型的 MES 调整,POD ROM 的解得到了明显改善。

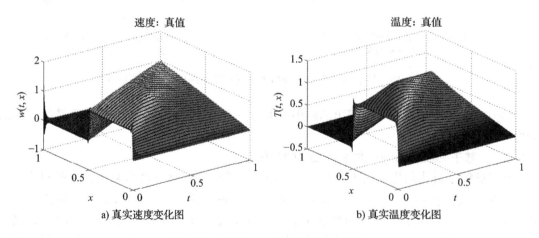

图 5.16 方程(5.101)的真实解:测试 1

➡ **测试 2**:我们现在评估定理 5.4 引入的非线性闭合模型的影响。在 Burger 方程情况中,闭合模型(5.81)写为方程(5.91)。采用与测试 1 中 Burger 方程相同的系数。利用方程(5.82)

给出的 MES 算法来调整闭合模型的两个振幅 μ_e、μ_{nl}，其中 $a_1=8\times10^{-6}$，$\omega_1=10\text{rad/s}$，$a_2=8\times10^{-6}$，$\omega_2=15\text{rad/s}$。选取如方程(5.107)中的学习成本函数，其中 $Q_1=Q_2=1$。我们回顾一下，为了比较的目的，图 5.5 和图 5.6 给出了 PDE 解的真实变化情况和 POD ROM-G 解的变化情况。接下来，学习成本函数值作为学习迭代的函数在图 5.22a 中给出。学习参数 $\hat{\mu}_e$ 和 $\hat{\mu}_{nl}$ 的相关变化情况如图 5.22b 和 5.22c 所示，可以看到学习成本函数和学习参数明显是收敛的。利用 MES 自动调整的 POD ROM 解如图 5.23 所示，对应的真实解和基于学习的 POD ROM 误差如图 5.24 所示。可以看到与 POD ROM-G 相比，误差得到了明显的改善。我们还可以看到，与测试 1 中给出的利用引理 5.7 的闭合模型得到的基于学习的 POD ROM 相比，误差(尤其是速度误差)得到了轻微的改善(图 5.24a 中速度误差为黄色谱，而图 5.21a 中速度误差为绿色的振幅谱)。

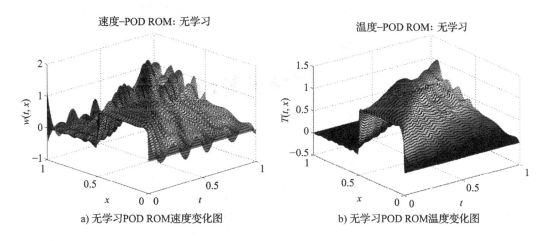

速度–POD ROM：无学习   温度–POD ROM：无学习

a) 无学习POD ROM速度变化图   b) 无学习POD ROM温度变化图

图 5.17   方程(5.101)的无学习 POD ROM 解：镇定测试 1

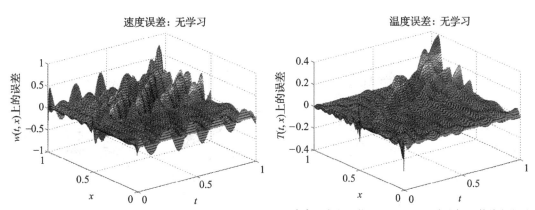

速度误差：无学习   温度误差：无学习

a) 真实速度和无学习POD ROM速度之间误差的变化图   b) 真实温度和无学习POD ROM温度之间误差的变化图

图 5.18   标称 POD ROM 和真实解之间的误差：镇定测试 1

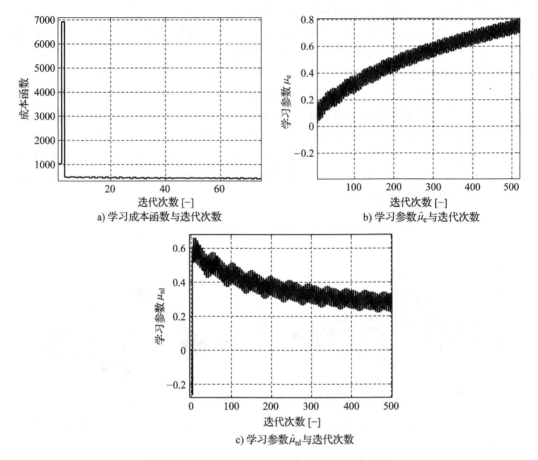

a) 学习成本函数与迭代次数

b) 学习参数 $\hat{\mu}_{e}$ 与迭代次数

c) 学习参数 $\hat{\mu}_{nl}$ 与迭代次数

图 5.19　学习参数和学习成本函数:镇定测试 1

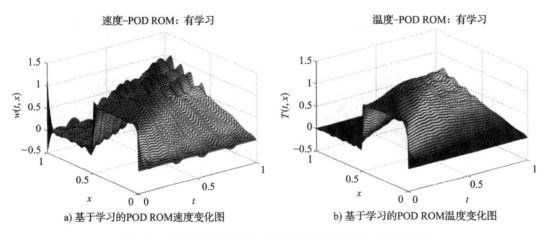

a) 基于学习的 POD ROM 速度变化图

b) 基于学习的 POD ROM 温度变化图

图 5.20　基于学习的方程(5.101)的 POD ROM 解:镇定测试 1

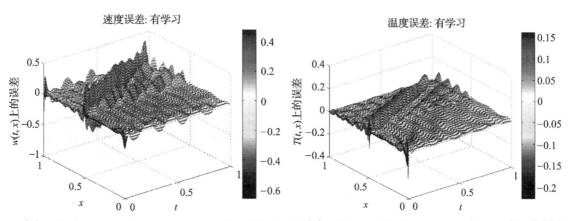

a) 真实速度和基于学习的POD ROM速度之间误差的变化图　　b) 真实温度和基于学习的POD ROM温度之间误差的变化图

图 5.21　基于学习的 POD ROM 和真实解之间的误差:镇定测试 1

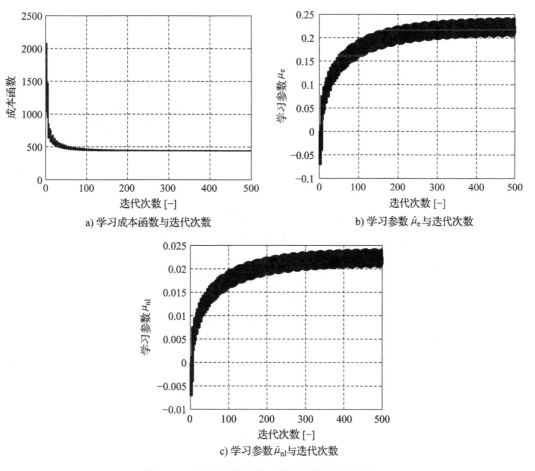

a) 学习成本函数与迭代次数　　　　　　　b) 学习参数 $\hat{\mu}_e$ 与迭代次数

c) 学习参数 $\hat{\mu}_{nl}$ 与迭代次数

图 5.22　学习参数和学习成本函数:镇定测试 2

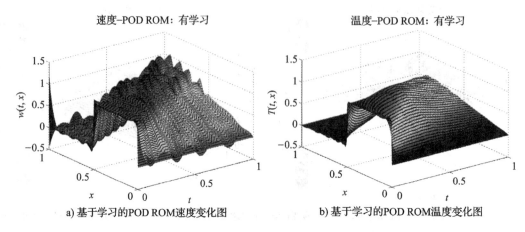

a) 基于学习的POD ROM速度变化图　　b) 基于学习的POD ROM温度变化图

图 5.23　基于学习的方程(5.101)的 POD ROM 解:镇定测试 2

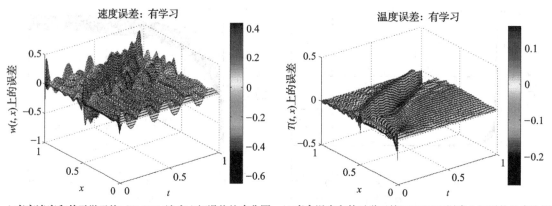

a) 真实速度和基于学习的POD ROM速度之间误差的变化图　b) 真实温度和基于学习的POD ROM温度之间误差的变化图

图 5.24　基于学习的 POD ROM 和真实解之间的误差:镇定测试 2

➡ **测试 3**：我们现在想看看利用备注 5.17 引入的模态闭合模型是否会改善基于 MES ROM 镇定算法的整体性能。将要测试与测试 2 中相同的情况,但是这里使用定理 5.4 具有一个模态闭合模型的算法。在这种情况下,我们有一个线性闭合模型振幅 μ_{e}、一个针对速度 POD 模态的非线性闭合模型振幅 $\mu_{nl\text{-}1}$,以及一个针对温度 POD 模态的非线性闭合模型振幅 $\mu_{nl\text{-}2}$。我们选择不使用全模态闭合模型,即每个模态有不同的振幅,这是因为有 20 种模态会带来 21 个参数需要调整,这可能会导致 MES 调整算法收敛速度变慢。然后使用 MES 来调整闭合模型的振幅如下：

$$\dot{y}_{1}=a_{1}\sin\left(\omega_{1}t+\frac{\pi}{2}\right)Q(\dot{\mu}_{e},\dot{\mu}_{nl\text{-}1},\dot{\mu}_{nl\text{-}2})$$

$$\dot{\mu}_{e}=y_{1}+a_{1}\sin\left(\omega_{1}t-\frac{\pi}{2}\right)$$

$$\dot{y}_2 = a_2 \sin\left(\omega_2 t + \frac{\pi}{2}\right) Q(\dot{\hat{\mu}}_e, \dot{\hat{\mu}}_{nl-1}, \dot{\hat{\mu}}_{nl-2})$$

$$\dot{\hat{\mu}}_{nl-1} = y_2 + a_2 \sin\left(\omega_2 t - \frac{\pi}{2}\right)$$

$$\dot{y}_3 = a_3 \sin\left(\omega_3 t + \frac{\pi}{2}\right) Q(\dot{\hat{\mu}}_e, \dot{\hat{\mu}}_{nl-1}, \dot{\hat{\mu}}_{nl-2})$$

$$\dot{\hat{\mu}}_{nl-2} = y_3 + a_3 \sin\left(\omega_3 t - \frac{\pi}{2}\right) \tag{5.114}$$

方程(5.114)中的系数如下：$a_1 = 8 \times 10^{-6}$，$\omega_1 = 10 \text{rad/s}$，$a_2 = 8 \times 10^{-6}$，$\omega_2 = 15 \text{rad/s}$，$a_3 = 8 \times 10^{-5}$，$\omega_3 = 12 \text{rad/s}$。这里使用与之前测试类似的学习成本函数。首先在图 5.25 中给出了学习成本函数以及学习参数的变化情况。接下来，在图 5.26 中给出了 POD ROM 解，可以看到速度和温度的变化情况得到了一些改善。从图 5.27 给出的误差图中可以更明显地看到改进情况。

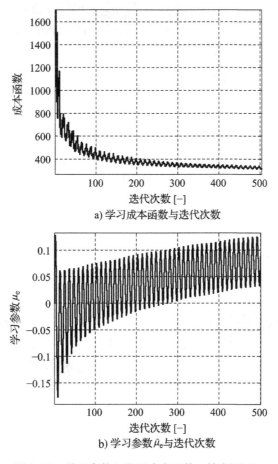

a) 学习成本函数与迭代次数

b) 学习参数 μ_e 与迭代次数

图 5.25　学习参数和学习成本函数：镇定测试 3

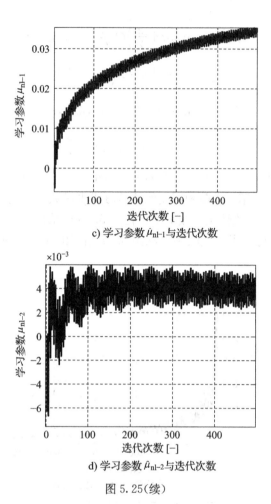

c) 学习参数 μ_{nl-1} 与迭代次数

d) 学习参数 μ_{nl-2} 与迭代次数

图 5.25(续)

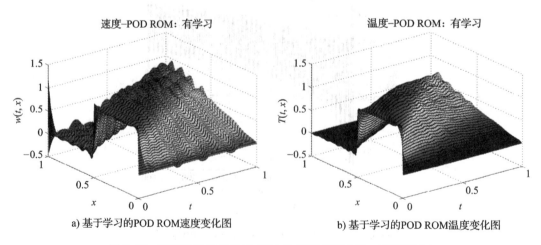

a) 基于学习的POD ROM速度变化图

b) 基于学习的POD ROM温度变化图

图 5.26　基于学习的方程(5.101)的 POD ROM 解：镇定测试 3

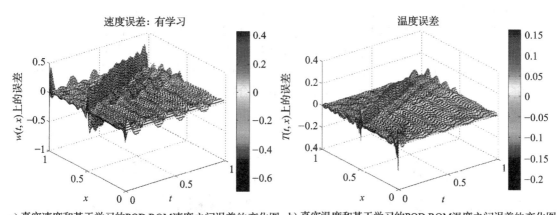

a) 真实速度和基于学习的POD ROM速度之间误差的变化图　b) 真实温度和基于学习的POD ROM温度之间误差的变化图

图 5.27　基于学习的 POD ROM 和真实解之间的误差：镇定测试 3

➡ **测试 4**：因为使用了一些模型上界来写定理 5.4 中的闭合模型，所以我们想要测试非线性闭合模型(5.81)与引理 5.7 中的非线性闭合模型的鲁棒性对比。为此，我们进行以下测试。对于 Burger 模型(5.101)中的一些参数 R_e、κ、c 给定值，运行定理 5.4 和引理 5.7 里的算法。然后，利用由每种算法获得的最优闭合模型，在具有不同参数集 R_e、κ、c 的 POD ROM 上测试它们。首先，假设 Burger 模型参数的已知值为 $R_e=1000$，$\kappa=-5\times10^{-4}$，$c=0.01$，然后计算 POD ROM 并利用定理 5.4 计算它的最优非线性闭合模型(5.81)。学习算法收敛后，学习成本函数的值为 $Q_{\text{norminal}}=440.22$。现在，我们测试相同的最优闭合模型(5.81)，但是用一个不同的 POD ROM，对应参数为 $R_e=1800$，$\kappa=-5\times10^{-4}$，$c=0.05$。新的成本函数值为 $Q_{\text{uncertain}}=1352.3$。从成本函数的值可以明显看到，最优闭合模型的性能在恶化。对应的速度和温度的误差变化情况如图 5.28 所示。接下来，我们对引理 5.7 的闭合模型进行相似的测试。学习算法收敛后的学习成本函数值，即标称情况为 $Q=318.47$。然后，我们测试相同的最优闭合模型(5.69)，但是利用一个不同的 POD ROM，对应参数为 $R_e=1800$，$\kappa=-5\times10^{-4}$，$c=0.05$。新的成本函数值为 $Q_{\text{uncertain}}=2026.7$。闭合模型的性能退化情况比闭合模型(5.81)的情况更糟糕。事实上，我们在图 5.29 中给出了这种情况的速度和温度误差，而且如果将它们与图 5.28 相比较，会看到这种情况下的温度误差更糟糕。速度误差变化情况只有轻微的不同。我们不能断定定理 5.4 的非线性闭合模型比引理 5.7 的闭合模型更具鲁棒性，因为二者均在保持 ROM 有界性方面表现良好，但是定理 5.4 的闭合模型似乎对参数不确定性表现出更强的鲁棒性，这是由于它是基于一些参数不确定性的上界被显式计算的。

　　读者可能想知道为什么我们对闭合模型的鲁棒性很感兴趣。对于这个"哲学"问题，我们可以在以下意义下达成共识，即找到稳定的 ROM 本质上是一个数学问题，意味着应该有一个完美的已知 PDE 模型且为它的 ROM 寻找最优闭合模型。然而，我们认为它超出了数学问题，其中 5.5.2.2 节给出的学习算法可以离线使用，也可以在线使用这些自动调节算法。实际上，我们可以从离线计算（POD）ROM 开始，并利用这里提出的算法离线自动调节它的闭合模型，但是可以在线实现所获得的"最优的"（POD）ROM，例如针对控制和估计，然后利用相同的基于 MES 的算法继续在线微调它的闭合模型。在这个情况下，如果在原始 PDE 模型中使用的参数值以及在闭合模型离线调节中的参数值与实际系统的参数真实值不同，那么闭合模型对于这样的不确定性的鲁棒性将会允许 ROM 保持稳定，而基于 MES 的算法将要在线重新调整闭合模型以便更好地与实际系统吻合。

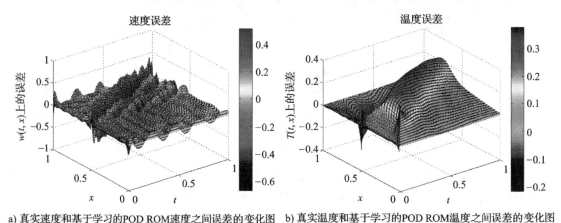

a) 真实速度和基于学习的POD ROM速度之间误差的变化图　　b) 真实温度和基于学习的POD ROM温度之间误差的变化图

图 5.28　定理 5.4 的基于学习的 POD ROM 与真实解之间的误差：鲁棒性测试-镇定测试 4

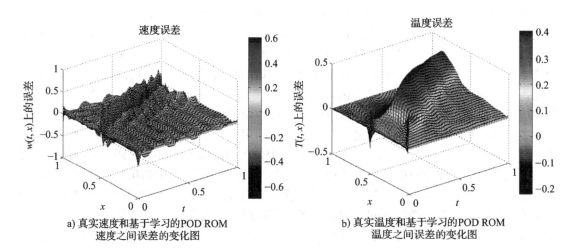

a) 真实速度和基于学习的POD ROM
速度之间误差的变化图

b) 真实温度和基于学习的POD ROM
温度之间误差的变化图

图 5.29　引理 5.7 基于学习的 POD ROM 与真实解之间的误差：
鲁棒性测试-镇定测试 5

5.7　总结与展望

在本章中，我们研究了非线性系统的辨识问题，考虑了开环拉格朗日稳定系统的情况，并给出了如何使用 ES 来估计系统参数。我们还考虑了开环不稳定系统的情况，并且表明在稳定闭环反馈情况下，系统的参数可以利用 ES 来估计。所提出辨识算法的一个非常重要的特征是它们可以处理模型中以非线性形式存在的参数，这在辨识中是一个众所周知的具有挑战性的情况。我们还考虑了 PDE 系统的参数辨识问题，其中基于实时测量值和 ROM，利用基于 ES 的方法来辨识 PDE 中的参数。最后，我们提出了一些解决 PDE 稳定模型简化的方法，提出了基于 ES 的自动调整算法来镇定 ROM，给出了所提算法在几个例子中的性能。这里所提出的方法表现出了很大的潜能，然而，我们认为利用其他类型的学习方法，可以进一步改善这些基于学习的辨识和 ROM 镇定方法的性能。例如：在这些基于学习的辨识算法里可以使用强化学习算法来替代 ES 算法，如处理具有高水平噪声的噪声测量情况。

参考文献

Ahuja, S., Rowley, C., 2010. Feedback control of unstable steady states of flow past a flat plate using reduced-order estimators. J. Fluid Mech. 645, 447–478.

Andrieu, C., Doucet, A., Singh, S.S., Tadic, V.B., 2004. Particle methods for change detection, system identification and control. Proc. IEEE 92 (3), 423–438.

Astrom, K., Eykhoff, P., 1971. System identification—a survey. Automatica 7, 123–162.

Aubry, N., Holmes, P., Lumley, J.L., Stone, E., 1988. The dynamics of coherent structures in the wall region of a turbulent boundary layer. J. Fluid Mech. 192, 115–173.

Balajewicz, M., 2013. Lyapunov stable Galerkin models of post-transient incompressible flows, Tech. rep., arXiv.org/physics /arXiv:1312.0284.

Balajewicz, M., Dowell, E., Noack, B., 2013. Low-dimensional modelling of high-Reynolds-number shear flows incorporating constraints from the Navier-Stokes equation. J. Fluid Mech. 729 (1), 285–308.

Barbagallo, A., Sipp, D., Schmid, P.J., 2009. Closed-loop control of an open cavity flow using reduced-order models. J. Fluid Mech. 641, 1–50.

Barkana, I., 2014. Simple adaptive control—a stable direct model reference adaptive control methodology—brief survey. Int. J. Adapt. Control Signal Process. 28, 567–603.

Bendat, J., 1990. Nonlinear System Analysis and Identification from Random Data. Wiley Interscience, New York.

Bergmann, M., Bruneau, C., Iollo, A., 2009. Enablers for robust POD models. J. Comput. Phys. 228 (2), 516–538.

Calli, B., Caarls, W., Jonker, P., Wisse, M., 2012. Comparison of extremum seeking control algorithms for robotic applications. In: International Conference on Intelligent Robots and Systems (IROS). IEEE/RSJ, pp. 3195–3202.

Chollet, J.P., 1984. Two-point closure used for a sub-grid scale model in large eddy simulations. In: Turbulent Shear Flows 4. Springer, Berlin, pp. 62–72.

Colombo, R.M., Rosini, M.D., 2005. Pedestrian flows and non-classical shocks. Math. Methods Appl. Sci. 28 (13), 1553–1567.

Cordier, L., Noack, B., Tissot, G., Lehnasch, G., Delville, J., Balajewicz, M., Daviller, G., Niven, R.K., 2013. Identification strategies for model-based control. Exp. Fluids 54 (1580), 1–21.

Doucet, A., Tadic, V., 2003. Parameter estimation in general state-space models using particle methods. Ann. Inst. Stat. Math. 55, 409–422.

Fletcher, C.A.J., 1983. The group finite element formulation. Comput. Methods Appl. Mech. Eng. 37, 225–244.

Gevers, M., 2006. A personal view of the development of system identification a 30-year journey through an exciting field. IEEE Control Syst. Mag. 93–105.

Glad, S., Ljung, L., 1990a. Model structure identifiability and persistence of excitation. In: IEEE, Conference on Decision and Control, Honolulu, Hawaii, pp. 3236–3240.

Glad, S., Ljung, L., 1990b. Parametrization of nonlinear model structures as linear regressions. In: 11th IFAC World Congress, Tallinn, Estonia, pp. 67–71.

Golub, G., Van Loan, C., 1996. Matrix Computations, third ed. The Johns Hopkins University Press, Baltimore, MD.

Guay, M., Hariharan, N., 2008. Airflow velocity estimation in building systems. In: IEEE, American Control Conference, pp. 908–913.

Gunzburger, M., Peterson, J.S., Shadid, J., 2007. Reduced-order modeling of time-dependent PDEs with multiple parameters in the boundary data. Comput. Methods Appl. Mech. Eng. 196 (4–6), 1030–1047.

Haddad, W., Chellaboina, V.S., 2008. Nonlinear Dynamical Systems and Control: A Lyapunov-Based Approach. Princeton University Press, Princeton, NJ.

Huges, R., 2003. The flow of human crowds. Annu. Rev. Fluid Mech. 35, 169–182.

Juditsky, A., Hjalmarsson, H., Benveniste, A., Deylon, B., Ljung, L., Sjoberg, J., Zhang, Q., 1995. Nonlinear black-box modeling in system identification: mathematical foundations. Automatica 31 (12), 1725–1750.

Karamanos, G.S., Karniadakis, G.E., 2000. A spectral vanishing viscosity method for large-eddy simulations. J. Comput. Phys. 163 (1), 22–50.

Khalil, H., 2002. Nonlinear Systems, third ed. Prentice Hall, Englewood Cliffs, NJ.

Kitagawa, G., 1998. A self-organizing state-space model. J. Am. Stat. Assoc. 93 (443), 1203–1215.

Klein, V., Morelli, E.A., 2006. Aircraft system identification: theory and practice, AIAA Education Series. American Institute of Aeronautics and Astronautics, New York.

Kramer, B., 2011. Model reduction of the coupled burgers equation in conservation form. Masters of Science in Mathematics, Virginia Polytechnic Institute and State University.

Krstic, M., 2000. Performance improvement and limitations in extremum seeking. Syst. Control Lett. 39, 313–326.

Kunisch, K., Volkwein, S., 2007. Galerkin proper orthogonal decomposition methods for a general equation in fluid dynamics. SIAM J. Numer. Anal. 40 (2), 492–515.

Leontaritis, I., Billings, S., 1985. Input-output parametric models for non-linear systems. Part II: stochastic non-linear systems. Int. J. Control 41 (2), 329–344.

Lesieur, M., Metais, O., 1996. New trends in large-eddy simulations of turbulence. Annu. Rev. Fluid Mech. 28 (1), 45–82.

Li, K., Su, H., Chu, J., Xu, C., 2013. A fast-POD model for simulation and control of indoor thermal environment of buildings. Build. Environ. 60, 150–157.

Ljung, L., 2010. Perspectives on system identification. Autom. Remote Control 34 (1), 1–12.

Ljung, L., Glad, T., 1994. On global identifiability of arbitrary model parameterizations. Automatica 30 (2), 265–276.

Ljung, L., Vicino, A., 2005. Special issue on identification. IEEE Trans. Autom. Control 50 (10).

Ma, X., Karniadakis, G.E., 2002. A low-dimensional model for simulating three-dimensional cylinder flow. J. Fluid Mech. 458, 181–190.

MacKunis, W., Drakunov, S., Reyhanoglu, M., Ukeiley, L., 2011. Nonlinear estimation of fluid velocity fields. In: IEEE, Conference on Decision and Control, pp. 6931–6935.

Malisoff, M., Mazenc, F., 2005. Further remarks on strict input-to-state stable Lyapunov functions for time-varying systems. Automatica 41 (11), 1973–1978.

Moase, W., Manzie, C., Brear, M., 2009. Newton-like extremum seeking part I: theory. In: IEEE, Conference on Decision and Control, pp. 3839–3844.

Montseny, G., Audounet, J., Matignon, D., 1997. Fractional integro-differential boundary control of the Euler-Bernoulli beam. In: IEEE, Conference on Decision and Control, San Diego, California, pp. 4973–4978.

Narendra, K., Parthasarathy, K., 1990. Identification and control of dynamical systems using neural networks. IEEE Trans. Neural Netw. 1, 4–27.

Noack, B.R., Afanasiev, K., Morzynski, M., Tadmor, G., Thiele, F., 2003. A hierarchy of low-dimensional models for the transient and post-transient cylinder wake. J. Fluid Mech. 497, 335–363.

Noack, B., Papas, P., Monkewitz, P., 2005. The need for a pressure-term representation in empirical Galerkin models of incompressible shear flows. J. Fluid Mech. 523, 339–365.

Noack, B., Schlegel, M., Ahlborn, B., Mutschke, G., Morzynski, M., Comte, P., Tadmor, G., 2008. A finite-time thermodynamics of unsteady fluid flows. J. Non-Equilib. Thermodyn. 33 (2), 103–148.

Noack, B.R., Morzynski, M., Tadmor, G., 2011. Reduced-Order Modelling for Flow Control, first ed., vol. 528. Springer-Verlag, Wien.

Noase, W., Tan, Y., Nesic, D., Manzie, C., 2011. Non-local stability of a multi-variable extremum-seeking scheme. In: IEEE, Australian Control Conference, pp. 38–43.

Peterson, K., Stefanopoulou, A., 2004. Extremum seeking control for soft landing of electromechanical valve actuator. Automatica 40, 1063–1069.

Pillonetto, G., Dinuzzo, F., Chenc, T., Nicolao, G.D., Ljung, L., 2014. Kernel methods in system identification, machine learning and function estimation: a survey. Automatica 50, 1–12.

Rangan, S., Wolodkin, G., Poolla, K., 1995. New results for Hammerstein system identification. In: IEEE, Conference on Decision and Control. IEEE, New Orleans, USA, pp. 697–702.

Rempfer, D., 1991. Koharente strukturen und chaos beim laminar-turbulenten grenzschichtumschlag. Ph.D. thesis, University of Stuttgart.

Rotea, M.A., 2000a. Analysis of multivariable extremum seeking algorithms. In: Proceedings of the American Control Conference, vol. 1, pp. 433–437.

Rowley, C., 2005. Model reduction for fluids using balanced proper orthogonal decomposition. Int. J. Bifurcation Chaos 15 (3), 997–1013.

San, O., Borggaard, J., 2014. Basis selection and closure for POD models of convection dominated Boussinesq flows. In: 21st International Symposium on Mathematical Theory of Networks and Systems, Groningen, The Netherlands, pp. 132–139.

San, O., Iliescu, T., 2013. Proper orthogonal decomposition closure models for fluid flows: Burgers equation. Int. J. Numer. Anal. Model. 1 (1), 1–18.

Schittkowski, K., 2002. Numerical Data Fitting in Dynamical Systems. Kluwer Academic Publishers, Dordrecht.

Schon, T., Gustafsson, F., 2003. Particle filters for system identification of state-space models linear in either parameters or states. In: Proceedings of the 13th IFAC Symposium on System Identification. IFAC, Rotterdam, The Netherlands, pp. 1287–1292.

Schön, T.B., Wills, A., Ninness, B., 2006. Maximum likelihood nonlinear system estimation. In: Proceedings of the 14th IFAC Symposium on System Identification, IFAC, Newcastle, Australia, pp. 1003–1008.

Sirisup, S., Karniadakis, G.E., 2004. A spectral viscosity method for correcting the long-term behavior of POD models. J. Comput. Phys. 194 (1), 92–116.

Sjoberg, J., Zhang, Q., Ljung, L., Benveniste, A., Deylon, B., Glorennec, P.Y., Hjalmarsson, H., Juditsky, A., 1995. Nonlinear black-box modeling in system identification: a unified overview. Automatica 31 (12), 1691–1724.

Sontag, E.D., 2008. Input to state stability: basic concepts and results. In: Nonlinear and Optimal Control Theory, Lecture Notes in Mathematics, vol. 1932. Springer-Verlag, Berlin, pp. 163–220.

Sordalen, O., 1997. Optimal thrust allocation for marine vessels. Control Eng. Pract. 15 (4), 1223–1231.

Spong, M.W., 1992. On the robust control of robot manipulators. IEEE Trans. Autom. Control 37 (11), 1782–1786.

Stankovica, M.S., Stipanovicb, D.M., 2010. Extremum seeking under stochastic noise and applications to mobile sensors. Automatica 46 (8), 1243–1251.

Tadmor, E., 1989. Convergence of spectral methods for nonlinear conservation laws. SIAM J. Numer. Anal. 26 (1), 30–44.

Tan, Y., Nesic, D., Mareels, I., 2008. On the dither choice in extremum seeking control. Automatica 44, 1446–1450.

Wang, Z., 2012. Reduced-order modeling of complex engineering and geophysical flows: analysis and computations. Ph.D. thesis, Virginia Tech.

Wang, Y., Stefanopoulou, A., Haghgooie, M., Kolmanovsky, I., Hammoud, M., 2000. Modelling of an electromechanical valve actuator for a camless engine. In: 5th International Symposium on Advanced Vehicle Control, Number 93.

Wang, Z., Akhtar, I., Borggaard, J., Iliescu, T., 2012. Proper orthogonal decomposition closure models for turbulent flows: a numerical comparison. Comput. Methods Appl. Mech. Eng. 237–240, 10–26.

基于极值搜索的迭代学习模型预测控制

6.1 引言

模型预测控制(MPC)(参见 Mayne 等(2000))是用于受限多变量系统最优控制的一种基于模型的框架。MPC 是基于有限时间最优控制问题的重复的、滚动时域解。这个问题是基于系统动态、系统状态约束、输入约束、可能的输出约束以及描述控制目标的成本函数提出的。MPC 已经被应用在诸如航空航天(参见 Hartley 等(2012))和机电系统(参见 Grancharova 和 Johansen(2009))等一些应用中。由于 MPC 是一种基于模型的控制器,它的性能不可避免地依赖于最优控制计算中使用的预测模型的品质。

相反,正如我们在本书前几章看到的,极值搜索控制是一种众所周知的方法,其中寻找与给定过程性能相关(在某些条件下)的成本函数的极值不需要详细的系统模型或者成本函数(请参见第 2 章)。目前已经提出了一些 ES 算法及其相关的稳定性分析(参见 Krstić (2000)、Ariyur 和 Krstic(2002,2003)、Tan 等(2006)、Nesic(2009)、Tan 等(2006)、Rotea (2000)、Guay 等(2013)),以及许多 ES 的应用(参见 Zhang 等(2003)、Hudon 等(2008)、Zhang 和 Ordóñez(2012)、Benosman 和 Atinc(2013a, b))。

我们在本章想要介绍的思想是基于模型的 MPC 控制器的性能可以跟无模型 ES 学习算法的鲁棒性相结合。这种组合将会使得对具有结构不确定性的线性时不变系统同时进行辨识和控制。通过在线辨识(或重新辨识)系统动态并更新 MPC 预测模型,使其闭环性能相比于使用不精确(或过时的)模型的标准 MPC 策略得到了增强。

近年来已经提出了许多技术和启发法来同时进行辨识和优化。例如,文献 Lobo 和 Boyd (1999)针对没有显式动态的线性输入-输出映射,提出了一种动态规划的近似法。针对更复杂系统的方法完全避免了动态规划,而是在激励系统的输入和调节状态的输入之间进行次优的折中。激励信号通常用于满足持续激励(PE)条件。例如,可以在标称控制的顶部添加抖振信号(Sotomayor 等(2009)),尽管在确定信号的幅值方面带来了难题,且抖振任意地给过程增加了噪声。更复杂的策略采用最优输入设计,通常在频域中,其中最大化 Fisher 信息矩阵可以被认为是半定规划(见 Jansson 和 Hjalmarsson(2005))。然而,在频域里的设计会导致约束难题,此约束在时域里可以很自然地被处理,例如:输入(可能是输出)幅值约束。虽然时域中问题的提出是高度非凸的，但是发展此技术是值得做的，因此成为了最近工作的关注点(参见 Marafioti 等(2014)、Žaceková 等(2013)、Rathouský和Havlena(2013)、Genceli 和 Nikolaou(1996)、Heirung 等(2013)、Adetola 等(2009)、González 等(2013)、Aswani 等(2013))。

本章，我们的目的是提出一种替代方法来实现基于迭代学习的自适应 MPC。引入了基于 ES 的迭代学习 MPC，它将基于模型的线性 MPC 算法和无模型 ES 算法相结合来实现适应结构化模型不确定性的迭代学习 MPC。这种方法是基于模块化输入到输出稳定的模块化自适应控制方法的 MPC 框架的一个应用。由于学习模型改进的迭代性，这里我们想要将提出的方法与已有的一些基于迭代学习控制(Iterative Learning Control，ILC)的MPC 算法进行对比。实际上，Arimoto(1990)引入的 ILC 方法是一种控制技术，它关注改善随时间重复执行相同操作过程的跟踪性能。这对于机器人技术和批处理的化学过程控制尤其重要。我们建议读者参见 Wang 等(2009)、Moore(1999)、Ahn 等(2007)来了解关于 ILC 及其应用的细节。对非线性系统受约束的参考信号的跟踪也是一个重要的课题，得到了许多的关注。解决这个问题的一些主要方法是通过 MPC 和使用参考调节器。我们建议读者参见 Mayne 等(2000)和 Bemporad(1998)以详细了解这两种方法。在基于学习的控制和约束控制的交叉点是基于迭代学习的 MPC 概念。ILC 是一种前馈控制策略，它可以改善上一次迭代的跟踪误差并随着迭代次数增加而达到渐近跟踪。MPC 是一种经过验证的具有约束补偿的用来跟踪/调节的控制设计技术，但是由于没有来自于之前试验的学习，因此 MPC 无法根据之前试验的知识来减小跟踪误差。这促使了基于 ILC 的 MPC 策略的提出。

文献 Wang 等(2008)、Cueli 和 Bordons(2008)以及 Shi 等(2007)学习了用于化学批处理的基于 ILC 的 MPC 技术。如 Cueli 和 Bordons(2008)所述，已有工作的缺点之一是可行性的严格证明以及对于基于 ILC 的 MPC 技术的基于李雅普诺夫稳定性分析。例如：在文献 Wang 等(2008)中，其目标是在仅满足输入约束情况下，通过多次试验来减少参考信号和输出信号之间的误差。然而，参考信号是任意的且用于跟踪这些信号的 MPC 策略没有被严格证明。此外，MPC 问题没有任何的镇定条件(终端成本或者终端约束集)。ILC 更新律是将当前试验的 MPC 信号添加到先前试验的 MPC 信号上。文献 Cueli 和 Bordons(2008)针对一类具有扰动的非线性系统，提出了一种基于 ILC 的 MPC 策略。首先应用初始控制策略，并计算线性化模型。然后应用 MPC 策略并在试验后对感兴趣的信号进行滤波，进而沿着先前试验的状态和输入轨迹获得新的线性化模型，并重复此过程。MPC 成本函数惩罚输入信号强度和跟踪误差。给出的证明仅针对没有约束的 MPC。文献 Shi 等(2007)使用 MPC 来设计 ILC 更新律。MPC 问题的成本函数可以在同一周期或者多个周期内进行定义。Shi 等(2007)没有考虑状态约束。Lee 等(1999)提出了一种批量 MPC，将传统 MPC 策略和迭代学习策略相结合。与动态系统相比，文中考虑了简化的静态输入-输出映射。误差传播的模型作为前一次迭代输入变化的函数而获得，且 MPC 优化问题惩罚迭代中的跟踪误差和输入变化。

总之，我们认为这里需要一个更为严格的理论证明，这正是本章所尝试解决的问题。此外，据我们所知（在写本章前），已有文献关于基于 ILC 的 MPC 策略既没有考虑状态约束也没有解决 MPC 跟踪问题中的鲁棒可行性问题。已有文献没有给出关于 MPC 参考跟踪的严格证明，也没有系统地给出 ILC 和 MPC 策略结合的稳定性证明。最后，我们想引用Aswani 等（2012a，b，2013）的工作，其利用基于学习的 MPC 方法研究了与本章相似的控制目标。主要的不同点在于控制/学习设计方法以及证明技术。

在本书中，我们利用已有的鲁棒跟踪 MPC 和 ES 学习算法对基于 ILC 的 MPC 设计一个模块化设计方法，确保在估计过程中 MPC 的可行性，同时随着试验次数的增加也可以改善跟踪性能。与采用传统 ILC 更新算法来减少误差不同，我们采取基于 ES 的学习算法来改善跟踪性能。这种转变方法的动机来自两个方面。首先，在当前的策略中，不仅通过误差减少来改善迭代过程中的跟踪性能，而且还完成了模型不确定参数的辨识。这是通过优化适当的学习成本函数来完成的。第二，文献中建立的基于 ES 的算法具有一定的鲁棒收敛性质，我们在本章将对其进行探究。

事实上，文献中关于 ES 的两类方法非常流行。一种是通过使用正弦抖振信号（参见Krstić(2000)、Krstić和 Wang(2000)、Ariyur 和 Krstić(2003)），另一种是通过使用非线性规划方法（参见 Khong 等（2013a，b）、Popovic 等（2006））。由于基于非线性规划的算法具有很好的收敛结果，因此我们首先针对 ES 使用该算法，可用于不确定参数有界的情形，并且该算法搜索仅在这些有界区域内优化某些成本函数的参数值。这个属性对于在参数估计过程中建立鲁棒可行性非常重要。在第二步中，我们通过使用基于抖振的多参数 ES（MES）学习方法以及一个简化的 MPC（在学习过程没有鲁棒可行性保证）来简化结果。后一种算法更针对实时应用，计算能力通常是有限的。

在本章中，我们也将 MPC 跟踪的参考信号限定为分段恒定轨迹。参见 Limon 等（2008）和 Ferramosca 等（2009）关于线性约束系统的分段恒定参考信号渐近跟踪。Limon 等（2010）和 Alvarado 等（2007a）进一步将这些结果推广到具有有界加性扰动线性约束系统的 MPC 跟踪。Limon 等（2012）考虑了跟踪周期参考信号的 MPC 问题。

简而言之，本章的主要贡献是利用 Limon 等（2010）建立的基于李雅谱诺夫函数稳定性分析和 Khong 等（2013b）的 ES 算法给出了基于 ES 迭代学习控制的 MPC 方案的严格证明，以证明 Benosman 等（2014）提出的关于基于 ILC 的 MPC 的模块化设计方法，其中针对一类约束线性系统提出了一个用于设计基于 ILC 的 MPC 方案的模块化方法。

我们考虑系统的真实模型包含系统矩阵不确定参数的情形，目标是跟踪参考信号，同时满足一定的状态和输入约束。该方法首先利用对象的估计模型来设计一个 MPC 方案，使得对于参数估计误差的 ISS 性质得到保证，并进一步选取一个鲁棒 ES 算法来保证模型的不确定性估计值收敛到真实参数值。在每次试验之后，更新 MPC 方案中估计对象的模型并进行跟踪。直观上，随着试验次数的增加，由于 ES 算法，真实参数和估计参数的误差会减少，且 ISS 性质意味着跟踪性能随着时间而改善。在本章中，我们为基于 ESILC 的MPC 方案提供了一个理论依据。

本章其余部分安排如下。6.2 节包含了本章其余部分所使用的符号和定义(更详细的数学工具请参见第 1 章)。6.3 节给出了 MPC 问题。6.4 节给出了非线性规划基于 ES 的迭代 MPC 的严格分析。6.5 节给出一个简化解,其利用基于抖振的 ES 控制来编写一个简化的迭代自适应 MPC 算法。最后,仿真结果和结论分别在 6.6 节和 6.7 节给出。

6.2 基本符号和定义

在本章中,$\mathbb{R}$ 表示实数集,$\mathbb{Z}$ 表示整数集。状态约束和输入约束分别由 $\mathcal{X} \subset \mathbb{R}^n$ 和 $\mathcal{U} \subset \mathbb{R}^m$ 表示。MPC 的优化范围表示为 $N \in \mathbb{Z}_{\geqslant 1}$。MPC 优化问题的可行域由 $\mathcal{X}_N$ 表示。一个连续函数 $\alpha : \mathbb{R}_{\geqslant 0} \to \mathbb{R}_{\geqslant 0}$ 且 $\alpha(0) = 0$ 属于 $\mathcal{K}$ 类,如果它是递增的且有界。一个函数 β 属于 $\mathcal{K}_\infty$ 类,如果它属于 $\mathcal{K}$ 类且无界。一个函数 $\beta(s,t) \in \mathcal{KL}$,如果 $\beta(\cdot, t) \in \mathcal{K}$ 且 $\lim_{t \to \infty} \beta(s,t) = 0$。给定两个集合 A 和 B,使得 $A \subset \mathbb{R}^n$,$B \subset \mathbb{R}^n$,Minkowski 和定义为 $A \oplus B := \{a + b / a \in A, \ b \in B\}$。Pontryagin 集差值定义为 $A \ominus B := \{x \mid x \oplus B \in A\}$。给定一个矩阵 $M \in \mathbb{R}^{m \times n}$,集合 $MA \subset \mathbb{R}^m$ 定义为 $MA \triangle \{Ma; a \in A\}$。一个正定矩阵表示为 $P > 0$。对于 $x \in \mathbb{R}^n$,其标准的欧几里得范数表示为 $\| x \|$,对于正定矩阵 P 表示为 $\| x \|_P := \sqrt{x^T P x}$,对于闭集 $\mathcal{A} \in \mathbb{R}^n$ 表示为 $\| x \|_\mathcal{A} := \inf_{y \in \mathcal{A}} \| x - y \|$,对于矩阵 A,$\| A \|$ 表示一个合适的矩阵范数。$\mathbb{B}$ 表示欧几里得空间的闭单位球。此外,一个矩阵 $M \in \mathbb{R}^{n \times n}$ 被称为 Schur,当且仅当其所有特征值都位于单位圆内。最后,我们定义向量 y 的第 i 个元素为 y_{-i}。

在下一节中,我们将详细介绍本章所研究的问题。

6.3 问题描述

考虑如下形式的线性系统:

$$x(k+1) = (A + \Delta A) x(k) + (B + \Delta B) u(k) \tag{6.1}$$

$$y(k) = C x(k) + D u(k) \tag{6.2}$$

其中,ΔA 和 ΔB 表示系统模型的不确定性。假设不确定性是有界的。

假设 6.1 对于 $\ell_A, \ell_B > 0$,不确定性满足 $\| \Delta A \| \leqslant \ell_A$,$\| \Delta B \| \leqslant \ell_B$。

接下来,我们对参考信号 r 施加一些假设。

假设 6.2 对于 $T > 0$,参考信号 $r : [0, T] \to \mathbb{R}$ 是一分段恒定轨迹。

在假设 6.1 和假设 6.2 下,目标是设计一个控制策略,通过学习系统不确定参数来确保有足够小的跟踪误差。我们将详细说明与基于 MPC 控制器相关的优化问题。这里所述的结果来自于 Limon 等(2010)。利用 Limon 等(2010)的分析结果来建立闭环系统关于参数估计误差具有 ISS 性质。

由于事先不知道 ΔA 和 ΔB 的值,因此 MPC 使用基于当前估计值 $\hat{\Delta} A$ 和 $\hat{\Delta} B$ 的模型。

我们现在将要为一个具有给定不确定性估计的特定迭代学习过程建立 MPC 问题。将系统动态重写为

$$x(k+1)=f(x,u)+g(x,u,\Delta)=F(x,u,\Delta) \tag{6.3}$$

其中，$f(x,u)=Ax+Bu$ 以及 $g(x,u,\Delta)=\Delta Ax+\Delta Bu$。

假设 6.3　状态约束集 $\mathcal{X}\subset\mathbb{R}^n$ 和控制约束集 $\mathcal{U}\subset\mathbb{R}^m$ 是紧的、凸多面体集。

MPC 模型通过使用估计值 $\hat{\Delta}A$、$\hat{\Delta}B$ 生成，且表示为

$$x(k+1)=f(x,u)+g(x,u,\hat{\Delta})=F(x,u,\hat{\Delta}) \tag{6.4}$$

现在可以重写实际模型如下：

$$x(k+1)=f(x,u)+g(x,u,\hat{\Delta})+(\Delta A-\hat{\Delta}A)x+(\Delta B-\hat{\Delta}B)u \tag{6.5}$$

该系统现在可以与 Limon 等（2010）中的模型进行比较，在那种情况下我们可以将其写为

$$x(k+1)=F(x(k),u(k),\hat{\Delta})+\omega(k) \tag{6.6}$$

其中，

$$w(k)=(\Delta A-\hat{\Delta}A)x(k)+(\Delta B-\hat{\Delta}B)u(k) \tag{6.7}$$

且 $x(k)\in\mathcal{X},u(k)\in\mathcal{U}$。以下假设将在下一节中进行更详细的说明。

假设 6.4　对 ES 算法的所有迭代，不确定参数的估计值是有界的，即 $\|\hat{\Delta}_A\|\leqslant\ell_A$，$\|\hat{\Delta}B\|\leqslant\ell_B$。

备注 6.1　如果 ES 算法的选取将真实参数值的搜索限定在不确定性的规定范围内，则假设 6.4 是合理的。例如：DIRECT 算法（见 Jones 等（1993））将最小值的搜索限定在紧（多维）区间。我们也推荐读者参见 Khong 等（2013b，第 3 节）以了解其他满足此有界性的算法。

现在根据 Limon 等（2010，假设 1）的方法给干扰 $\omega(k)$ 和系统矩阵施加一定的条件。

假设 6.5　$(A+\hat{\Delta}A, B+\hat{\Delta}B)$ 对关于 $\hat{\Delta}A$ 和 $\hat{\Delta}B$ 的每一个实现都是可控的。

备注 6.2　由方程（6.3）、（6.1）、（6.4）可知干扰 ω 是有界的。因此干扰对于某些 ω^* 属于集合 $\mathcal{W}:=\{\omega:|\omega|\leqslant\omega^*\}$（其依赖于 $\mathcal{X},\mathcal{U},\Delta A-\hat{\Delta}A,\Delta B-\hat{\Delta}B$）。由于假设所有状态均可测，因此 Limon 等（2010，假设 1）中的所有条件均满足。

我们用 (x,u) 表示实际模型，用 $(\bar{x},\bar{u})$ 表示 MPC 模型，因此有

$$x(k+1)=F(x,u,\hat{\Delta})+w$$
$$\bar{x}(k+1)=F(\bar{x},\bar{u},\hat{\Delta})$$

6.3.1　鲁棒正不变集

将真实模型的状态和 MPC 模型的状态的误差表示为 $e(k)=x(k)-\bar{x}(k)$。我们想要保

证此误差在跟踪过程中有界，给出如下误差动态：

$$e(k+1)=(A+\hat{\Delta}A+(B+\hat{\Delta}B)K)e(k)+w(k) \tag{6.8}$$

其中，$u=\bar{u}+Ke$，矩阵 K 使得 $A_K:=(A+\hat{\Delta}A+(B+\hat{\Delta}B)K)$ 是 Schur 的。

首先回顾鲁棒正不变(RPI)集的定义，参见 Limon 等(2010)(也可参见第 1 章)。

定义 6.1 对于不确定动态(6.8)，如果满足 $A_K\Phi_k\oplus W\subseteq\Phi_K$，一个集合 Φ_K 称为 RPI。令 Φ_K 为与误差动态(6.8)相关的 RPI 集，即 $A_K\Phi_K\oplus W\subseteq\Phi_K$。

备注 6.3 在 Borrelli 等(2012)中可以找到计算 RPI 集的算法。由我们的假设可知这个算法终止于有限步内，这是因为 A_K 是 Schur 的，$\mathcal{X},\mathcal{U},\mathcal{W}$ 是有界的，且误差动态是线性的。

6.3.2 紧缩约束

现在跟随 Limon 等(2010)，紧缩 MPC 模型的约束，使得对于具有不确定性的模型可以达到鲁棒约束。令 $\mathcal{X}_1=X\ominus\Phi_K$，$\mathcal{U}_1=U\ominus K\Phi_K$。以下结论来自于 Alvarado 等(2007b，命题 1、定理 1 以及推论 1)。

命题 6.1 令 Φ_K 为误差动态的 RPI。如果 $e(0)\in\Phi_K$，那么对于所有的 $k\geqslant0$ 有 $x(k)\in\bar{x}(k)\oplus\Phi_K$ 且 $\omega(k)\in\mathcal{W}$。如果额外地，$\bar{x}(k)\in\mathcal{X}_1$，$\bar{u}(k)\in\mathcal{U}_1$，那么利用控制律 $u=\bar{u}+Ke$，对于所有的 $k\geqslant0$ 有 $x(k)\in\mathcal{X}$，$u(k)\in\mathcal{U}$。

6.3.3 跟踪不变集

如同在 Alvarado 等(2007b)及 Limon 等(2010)中，我们将要描述标称稳态和输入集，以便可以将它们与跟踪问题联系起来。令 $z_s=(\bar{x}_s,\bar{u}_s)$ 为 MPC 模型的稳态，于是

$$\begin{bmatrix} A+\hat{\Delta}A-I & B+\hat{\Delta}B \\ C & D \end{bmatrix}\begin{bmatrix} \bar{x}_s \\ \bar{u}_s \end{bmatrix}=\begin{bmatrix} 0 \\ \bar{y}_s \end{bmatrix} \tag{6.9}$$

从系统矩阵的可控性假设可知，允许的稳态可以由单个参数 $\bar{\theta}$ 表征如下：

$$\bar{z}_s=M_\theta\bar{\theta} \tag{6.10}$$

$$\bar{y}_s=N_\theta\bar{\theta} \tag{6.11}$$

对于某些参数 $\bar{\theta}$，矩阵 M_θ 以及 $N_\theta=[C\ D]M_\theta$。令 $\mathcal{X}_s$、$\mathcal{U}_s$ 表示包含在 $\mathcal{X}_1$、$\mathcal{U}_1$ 内的允许稳态集且满足方程(6.9)。γ_s 表示允许输出稳态集。接下来，将定义一个用于跟踪的不变集，它将被用作优化问题的终端约束。

定义 6.2 (见 Limon 等(2010，定义 2)) MPC 模型的用于跟踪的不变集是初始条件、稳态和输入(由 $\bar{\theta}$ 表征)的集合，它可以由控制律 $\bar{u}=\bar{K}\bar{x}+L\bar{\theta}$ 来镇定，其中 $L:=[-\bar{K}\quad I]M_\theta$，对于所有的 $k\geqslant0$ 有 $(\bar{x}(k),\bar{u}(k))\in\mathcal{X}_1\times\mathcal{U}_1$。

选择矩阵 $\bar{K}$ 使得 $A_{\bar{K}}:=(A+\hat{\Delta}A+(B+\hat{\Delta}B)\bar{K})$ 是 Schur 的。建议读者参见 Alvarado 等(2007a)和 Limon 等(2010)了解计算用于跟踪的不变集的更多细节。将用于跟踪的不变

集称为 $\Omega_{\overline{K}}$。称一点 $(\overline{x}(0),\overline{\theta})\in\Omega_{\overline{K}}$，如果通过控制律 $u=\overline{K}(\overline{x}-\overline{x}_s)+\overline{u}_s=\overline{K}\,\overline{x}+L\overline{\theta}$，使得对于所有的 $k\geqslant 0$，起始于 $\overline{x}(0)$ 的 MPC 模型的解满足 $\overline{x}(k)\in\mathrm{Proj}_x(\Omega_{\overline{K}})$。如 Limon 等(2010)所述，该集合可以被认为是一个多面体。

6.3.4 MPC 问题

现在定义优化问题，其将要在每一时刻得到求解来决定实际系统动态的控制律。对于一个给定的目标设定值 y_t 和初始条件 x，优化问题 $\mathcal{P}_N(x,y_t)$ 定义为

$$\min_{\overline{x}(0),\overline{\theta},\overline{u}} V_N(x,y_t,\overline{x}(0),\overline{\theta},\overline{u})$$

$$\text{s.t. } \overline{x}(0)\in x\oplus(-\Phi_K)$$

$$\overline{x}(k+1)=(A+\hat{\triangle}A)\overline{x}(k)+(B+\hat{\triangle}B)\overline{u}(k)$$

$$\overline{x}_s=M_\theta\overline{\theta}$$

$$\overline{y}_s=N_\theta\overline{\theta}$$

$$(\overline{x}(k),\overline{u}(k))\in\mathcal{X}_1\times\mathcal{U}_1,\ k\in Z_{\leqslant N-1}$$

$$(\overline{x}(N),\overline{\theta})\in\Omega_{\overline{K}}$$

其中，成本函数定义如下：

$$V_N(x,y_t,\overline{x}(0),\overline{\theta},\overline{u}) = \sum_{k=0}^{N-1} \|\ \overline{x}(k)-\overline{x}_s\ \|_Q^2$$
$$+\ \|\ \overline{u}(k)-\overline{u}_s\ \|_R^2 + \|\ \overline{x}(N)-\overline{x}_s\ \|_P^2 + \|\ \overline{y}_s-y_t\ \|_T^2$$

$$(6.12)$$

MPC 文献中经常使用这种成本函数来进行跟踪，除了最后的用于惩罚人为的稳态和实际目标值之间的差别的附加项。推荐读者参见 Alvarado 等(2007a，b)以及 Limon 等(2010)了解更详细的内容。

备注 6.4 可以观察到，用于优化的 MPC 模型，跟踪终端集和鲁棒正不变集都依赖于不确定性的当前估计值 $\hat{\triangle}A$ 和 $\hat{\triangle}B$。因此，随着 ES 算法更新估计值，优化问题必须重新计算新的 $\hat{\triangle}A$ 和 $\hat{\triangle}B$ 值。这是该版本 ESILC-MPC 方案潜在的缺点。

假设 6.6 优化问题满足以下条件：

(1) 矩阵 $Q>0$，$R>0$，$T>0$。

(2) $(A+\hat{\triangle}A+(B+\hat{\triangle}B)K)$ 是 Schur 矩阵，Φ_K 是误差动态的一个 RPI 集，以及 $\mathcal{X}_1$、$\mathcal{U}_1$ 是非空的。

(3) 矩阵 $\overline{K}$ 使得 $A+\hat{\triangle}A+(B+\hat{\triangle})\overline{K}$ 是 Schur 的且 $P>0$ 满足 $P-(A+\hat{\triangle}A+(B+\hat{\triangle}B)K)^{\mathrm{T}}P(A+\hat{\triangle}A+(B+\hat{\triangle}B)\overline{K})=Q+\overline{K}^{\mathrm{T}}R\overline{K}$。

(4) 集合 $\Omega_{\overline{K}}$ 是受制于紧缩约束 $\mathcal{X}_1$、$\mathcal{U}_1$ 的用于跟踪的一个不变集。

如 Limon 等(2010)所述，可行集 $\mathcal{X}_N$ 不随着设定点 y_t 而变化且这个优化问题是一个二

次规划问题。最优值由 $\overline{x}_x^*$、$\overline{u}^*(0)$、$\overline{x}^*$ 给出，MPC 律写为 $u = \kappa_N(x) = K(x - \overline{x}^*) + \overline{u}^*(0)$。MPC 律 κ_N 隐式地依赖于不确定性的当前估计值 $\hat{\Delta}$。从 Bemporad 等(2002)的结果也可以看出 MPC 问题的控制律是连续的。

> **备注 6.5** 参考轨迹由一组设定点 $\{y_j\}_{j=0}^*$ 组成。与参考轨迹不同，优化是关于设定点建立的，因为注意到在 Limon 等(2010，性质 1)中，即使设定点对于相同的约束/终端集/控制器增益发生变化，优化问题仍是可行的。在文献 Limon 等(2010)中由于跟踪仅是渐近的，一个隐式的假设是设定点只有在足够长时间后才能改变，以保持良好的参考跟踪。

6.4 基于 DIRECT ES 的迭代学习 MPC

6.4.1 基于 DIRECT 的迭代学习 MPC

在本节中，我们将通过基于非线性规划的 ES 算法来解释用于识别不确定系统真实参数的学习成本函数⊖的假设。令 Δ 是一个包含 ΔA 和 ΔB 中条目的向量。类似地，估计值由 $\hat{\Delta}$ 来表示。那么 Δ, $\hat{\Delta} \in \mathbb{R}^{n(n+m)}$。

因为我们不会像 Popovic 等(2006)或 Khong 等(2013a)那样给闭环系统强加存在吸引子，因此这里使用的成本函数 $Q: \mathbb{R}^{n(n+m)} \to \mathbb{R}_{\geq 0}$ 依赖于 x_0。对于迭代学习方法，使用相同的初始条件 x_0 来学习不确定参数，将 $Q(x_0, \hat{\Delta})$ 写为 $Q(\hat{\Delta})$，因为 x_0 是固定的。

假设 6.7 学习成本函数 $Q: \mathbb{R}^{n(n+m)} \to \mathbb{R}_{\geq 0}$ 是

(1)在不确定参数紧集中满足 Lipschitz。

(2)真实参数 Δ 使得对于所有的 $\hat{\Delta} \neq 0$ 有 $Q(\Delta) < Q(\hat{\Delta})$。

学习成本函数的一个例子是辨识型成本函数，其中来自系统输出测量之间的误差与 MPC 模型输出进行比较。学习成本函数的另一个例子是性能型成本函数，其中系统的测量输出直接与期望参考轨迹进行比较。稍后在 6.6 节，我们将测试这两种类型的学习成本函数。

然后使用 Jones 等(1993)提出的 DIRECT 优化算法，在不知道 Lipschitz 常数的显式信息情况下寻找 Lipschitz 函数的全局最小值。该算法在 MATLAB 中使用 Finkel(2003)实现。我们将要针对 DIRECT 算法，使用 Khong 等(2013a)引入的修改终端标准，使其更适合 ES 应用。正如将要在后面章节提到的，DIRECT 算法具有良好的收敛性质，其将被用来建立我们的主要稳定性结论。

在 Jones 等(1993)中指出，只要 Q 在最小值 Δ 附近是连续的，则 DIRECT 算法有效，

⊖ 不要与 MPC 成本函数混淆。

尽管在其他工作中，例如 Khong 等（2013a，b），指出 DIRECT 算法需要 Lipschitz 连续性。我们在这里做出关于 Q 更强的假设，以避免跟关于 ES 文献的不一致。

在这里想要指出的是 DIRECT 是一个基于采样的优化算法。为了得到一个更新值 $\Delta(k+1)$，不确定域将要被多次试探。实质上，成本函数 Q 的许多函数评估（试探）对于估计值 Δ 的一次迭代更新是有必要的。为了简化描述，我们还没有将这一方面纳入到算法中。这个描述与 Khong 等（2013b）实现的方案一致。初始试验点 Δ_0 通常由不确定参数区间范围的中点给出。

备注 6.6 为了比较这里提出的基于 ILC 的 MPC 方案和 Moore（1999）提出的传统 ILC 的某些特征，我们可以注意到：基于 ILC 的 MPC 方案与其他 ILC 方法相似，因为初始条件在每次试验之后都被重置，试验区间是有限的且通过 $T>0$ 来描述，一个完整的试验之后的学习是无模型的（稍后将要给出跟踪误差随着迭代次数的增加而变小的详细证明），且学习过程与期望参考轨迹是无关的。另一方面，我们也学习了真实过程参数，而不仅仅是减小试验之间的误差。此外，我们使用基于 MPC 的方案进行调节/跟踪，正如大多数 ILC 方案直接应用一样。基于 ILC 的 MPC 方案的更新律不像其他 ILC 方案被显式提及，这是因为通过 DIRECT 算法得到的估计参数更新会导致下一次试验控制律的更新，因为 κ_N 依赖于当前估计值。

备注 6.7 已有的大多数基于非线性规划的 ES 方法都对系统动态强加了存在吸引子的限制。参见 Khong 等（2013b）、Teel 和 Popovic（2001）以了解更详细的内容。在本章，不必强加存在吸引子的限制，因为我们在多次迭代的有限时间之后重置初始条件。此外，由于处理的是跟踪问题，成本函数仅考虑有限时间内状态的行为（与参考信号的长度有关），而不是 Teel 和 Popovic（2001）、Khong 等（2013b）提到的调节问题中在时间趋于无穷时定义的成本函数。

6.4.2　MPC 的 ISS 保证和学习收敛的证明

现在将利用针对 MPC 跟踪的已有结果和 Limon 等（2010）、Khong 等（2013b）建立的 DIRECT 算法给出 ESILC-MPC 算法 6.1 的稳定性分析。

首先，对于固定的目标 y_t，定义值函数 $V_N^*(x, y_t) = \min_{\overline{x}(0), \theta, \overline{u}} V_N(x, y_t, \overline{x}(0), \theta, \overline{u})$。此外，定义 $\tilde{\theta} := \arg\min_{\overline{\theta}} \| N_\theta \overline{\theta} - y_t \|$，$(\tilde{x}_s, \tilde{u}_s) = M_\theta \tilde{\theta}$，以及 $\tilde{y}_s = C\tilde{x}_s + D\tilde{u}_s$。如果目标稳态 y_t 不被容许，MPC 跟踪方案驱使输出收敛到点 $\tilde{y}_s$，该点是允许的稳态输出，并且还使得和目标稳态的误差最小，即优雅性能退化原则（参见 Benosman 和 Lum（2009））。以下结果的证明来自 Limon 等（2010，定理 1），且经典地采用 $V_N^*(x, y_t)$ 作为闭环系统的李雅普诺夫函数。

算法 6.1　DIRECT ESILC-MPC

需要：$r:[0, T] \rightarrow \mathbb{R}, x_0, Q, \Delta_0, N_{es}$（学习迭代次数），$Q_{th}$（学习成本阈值）

1：设置 $k=0, j=0$

2：DIRECT 的初始实验点：Δ_0

3：建立具有 Δ_0 的 MPC 模型

4：while $k \leqslant N_{es}$ 或者 $Q > Q_{th}$ do

5：　设置 $x(0) = x_0, j = 0$

6：　for $j \leqslant T$ do

7：　　在 $x(j)$ 处计算 MPC 律

8：　　$j = j + 1$

9：　end for

10：　从 $\{x(j)\}_{j=0}^T$ 计算 $Q(\Delta_k)$

11：　利用 DIRECT 和 $\{Q(\Delta_j)\}_{j=0}^k$ 找到 Δ_{k+1}

12：　利用 Δ_{k+1} 更新 MPC 模型和 P_N

13：　$k = k + 1$，回到 4

14：end while

★ **命题 6.2**　给定 y_t，则对于所有的 $x(0) \in \mathcal{X}_N$，MPC 问题是递归可解的，状态 $x(k)$ 收敛到 $\widetilde{x}_s \oplus \Phi_K$，且输出 $y(k)$ 收敛到 $\widetilde{y}_s \oplus (C + DK) \Phi_K$。

下一个结论陈述修改的 DIRECT 算法的收敛性质，我们将用其建立主要结论。这一结论如同 Khong 等(2013b，假设 7)的陈述，且它遵循 Khong 等(2013a)关于修改的 DIRECT 算法的分析。

★ **命题 6.3**　对于来自于修改的 DIRECT 算法的任意更新 $\hat{\Delta}$ 序列及 $\varepsilon > 0$，存在一个 $N > 0$ 使得对于 $k \geqslant N$，有 $\| \Delta - \hat{\Delta}_k \| \leqslant \varepsilon$。

备注 6.8　注意到 Khong 等(2013a)中的结论也包含 DIRECT 算法的鲁棒性方面。这可以用于考虑与学习成本 Q 相关的测量噪声和计算误差。

现在陈述本章的主要结论，其结合了 ISS MPC 描述和 ES 算法。

定理 6.1　在假设 6.1~6.7 下，给定初始条件 x_0，输出目标 y_t，ESILC-MPC 算法经过 N_2 次迭代(或重置)后，对于任意的 $\varepsilon > 0$，存在一个 $T, N_1, N_2 > 0$ 使得对于 $k \in [N_1, T]$ 有 $\| y(k) - \widetilde{y}_s \| \leqslant \varepsilon$。

证明： 可以观察到在没有扰动的情况下，因为 Φ_K 的大小随着 $\mathcal{W}$ 的大小而增长且 $\Phi_K = \{0\}$，不失一般性，$\Phi_K \subseteq \Gamma(w^*) \mathbb{B}$，其中 $\Gamma \in \mathcal{K}$ 且 $w^* = \| \Delta A - \hat{\Delta} A \| X^* + \| \Delta B - \hat{\Delta} B \| U^*$，$X^* = \max_{x \in \mathcal{X}} \| x \|$，$U^* = \max_{u \in \mathcal{U}} \| u \|$。这里的 X^*、U^* 在(固定的)时间和学习迭代次数上都是固定的，但是由于修改的 DIRECT 算法的更新，不确定性是随着迭代变化的。因为最坏情况的干扰直接取决于估计误差，不失一般性，对于某些 $\gamma, \gamma^* \in \mathcal{K}$，我们有 $\Phi_K \subseteq \gamma(\| \Delta - \hat{\Delta} \|) \mathbb{B}$ 及 $(C + DK) \Phi_K \subseteq \gamma^*(\| \Delta - \hat{\Delta} \|) \mathbb{B}$。由命题 6.2 可得 $\lim_{k \to \infty} | x(k) |_{\widetilde{x}_s \oplus \Phi_K} = 0$。

然后，

$$\lim_{k \to \infty} \| x(k) - \tilde{x}_s \| \leqslant \max_{x \in \Phi_K} \| x \|$$

$$\leqslant \gamma(\| \Delta - \hat{\Delta} \|)$$

我们观察到前面的一组方程表明具有 MPC 控制器的闭环系统具有渐近增益特性，并且其上限由参数估计误差的大小来决定。注意到估计值 $\hat{\Delta}$ 对于特定的过程迭代是不变的。此外，对于没有不确定性的情况，我们有 0-稳定性（对于 0-不确定性的李雅普诺夫稳定性）。这可以通过使用成本函数 $V_N^*(x, y_t)$ 作为李雅普诺夫函数来证明，使得 $V_N^*(x(k+1), y_t) \leqslant V_N^*(x(k), y_t)$ 及 $\lambda_{\min}(Q) \| x - \tilde{x}_s \|^2 \leqslant V_N^*(x, y_t) \leqslant \lambda_{\max}(P) \| x - \tilde{x}_s \|^2$，参见 Limon 等（2008）。此外，这里可以通过紧集 $\mathcal{A} := \{ \tilde{x}_s \}$ 来解释稳定性和渐近增益性质。

由于 MPC 律是连续的，所以对于 ESILC-MPC 方案的特定迭代的闭环系统关于状态也是连续的。然后，由 Cai 和 Teel（2009，定理 3.1）我们可以得到闭环系统关于参数估计是 ISS 的且满足

$$\| x(k) - \tilde{x}_s \| \leqslant \beta(\| x(0) - \tilde{x}_s \|, k) + \hat{\gamma}(\| \Delta - \hat{\Delta} \|)$$

其中，$\beta \in \mathcal{KL}, \hat{\gamma} \in \mathcal{K}$。现在，令 $\varepsilon_1 > 0$ 足够小使得 $\hat{\gamma}(\varepsilon_1) \leqslant \varepsilon/2$。由命题 6.3 可以看出，存在 $N_2 > 0$ 使得对于 $t \geqslant N_2$ 有 $\| \Delta - \hat{\Delta}_t \| \leqslant \varepsilon_1$，其中 t 是 ESILC-MPC 方案的迭代次数。因此这里存在 $N_1 > 0$ 使得对于 $k \geqslant N_1$ 有 $\| \beta(\| x(0) - \tilde{x}_s \|, k) \| \leqslant \varepsilon/2$。我们选择 T 使得 $T > N_1$，然后，对于 $k \in [N_1, T]$ 以及 $t \geqslant N_2$，有

$$\| x(k) - \tilde{x}_s \| \leqslant \varepsilon$$

类似地，利用 y 和 x 之间的线性关系，也可以建立：存在 $\tilde{\varepsilon}(\varepsilon)$ 使得对于 $k \in [N_1, T]$ 和 $t \geqslant N_2$，有

$$\| y(k) - \tilde{y}_s \| \leqslant \tilde{\varepsilon}(\varepsilon)$$

备注 6.9　作为选择，Ferramosca 等（2009，备注 4）为标称版本的跟踪问题声称了 ISS 属性。在本章中，我们参考 Limon 等（2010）中的 MPC 跟踪问题的鲁棒版本以确保鲁棒可行性和达到闭环系统的 ISS 的结论。对于设定点在分段常数参考中变化的情况，利用定理 6.1 中的结论在充分大的时间后设定点可以进行变化。例如：给定一个跟踪精度 $\varepsilon > 0$，利用定理 6.1 的结论可以得到经过时间 $T \geqslant N_1$ 后，能改变设定点。参考信号的持续时间被认为是足够大的。对于多个设定点的变化，可以用类似的方式重复此过程。跟踪信号的持续时间这种假设在 ILC 方法中对于慢速过程是合理的，例如：化学批量系统。

备注 6.10　注意到，虽然我们在闭环中隐式地进行了参数辨识，但是没有明确地在 MPC 上强加任何 PE 条件。基于 DIRECT ES 算法的搜索性质，在多个方向上（在不确定性空间中）探究系统以达到参数的最优值，因此 PE 被隐式地执行了。然而，为了更加严格，易于通过在输入变量上添加额外的约束来实现 MPC 算法上的 PE 条件，即有限时间间隔内的过去输入值向量上的 PE 条件（参见 Marafioti 等（2014））。

6.5 基于抖振的 MES 自适应 MPC

与上一节类似，我们在这里想要设计一个自适应控制器，在状态约束、输入约束以及输出约束下，其可以解决具有结构模型不确定性的线性时不变系统的调节和跟踪问题。不同的是我们将不会对 MPC 公式太保守，即，我们将不会保证 MPC 问题的鲁棒可行性。相反，我们想要提出一种连接基于抖振 MES 算法和标称 MPC 算法的简单方法。我们相信这种简化对于实时实现 ILC-MPC 算法是需要的，其计算能力是有限的。

接下来，首先提出标称 MPC 问题，即没有模型不确定性，然后通过将其与基于抖振的 MES 算法相结合来把标称控制器扩展到它的自适应形式。

6.5.1 约束线性标称 MPC

考虑标称线性预测模型：

$$x(k+1)=Ax(k)+Bu(k) \tag{6.13a}$$

$$y(k)=Cx(k)+Du(k) \tag{6.13b}$$

其中，$x\in\mathbb{R}^n, u\in\mathbb{R}^m$ 及 $y\in\mathbb{R}^p$ 是状态、输入和输出向量，受以下约束：

$$x_{\min}\leqslant x(k)\leqslant x_{\max} \tag{6.14a}$$

$$u_{\min}\leqslant u(k)\leqslant u_{\max} \tag{6.14b}$$

$$y_{\min}\leqslant y(k)\leqslant y_{\max} \tag{6.14c}$$

其中，$x_{\min}, x_{\max}\in\mathbb{R}^n, u_{\min}, u_{\max}\in\mathbb{R}^n$ 以及 $y_{\min}, y_{\max}\in\mathbb{R}^p$ 分别是状态、输入和输出向量的下界和上界。在每一个控制周期 $k\in\mathbb{Z}_{0+}$，MPC 解决有限时间最优控制问题：

$$\min_{U(k)}\sum_{i=0}^{N-1}\parallel x(i\mid k)\parallel_{Q_M}^2+\parallel u(i\mid k)\parallel_{R_M}^2+\parallel x(N\mid k)\parallel_{P_M}^2 \tag{6.15a}$$

$$\text{s. t. } x(i+1\mid k)=Ax(i\mid k)+Bu(i\mid k) \tag{6.15b}$$

$$y(i\mid k)=Cx(i\mid k)+Du(i\mid k) \tag{6.15c}$$

$$x_{\min}\leqslant x(i\mid k)\leqslant x_{\max}, \ i\in\mathbb{Z}_{[1,N_c]} \tag{6.15d}$$

$$u_{\min}\leqslant u(i\mid k)\leqslant u_{\max}, \ i\in\mathbb{Z}_{[0,N_{cu}-1]} \tag{6.15e}$$

$$y_{\min}\leqslant y(i\mid k)\leqslant y_{\max}, \ i\in\mathbb{Z}_{[0,N_c]} \tag{6.15f}$$

$$x(0\mid k)=x(k) \tag{6.15g}$$

其中，$Q_M\geqslant 0, P_M, R_M>0$ 是合适维数的对称权重矩阵，$N_{cu}\leqslant N, N_c\leqslant N-1$ 是输入和输出约束范围，$N_u\leqslant N$ 是控制范围，N 是预测范围。MPC 性能指标由方程(6.15a)定义，约束由方程(6.15d)~(6.15f)给出。优化向量是 $U(k)=[u'(0\mid k)\cdots u'(N_u-1\mid k)]'\in\mathbb{R}^{N_u m}$。

在时刻 k，MPC 问题(6.15)通过方程(6.15g)的当前状态值 $x(k)$ 来初始化并求解得到最优序列 $U^*(k)$。然后，输入 $u(k)=u_{\text{MPC}}(k)=u^*(0\mid k)=[I_m 0\cdots 0]U(k)$ 作用于

系统。

6.5.2　基于MES的自适应MPC算法

现在考虑具有结构不确定性的系统(6.13)：

$$x(k+1)=(A+\Delta A)x(k)+(B+\Delta B)u(k) \tag{6.16a}$$

$$y(k)=(C+\Delta C)x(k)+(D+\Delta D)u(k) \tag{6.16b}$$

具有以下假设：

假设 6.8　常数不确定性矩阵 ΔA、ΔB、ΔC、ΔD 是有界的，使得 $\parallel \Delta A \parallel_2 \leqslant l_A$，$\parallel \Delta B \parallel_2 \leqslant l_B$，$\parallel \Delta C \parallel_2 \leqslant l_C$，$\parallel \Delta D \parallel_2 \leqslant l_D$，其中 $l_A, l_B, l_C, l_D > 0$。

假设 6.9　存在非空凸集 $\mathcal{K}_a \subset \mathbb{R}^{n \times n}$，$\mathcal{K}_b \subset \mathbb{R}^{n \times m}$，$\mathcal{K}_c \subset \mathbb{R}^{p \times n}$ 以及 $\mathcal{K}_d \subset \mathbb{R}^{p \times m}$ 使得：$A+\Delta A \in \mathcal{K}_a$ 对于所有的 ΔA 满足 $\parallel \Delta A \parallel_2 \leqslant l_A$，$B+\Delta B \in \mathcal{K}_b$ 对于所有的 ΔB 满足 $\parallel \Delta B \parallel_2 \leqslant l_B$，$C+\Delta C \in \mathcal{K}_c$ 对于所有的 ΔC 满足 $\parallel \Delta C \parallel_2 \leqslant l_C$，$D+\Delta D \in \mathcal{K}_d$ 对于所有的 ΔD 满足 $\parallel \Delta D \parallel_2 \leqslant l_D$。

假设 6.10　迭代学习 MPC 问题(6.15)(以及相关的参考跟踪扩展)，其中我们用具有结构不确定性的模型(6.16)代替标称模型(6.15b)和(6.15c)，这对于任意矩阵 $A+\Delta A \in \mathcal{K}_a$，$B+\Delta B \in \mathcal{K}_b$，$C+\Delta C \in \mathcal{K}_c$，$D+\Delta D \in \mathcal{K}_d$ 是一个非常好的优化问题。

在这些假设下，我们进行如下：求解迭代学习 MPC 问题(6.15)，其中用方程(6.16)代替方程(6.15b)和(6.15c)，迭代地使得在每次新的迭代中使用无模型学习算法来更新不确定性矩阵 ΔA、ΔB、ΔC、ΔD 的值，在这里是 ES 算法。然后，我们认为如果可以在迭代中改进 MPC 模型，即通过迭代学习不确定性，那么随着时间推移，可以从镇定或者跟踪方面改善 MPC 性能。在从算法上实现这个想法之前，我们回顾一下基于无模型抖振的 MES 控制原理。为了使用基于抖振的 MES 学习算法，定义学习成本函数如下：

$$Q(\hat{\Delta})=F(y_e(\hat{\Delta})) \tag{6.17}$$

其中，$y_e=y-y_{\text{ref}}$ 为系统输出 y 和期望参考输出 y_{ref} 之间的跟踪误差。$\hat{\Delta}$ 是通过连接所有估计的不确定性矩阵 $\Delta\hat{A}$，$\Delta\hat{B}$，$\Delta\hat{C}$，$\Delta\hat{D}$ 的元素而获得的向量，$F: \mathbb{R}^p \rightarrow \mathbb{R}$，$F(0)=0$，对于 $y_e \neq 0$，有 $F(y_e)>0$。

为了保证基于抖振 MES 算法的收敛性，学习成本函数 Q 需要满足以下假设。

假设 6.11　成本函数 Q 在 $\hat{\Delta}^*=\Delta$ 处有一个局部最小值。

假设 6.12　参数估计值 $\hat{\Delta}$ 的原始值足够接近真实参数值 Δ。

假设 6.13　成本函数是解析的且它关于不确定变量的变化在 Δ^* 附近是有界的，即存在 $\xi_2>0$ 使得对于所有的 $\tilde{\Delta} \in \mathcal{V}(\Delta^*)$ 有 $\left\Vert \dfrac{\partial Q}{\partial \Delta}(\tilde{\Delta}) \right\Vert \leqslant \xi_2$，其中 $\mathcal{V}(\Delta^*)$ 表示 Δ^* 的紧邻域。

备注 6.11　我们把成本函数(6.17)写为跟踪误差 y_e 的函数，然而，调节或者镇定情况可以通过用常数参考或者平衡点替代时变参考的方式推导得到。

在假设 6.11～6.13 下，表明(参见 Ariyur 和 Krstic(2002)，Nesic(2009))下面的基于抖振的 MES 收敛到 Q 的局部最小值：

$$\dot{z}_i = a_i \sin\left(\omega_i t + \frac{\pi}{2}\right) Q(\hat{\Delta})$$

$$\hat{\Delta}_i = z_i + a_i \sin\left(\omega_i t - \frac{\pi}{2}\right), i \in \{1, \cdots, N_p\} \tag{6.18}$$

其中，$N_p \leqslant nm + nm + pn + pm$ 是不确定元素的数目，$\omega_i \neq \omega_j, \omega_i + \omega_j \neq \omega_k (i,j,k \in \{1, \cdots, N_p\})$，且对于任意 $i \in \{1, \cdots, N_p\}$ 有 $\omega_i > \omega^*, \omega^*$ 足够大。

这里我们想要使用的思想是在假设 6.11～6.13 下，可以合并 MPC 算法和离散版本的 MES 算法来获得 ESILC-MPC 算法。在迭代算法 6.2 中给出该思想。

算法 6.2　基于抖振的 ESILC-MPC

初始化 $z_i(0) = 0$，以及不确定性向量估计 $\hat{\Delta}(0) = 0$。

为成本函数最小化选择一个阈值 $\varepsilon_Q > 0$。

选择参数，MPC 采样时间 $\delta T_{mpc} > 0$，以及 MES 采样时间 $\delta T_{mes} = N_E \delta T_{mpc}, N_E > 0$。

选择 MES 抖振信号的幅值和频率：$a_i, \omega_i, i = 1, 2, \cdots, N_p$。

WHILE(ture)

　　　For($l = 1, l \leqslant N_E, l = l+1$)

　　求解 MPC 问题

$$\min_{U(k)} \sum_{i=0}^{N-1} \| x(i \mid k) \|_{Q_M}^2 + \| u(i \mid k) \|_{R_M}^2 + \| x(N \mid k) \|_{P_M}^2 \tag{6.19a}$$

　　　　s. t.　$x(i+1 \mid k) = (A + \Delta A) x(i \mid k) + (B + \Delta B) u(i \mid k),$

　　　　　　　$y(i \mid k) = (C + \Delta C) x(i \mid k) + (D + \Delta D) u(i \mid k)$

$$x_{\min} \leqslant x(i \mid k) \leqslant x_{\max}, \quad i \in \mathbb{Z}_{[1, N_c]} \tag{6.19b}$$

$$u_{\min} \leqslant u(i \mid k) \leqslant u_{\max}, \quad i \in \mathbb{Z}_{[0, N_{cu}-1]} \tag{6.19c}$$

$$y_{\min} \leqslant y(i \mid k) \leqslant y_{\max}, \quad i \in \mathbb{Z}_{[1, N_c]} \tag{6.19d}$$

$$x(0 \mid k) = x(k) \tag{6.19e}$$

　　更新 $k = k+1$。

End

　　IF $Q > \varepsilon_Q$

　　评估 MES 成本函数 $Q(\hat{\Delta})$

　　评估不确定性的新值 $\hat{\Delta}$：

$$z_i(h+1) = z_i(h) + a_i \delta T_{mes} \sin\left(\omega_i h \delta T_{mes} + \frac{\pi}{2}\right) Q(\hat{\Delta})$$

$$\hat{\Delta}_i(h+1) = z_i(h+1) + a_i \sin\left(\omega_i h \delta T_{mes} - \frac{\pi}{2}\right)$$

$$i \in \{1, \cdots, N_p\} \tag{6.20}$$

　　更新 $h = h+1$

　　End

　　重置 $l = 0$

End

6.5.3　稳定性讨论

如前所述，我们在本章的第二部分不严格保证 MPC 的鲁棒可行性。这里的目标是提出一种实现基于迭代 ES MPC 的简单方法。然而，我们想要概略给出一种方法来分析算法 6.2 的稳定性，如果想在 MPC 问题上加上更多约束来保证某种输入-状态的有界性。由假设 6.8～6.10 可知，模型结构不确定性 ΔA、ΔB、ΔC、ΔD 是有界的，不确定性模型矩阵 $A+\Delta A$、$B+\Delta B$、$C+\Delta C$、$D+\Delta D$ 是凸集 $\mathcal{K}_a$、$\mathcal{K}_b$、$\mathcal{K}_c$、$\mathcal{K}_d$ 的元素，最后 MPC 问题 (6.19) 是合适的。在此基础上，证明稳定性的方法是基于建立跟踪误差范数 $\|y_e\|$ 的有界性的，其上界是不确定性估计误差范数 $\|\hat{\Delta}-\Delta\|$ 的函数。表征这种界限的一种有效方式是使用输入 $\|\hat{\Delta}-\Delta\|$ 和增广状态 $\|y_e\|$ 之间的 ISS。如果获得 ISS 性质，那么通过减小估计误差 $\|\hat{\Delta}-\Delta\|$，我们也可以减小跟踪误差 $\|y_e\|$，因为两个信号之间具有 ISS 关系。基于假设 6.11～6.13，可以得到（参见 Ariyur 和 Krstic(2002)、Nesic(2009)）基于抖振的 MES 算法 (6.20) 收敛到学习成本函数 Q 的局部最小值，这意味着（基于假设 6.13）估计误差 $\|\hat{\Delta}-\Delta\|$ 随着基于抖振 MES 的迭代而减小。因此，最后我们可以得出 MPC 跟踪（或调节）性能随着算法 6.2 的迭代而得到改善的结果。

6.6　数值示例

6.6.1　基于 DIRECT 的 ILC MPC

在本节中，我们给出基于 DIRECT 的 ILC MPC 方案的一些数值结果。考虑如下简单的系统动态：

$$x_1(k+1)=x_1(k)+(-1+3/(k_1+1))x_2(k)+u(k)$$

$$x_2(k+1)=-k_2x_2(k)+u(k)$$

$$y(k)=x_1(k)$$

状态约束为 $|x_i|\leqslant50(i\in\{1,2\})$，输入约束为 $|u|\leqslant10$。假设参数的标称值为 $k_1=-0.3$，$k_2=1$。此外，假设不确定性满足 $-0.9\leqslant k_1\leqslant0$，$0\leqslant k_2\leqslant4$。用于跟踪的鲁棒不变集通过使用 Borrelli 等 (2012) 的算法确定。

接下来，定义一个辨识型成本函数（参考第 5 章）：对于给定的初始条件 x_0 和长度为 T 足够大的分段常数参考轨迹，学习成本函数 Q 定义为

$$Q(\hat{\Delta}):=\sum_{k=1}^{T}\|x(k)-\widetilde{x}(k)\|^2$$

其中，$x(k)$ 是实际系统的轨迹（假设全部的状态可测量），$\widetilde{x}(k)$ 是 MPC 模型的轨迹。注意到轨迹 $\widetilde{x}(k)$ 是通过最优控制序列的第一输入产生的，这与 MPC 律相同。因此，我们对这

个系统和 MPC 模型采用相同的输入（MPC 律）来计算成本函数。不失一般性，如果我们从 x_0 开始，且每个阶段的控制为 $\kappa_N(x(k))$，可以得到下面的状态演化：

$$x(k+1)=F(x(k),\kappa_N(x(k)),\hat{\Delta})+w(k)$$

$$\widetilde{x}(k+1)=F(\widetilde{x}(k),\kappa_N(x(k)),\hat{\Delta})$$

$$x(0)=\widetilde{x}(0)=x_0$$

学习成本函数 Q（辨识型成本函数）的这种选择不同于传统的 ILC 方法，其使用期望参考轨迹和实际轨迹之间的误差来计算学习成本函数。在这个例子中，我们将使用这样的成本函数。

在这种情况下，很容易观察到，对于每一个 $k>0$，

$$Q_k(\hat{\Delta})：=\parallel x(k)-\widetilde{x}(k)\parallel^2=\parallel(\hat{\Delta}A)^{k-1}w(0)+(\hat{\Delta}A)^{k-2}w(1)$$
$$+\cdots+w(k-1)\parallel^2$$

从 $\omega(k)$ 的结构可以看出：如果 $\hat{\Delta}=\Delta$，则 $Q(\hat{\Delta})=0$。由于 Q 是一个正定函数，因此 Q 在 Δ 有全局最小值。可能需要明确知道控制律以保证 Δ 是唯一最小值。尽管在这个例子中我们可以从图 6.1 中的 Q 图形上观察到唯一最小值出现在参数的真值处。Q 的光滑度取决于参数 Δ 是如何影响系统矩阵和控制律的。图 6.3 给出了由 DIRECT 算法获得的不确定性的辨识情况。最后，我们在图 6.2 中看到 ESILC-MPC 方案成功实现了跟踪分段常数参考轨迹。

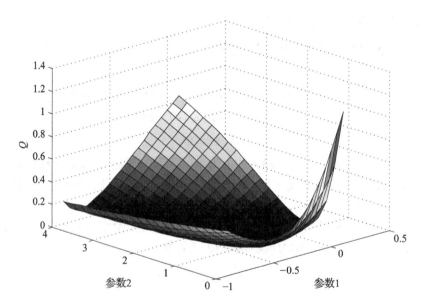

图 6.1　ESILC-MPC 算法：成本函数 $Q(\Delta)$ 作为不确定参数的函数

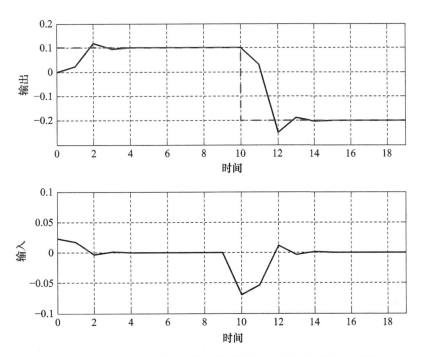

图 6.2 ESILC-MPC 算法：输出跟踪性能（参考信号用虚线表示）

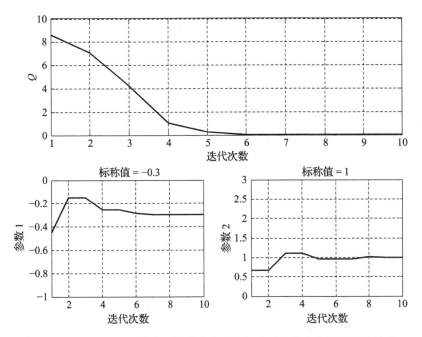

图 6.3 ESILC-MPC 算法：学习成本函数和学习迭代中的不确定性估计

6.6.2　基于抖振的 ESILC-MPC

　　这里给出直流伺服电动机的一些数值结果。考虑电动机通过柔性轴连接到负载的情况。目标是控制负载的角度位置。系统的状态是负载角度、负载角速度、电动机角度以及电动机角速度。控制输入是电动机电压,受控输出是负载角度和作用在柔性轴上的转矩。状态空间中的系统模型可以写为(参见 Benosman 等(2014)以及文中的参考文献):

$$\dot{x}_c(t) = \begin{bmatrix} 0 & 1 & 0 & 0 \\ -\dfrac{k_l}{\mathcal{J}_l} & -\dfrac{\beta_l}{\mathcal{J}_l} & \dfrac{k_l}{g\mathcal{J}_l} & 0 \\ 0 & 0 & 0 & 1 \\ \dfrac{k_l}{g\mathcal{J}_m} & 0 & -\dfrac{k_l}{g^2\mathcal{J}_m} & -\dfrac{\beta_m+R_A^{-1}K_m^2}{\mathcal{J}_m} \end{bmatrix} x_c(t) + \begin{bmatrix} 0 \\ 0 \\ 0 \\ \dfrac{K_m}{R_A\mathcal{J}_m} \end{bmatrix} u_c(t)$$

$$y_c(t) = \begin{bmatrix} 1 & 0 & 0 & 0 \\ k_l & 0 & -\dfrac{k_l}{g} & 0 \end{bmatrix} x_c(t) \tag{6.21}$$

其中,$x_c \in \mathbb{R}^4$ 是状态向量,$u_c \in \mathbb{R}$ 是输入向量,$y_c \in \mathbb{R}^2$ 是输出向量。在方程(6.21)中,$\mathcal{J}_l[\text{kg} \cdot \text{m}^2], \beta_l[\text{N} \cdot \text{ms/rad}], k_l[\text{N} \cdot \text{m/rad}]$ 分别是负载和柔性轴的惯性、摩擦力和刚度。$R_A[\Omega]$ 是电枢电阻,$K_m[\text{N} \cdot \text{m/A}]$ 是电动机常数,$J_m[\text{kg} \cdot \text{m}^2]$、$\beta_m[\text{N} \cdot \text{ms/rad}]$ 分别是电动机的惯性和摩擦力。g 是电动机和负载之间的传动比。在仿真中使用的标称值是 $R_A = 20\Omega, K_m = 15\text{N} \cdot \text{m/A}, J_l = 45\text{kg} \cdot \text{m}^2, \beta_l = 45\text{N} \cdot \text{ms/rad}, k_l = 1.92 \times 10^3\text{N} \cdot \text{m/rad}, J_m = 0.5\text{kg} \cdot \text{m}^2, \beta_m = 0.1\text{N} \cdot \text{ms/rad}$。

　　该系统受电动机电压和轴转矩的约束:

$$-78.5 \leqslant y_{c-2}(t) \leqslant 78.5 \tag{6.22a}$$

$$-220 \leqslant u_c(t) \leqslant 220 \tag{6.22b}$$

　　控制目标是跟踪一个时变的负载角度位置参考信号 $r_l(t)$。跟随 6.5.1 节给出的标称 MPC,预测模型可以通过采样方程(6.21)得到,周期为 $\delta T_{mpc} = 0.1\text{s}$。使用控制输入的经典公式:

$$u_c(k+1) = u_c(k) + \Delta v(k)$$

　　MPC 成本函数选为

$$\sum_{i=1}^{N} \| y_{c-1}(i \mid k) - r_l(i \mid k) \|_{Q_y}^2 + \| \Delta v(i \mid k) \|_{R_v}^2 + \rho\sigma^2 \tag{6.23}$$

其中,$Q_y = 10^3, R_v = 0.05$,预测、约束以及控制范围是 $N = 20, N_c = N_a = N_u = 4$。在这种情况下,输出约束(6.22a)被认为是软约束,该约束可能由于预测模型和实际模型之间的不匹配而被(暂时地)破坏,即鲁棒 MPC 可行性不能像基于 DIRECT ESILC-MPC 中那样得到保证。因此,在方程(6.23)中,我们加上一项 $\rho\sigma^2$,其中 $\rho > 0$ 是一个(大的)成本权重,σ 是一个附加变量，用来建模软约束的(最大)约束界限。考虑初始状态 $x(0)=\begin{bmatrix} 0 & 0 & 0 & 0 \end{bmatrix}'$ 及参考信号 $r_l(t)=4.5\sin\left(\dfrac{2\pi}{T_{\text{ref}}}t\right)$，其中 $T_{\text{ref}}=20\pi\text{s}$。

首先，为了验证基线性能，我们求解标称 MPC 问题，即没有模型不确定性。图 6.4 给出了相应的结果，可很清晰地看到期望的负载角位置被精确跟踪，且没有破坏问题的约束。然后，引入参数模型不确定性 $\delta\beta_l=-80\text{N}\cdot\text{ms/rad}$，$\delta k_l=-100\text{N}\cdot\text{m/rad}$。注意到我们有意引入大的参数不确定性，是为了清楚地表明这些不确定性对标称 MPC 算法的不利影响，然后针对这个挑战性情况测试基于抖振 ESILC-MPC 算法。

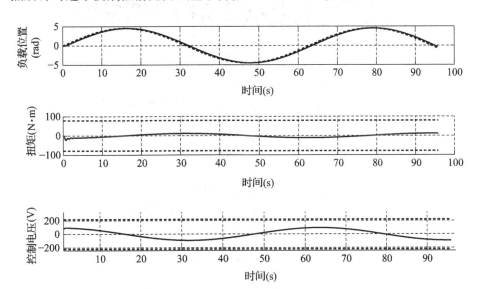

图 6.4　标称情况下的输出和输入信号(虚线表示参考轨迹和约束，实线表示获得的信号)

我们首先将标称 MPC 控制器应用到不确定性模型。在图 6.5 中显示了所获得的性能，可很明显地看出标称性能丢失了。

现在，我们应用 ESILC-MPC 算法 6.2，其中设置 $\delta T_{\text{mes}}=1.5T_{\text{ref}}$。选择的 MES 学习成本函数如下：

$$Q=\sum_{i=0}^{N_E-1}\parallel y_e(i\delta T_{\text{mpc}})\parallel^2+\parallel \dot{y}_e(i\delta T_{\text{mpc}})\parallel^2,y_e=y_{c-1}-r_l$$

即负载角位置和速度误差的范数。为了学习不确定参数 β_l，应用算法(6.20)，如下所示：

$$z_{\beta_l}(k'+1)=z_{\beta_l}(k')+a_{\beta_l}\delta T_{\text{mes}}\sin\left(\omega_{\beta_l}k'\delta T_{\text{mes}}+\frac{\pi}{2}\right)Q$$

$$\delta\hat{\beta}_l(k'+1)=z_{\beta_l}(k'+1)+a_{\beta_l}\sin\left(\omega_{\beta_l}k'\delta T_{\text{mes}}-\frac{\pi}{2}\right) \tag{6.24}$$

其中，$a_{\beta_l}=2\times10^{-7}$，$\omega_{\beta_l}=0.7\text{rad/s}$。

为了学习不确定参数 k_l，应用算法(6.20)，如下：

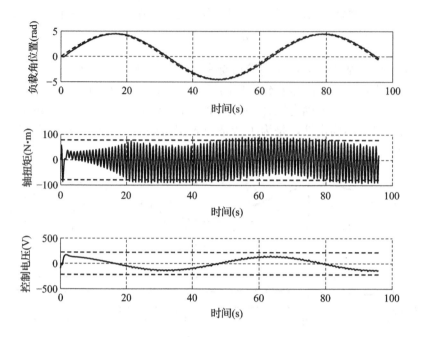

图 6.5　在标称 MPC 的不确定情况下的输出和输入信号
（虚线表示参考轨迹和约束，实线表示获得的信号）

$$z_{k_l}(k'+1) = z_{k_l}(k') + a_{k_l} \delta T_{\text{mes}} \sin\left(\omega_{k_l} k' \delta T_{\text{mes}} + \frac{\pi}{2}\right) Q$$

$$\delta \hat{k}_l(k'+1) = z_{k_l}(k'+1) + a_{k_l} \sin\left(\omega_{k_l} k' \delta T_{\text{mes}} - \frac{\pi}{2}\right) \tag{6.25}$$

其中，$a_{k_l} = 3.8 \times 10^{-7}$，$\omega_{k_l} = 1\text{rad/s}$。

我们选择 ω_{β_l}、ω_{k_l} 高于期望的闭环频率（大约 0.1rad/s）以确保 MES 算法的收敛性，这是因为 ES 算法的收敛性证明是基于平均理论的，其假设高抖振频率（参见 Ariyur 和 Krstic (2002)、Nesic(2009)）。设置 MES 成本函数的阈值 ε_Q 为 $1.5Q_{\text{nominal}}$，其中 Q_{normolal} 是通过具有标称 MPC 的标称模型情况获得的 MES 成本函数值（即基线理想情况）。换句话说，当不确定 MES 成本函数，即当应用 ESILC-MPC 算法到不确定模型时的 Q 值小于或者等于在没有模型不确定情况下 MES 成本函数的 1.5 倍时，我们决定停止搜索不确定性的最佳估计值，这代表最佳可达 MES 成本函数。

图 6.6～图 6.9 给出了基于抖振的 ESILC-MPC 算法所获得的结果。首先，注意到在图 6.6 中，学习成本函数沿着 MES 学习迭代减小，仅在几次迭代后即达到较小的值。这对应于所需要的用于学习不确定参数的真实值的迭代次数，如图 6.7 和 6.8 所示。最后，在学习算法收敛之后，我们从图 6.9 中可以看到 MPC 的标称基线性能被恢复且输出跟踪到了期望的参考信号而没有违反期望的约束。

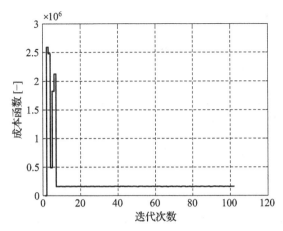

图6.6　在 ESILC-MPC 学习迭代上的 MES 成本函数演化

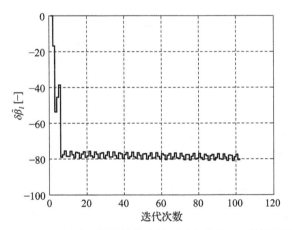

图 6.7　ESILC-MPC 学习迭代中的不确定参数 $\delta\beta_l$ 的学习演化

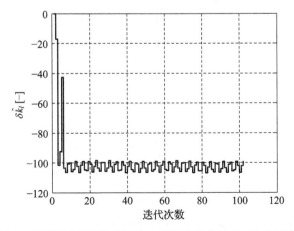

图 6.8　ESILC-MPC 学习迭代中的不确定参数 δk_l 的学习演化

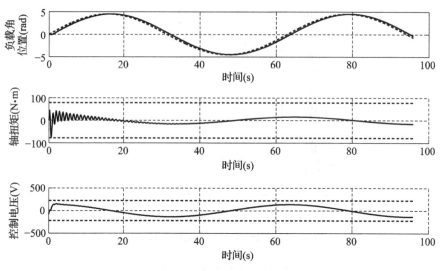

图 6.9   在 ESILC-MPC 不确定情况下的输出和输入信号
（虚线表示参考轨迹和约束，实线表示获得的信号）

6.7   总结与展望

在本章中，我们报告了一些基于 ES 自适应 MPC 算法的结果。我们认为有可能将基于模型的线性 MPC 算法和无模型 ES 算法结合起来，以反复学习结构模型不确定性，从而提高 MPC 控制器的整体性能。我们给出了针对基于学习的自适应 MPC 的模块化设计技术的稳定性分析。本章所采用的方法仔细处理了 ESILC-MPC 方案的可行性和跟踪性能问题。未来的工作可以包括将这个方法扩展到更广泛的非线性系统，跟踪更丰富的信号，以及将不同的非光滑优化技术用于 ES 算法。其他研究方向可以考虑用具有半全局收敛性质的不同 ES 算法来提高迭代学习 MPC 算法的收敛速率（参见 Tan 等（2006）、Noase 等（2011）），将此工作扩展到不同类型的无模型学习算法中（例如：强化学习算法），以及比较获得的 ILC-MPC 算法的收敛速度和最优性能。

参考文献

Adetola, V., DeHaan, D., Guay, M., 2009. Adaptive model predictive control for constrained nonlinear systems. Syst. Control Lett. 58 (5), 320–326.

Ahn, H.S., Chen, Y., Moore, K.L., 2007. Iterative learning control: brief survey and categorization. IEEE Trans. Syst. Man Cybern. 37 (6), 1099.

Alvarado, I., Limon, D., Alamo, T., Camacho, E., 2007a. Output feedback robust tube based MPC for tracking of piece-wise constant references. In: Proceedings of the 46th IEEE Conference on Decision and Control. IEEE, pp. 2175–2180.

Alvarado, I., Limon, D., Alamo, T., Fiacchini, M., Camacho, E., 2007b. Robust tube based MPC for tracking of piece-wise constant references. In: 46th IEEE Conference on Decision and Control. IEEE, pp. 1820–1825.

Arimoto, S., 1990. Robustness of learning control for robot manipulators. In: Proceedings of the IEEE International Conference on Robotics and Automation. IEEE, pp. 1528–1533.

Ariyur, K.B., Krstic, M., 2002. Multivariable extremum seeking feedback: analysis and design. In: Proceedings of the Mathematical Theory of Networks and Systems, South Bend, IN.

Ariyur, K.B., Krstic, M., 2003. Real-Time Optimization by Extremum-Seeking Control. John Wiley & Sons, New York, NY, USA.

Aswani, A., Bouffard, P., Tomlin, C., 2012a. Extensions of learning-based model predictive control for real-time application to a quadrotor helicopter. In: American Control Conference (ACC), 2012. IEEE, pp. 4661–4666.

Aswani, A., Master, N., Taneja, J., Culler, D., Tomlin, C., 2012b. Reducing transient and steady state electricity consumption in HVAC using learning-based model-predictive control. Proc. IEEE 100 (1), 240–253.

Aswani, A., Gonzalez, H., Sastry, S.S., Tomlin, C., 2013. Provably safe and robust learning-based model predictive control. Automatica 49 (5), 1216–1226.

Bemporad, A., 1998. Reference governor for constrained nonlinear systems. IEEE Trans. Autom. Control 43 (3), 415–419.

Bemporad, A., Morari, M., Dua, V., Pistikopoulos, E.N., 2002. The explicit linear quadratic regulator for constrained systems. Automatica 38 (1), 3–20.

Benosman, M., Atinc, G., 2013a. Multi-parametric extremum seeking-based learning control for electromagnetic actuators. In: IEEE, American Control Conference, Washington, DC, pp. 1914–1919.

Benosman, M., Atinc, G., 2013b. Nonlinear learning-based adaptive control for electromagnetic actuators. In: IEEE, European Control Conference, Zurich, pp. 2904–2909.

Benosman, M., Lum, K.Y., 2009. Online References Reshaping and Control Reallocation for Nonlinear Fault Tolerant Control. IEEE Trans. Control Syst. Technol. 17 (2), 366–379.

Benosman, M., Di Cairano, S., Weiss, A., 2014. Extremum seeking-based iterative learning linear MPC. In: IEEE Multi-conference on Systems and Control, pp. 1849–1854.

Borrelli, F., Bemporad, A., Morari, M., 2012. Predictive control. Draft Available at: http://www.mpc.berkeley.edu/mpc-course-material.

Cai, C., Teel, A.R., 2009. Characterizations of input-to-state stability for hybrid systems. Syst. Control Lett. 58 (1), 47–53.

Cueli, J.R., Bordons, C., 2008. Iterative nonlinear model predictive control. Stability, robustness and applications. Control Eng. Pract. 16 (9), 1023–1034.

Ferramosca, A., Limón, D., Alvarado, I., Alamo, T., Camacho, E. F., 2009. MPC for tracking with optimal closed-loop performance. Automatica 45 (8), 1975–1978.

Finkel, D.E., 2003. DIRECT Optimization Algorithm User Guide, vol. 2. Center for Research in Scientific Computation, North Carolina State University.

Genceli, H., Nikolaou, M., 1996. New approach to constrained predictive control with simultaneous model identification. AIChE J. 42 (10), 2857–2868.

González, A., Ferramosca, A., Bustos, G., Marchetti, J., Odloak, D., 2013. Model predictive control suitable for closed-loop re-identification. In: IEEE, American Control Conference. IEEE, pp. 1709–1714.

Grancharova, A., Johansen, T., 2009. Explicit model predictive control of an electropneumtaic clutch actuator using on/off valves and pulsewidth modulation. In: IEEE, European Control Conference, Budapest, Hungary, pp. 4278–4283.

Guay, M., Dhaliwal, S., Dochain, D., 2013. A time-varying extremum-seeking control approach. In: IEEE, American Control Conference, pp. 2643–2648.

Hartley, E., Jerez, J., Suardi, A., Maciejowski, J., Kerrigan, E., Constantinides, G., 2012. Predictive control of a Boeing 747 aircraft using an FPGA. In: Proceedings of the 4th IFAC Nonlinear Model Predictive Control Conference, Noordwijkerhout, The Netherlands, pp. 80–85.

Heirung, T.A.N., Ydstie, B.E., Foss, B., 2013. An adaptive model predictive dual controller. In: Adaptation and Learning in Control and Signal Processing, vol. 11, pp. 62–67.

Hudon, N., Guay, M., Perrier, M., Dochain, D., 2008. Adaptive extremum-seeking control of convection-reaction distributed reactor with limited actuation. Comput. Chem. Eng. 32 (12), 2994–3001.

Jansson, H., Hjalmarsson, H., 2005. Input design via LMIs admitting frequency-wise model specifications in confidence regions. IEEE Trans. Autom. Control 50 (10), 1534–1549.

Jones, D.R., Perttunen, C.D., Stuckman, B.E., 1993. Lipschitzian optimization without the Lipschitz constant. J. Optim. Theory Appl. 79 (1), 157–181.

Khong, S.Z., Nešić, D., Manzie, C., Tan, Y., 2013a. Multidimensional global extremum seeking via the DIRECT optimisation algorithm. Automatica 49 (7), 1970–1978.

Khong, S.Z., Nešić, D., Tan, Y., Manzie, C., 2013b. Unified frameworks for sampled-data extremum seeking control: global optimisation and multi-unit systems. Automatica 49 (9), 2720–2733.

Krstić, M., 2000. Performance improvement and limitations in extremum seeking control. Syst. Control Lett. 39 (5), 313–326.

Krstić, M., Wang, H.H., 2000. Stability of extremum seeking feedback for general nonlinear dynamic systems. Automatica 36 (4), 595–601.

Lee, K.S., Chin, I.S., Lee, H.J., Lee, J.H., 1999. Model predictive control technique combined with iterative learning for batch processes. AIChE J. 45 (10), 2175–2187.

Limon, D., Alamo, T., Muñoz de la Peña, D., Zeilinger, M.N., Jones, C., Pereira, M., 2012. MPC for tracking periodic reference signals. In: Proceedings of the IFAC Conference on Nonlinear Model Predictive Control, No. EPFL-CONF-181940.

Limón, D., Alvarado, I., Alamo, T., Camacho, E.F., 2008. MPC for tracking piecewise constant references for constrained linear systems. Automatica 44 (9), 2382–2387.

Limon, D., Alvarado, I., Alamo, T., Camacho, E., 2010. Robust tube-based MPC for tracking of constrained linear systems with additive disturbances. J. Process Control 20 (3), 248–260.

Lobo, M.S., Boyd, S., 1999. Policies for simultaneous estimation and optimization. In: IEEE, American Control Conference, pp. 958–964.

Marafioti, G., Bitmead, R.R., Hovd, M., 2014. Persistently exciting model predictive control. Int. J. Adapt. Control Signal Process. 28, 536–552.

Mayne, D.Q., Rawlings, J.B., Rao, C.V., Scokaert, P.O., 2000. Constrained model predictive control: stability and optimality. Automatica 36 (6), 789–814.

Moore, K.L., 1999. Iterative learning control: an expository overview. In: Applied and Computational Control, Signals, and Circuits. Springer, New York, pp. 151–214.

Nesic, D., 2009. Extremum seeking control: convergence analysis. Eur. J. Control 15 (34), 331–347.

Noase, W., Tan, Y., Nesic, D., Manzie, C., 2011. Non-local stability of a multi-variable extremum-seeking scheme. In: IEEE, Australian Control Conference, pp. 38–43.

Popovic, D., Jankovic, M., Magner, S., Teel, A.R., 2006. Extremum seeking methods for optimization of variable cam timing engine operation. IEEE Trans. Control Syst. Technol. 14 (3), 398–407.

Rathouský, J., Havlena, V., 2013. MPC-based approximate dual controller by information matrix maximization. Int. J. Adapt. Control Signal Process. 27 (11), 974–999. http://dx.doi.org/10.1002/acs.2370.

Rotea, M., 2000. Analysis of multivariable extremum seeking algorithms. In: Proceedings of the American Control Conference, vol. 1. IEEE, pp. 433–437.

Shi, J., Gao, F., Wu, T.J., 2007. Single-cycle and multi-cycle generalized 2D model predictive iterative learning control (2D-GPILC) schemes for batch processes. J. Process Control 17 (9), 715–727.

Sotomayor, O.A., Odloak, D., Moro, L.F., 2009. Closed-loop model re-identification of processes under MPC with zone control. Control Eng. Pract. 17 (5), 551–563.

Tan, Y., Nesic, D., Mareels, I., 2006. On non-local stability properties of extremum seeking control. Automatica 42, 889–903.

Teel, A.R., Popovic, D., 2001. Solving smooth and nonsmooth multivariable extremum seeking problems by the methods of nonlinear programming. In: Proceedings of the 2001 American Control Conference, vol. 3. IEEE, pp. 2394–2399.

Wang, Y., Zhou, D., Gao, F., 2008. Iterative learning model predictive control for multi-phase batch processes. J. Process Control 18 (6), 543–557.

Wang, Y., Gao, F., Doyle, F.J., 2009. Survey on iterative learning control, repetitive control, and run-to-run control. J. Process Control 19 (10), 1589–1600.

Žáčeková, E., Prívara, S., Pčolka, M., 2013. Persistent excitation condition within the dual control framework. J. Process Control 23 (9), 1270–1280.

Zhang, C., Ordóñez, R., 2012. Extremum-Seeking Control and Applications. Springer-Verlag, New York.

Zhang, T., Guay, M., Dochain, D., 2003. Adaptive extremum seeking control of continuous stirred-tank bioreactors. AIChE J. 49, 113–123.

结论和进一步说明

我们从具体介绍基于学习的自适应控制领域的最新成果开始。这些结果是在 5 年内获得的，且本书的完成花费了一年的时间。

最初，我们想专注于基于学习的自适应控制器，然而，随着书的进展，逐渐意识到本书如果没有关于自适应控制更一般的讨论就不完整：在这个讨论中，读者可以在自适应控制理论更大的框架下来看基于学习的自适应技术的地位。

为此，我们决定编写第 2 章，其目的是给出自适应控制的最新研究进展。说实话，那一章是最难完成的。原因是关于自适应控制的论文、报告以及专著数量是惊人的。事实上，如果我们要对所有的结果进行全面的调查，那么就必须用本书全部篇幅来实现这个目标。相反，我们写那章时首先考虑了我们的目的。因为我们的目标是展现自适应控制的大框架并将其置于本书的结论中，因此实现这个目标的一种方式是将自适应控制的整个领域分解成小的子领域。我们分解自适应控制领域的方式不是常用的方式，其基于用于设计控制器的模型来分解该领域，即线性与非线性、连续与混合。相反，我们想要谈论的是所认为的自适应控制理论的三个主要子领域，即基于模型的自适应控制子领域（也称为经典控制）、无模型的自适应控制子领域，以及本书所感兴趣的基于学习的自适应子领域。

事实上，这种分解允许我们将大量自适应控制的工作和结果放到这三个子领域中的其中之一去。基于模型（或经典）的子领域是，首先对要被控制的系统建模，然后完全基于系统（不确定）模型来设计控制器。我们进一步将这个子领域分解成一些子类，其包含直接自适应控制子类（基于线性与非线性模型）以及间接自适应控制子类（基于线性模型与非线性模型）。

为了说明子领域，我们在每个子类中给出几个简单的例子，然后引导读者对于每一个特定的主题阅读更专业的书籍。例如：对于线性基于模型的自适应控制，有 Egardt (1979)、Landau (1979)、Goodwin 和 Sin (1984)、Narendra 和 Annaswamy (1989)、Astrom 和 Wittenmark (1995)、Ioannou 和 Sun (2012)、Landau 等 (2011)、Sastry 和 Bodson(2011)、Tao(2003)，对于非线性基于模型的自适应控制，有 Krstic 等 (1995)、Spooner 等(2002)以及 Astolfi 等(2008)。

第二个子领域是关于无模型自适应控制器的。我们将无模型自适应控制子领域定义为不需要系统模型知识的自适应方法。事实上，无模型自适应控制器通过反复试验来学习与系统交互的最优或最佳控制器。这种控制器的例子包括神经网络和深度学习控制器、纯强化学习控制器、纯极值搜索控制器等。我们给了几个该子领域的例子，并且推荐读者阅读该领域更详细的介绍性书籍，例如：Martinetz 和 Schulten(1993)、Bertsekas 和 Tsitsiklis (1996)、Prabhu 和 Garg（1996）、Sutton 和 Barto（1998）、Ariyur 和 Krstic（2003）、Busonio 等（2008）、Busoniu 等（2010）、Kormushev 等（2010）、Szepesvári（2010）、Farahmand(2011)、Zhang 和 Ordóñez(2012)、Levine(2013)以及 Wang 等(2016)。

最后一个子领域及本书的主题是基于学习的自适应控制。在这类自适应中，控制器的设计部分基于系统的模型、部分基于无模型的学习算法。这里的思想是利用系统的物理学，通过使用系统的模型(尽管不完全)来首先设计一个"次优"控制器，然后利用无模型学习算法来完善该控制器，该算法用来补偿模型中的未知部分或者不确定部分。我们认为该方法结合了前面两个子领域的优势。事实上，这类自适应控制器使用了系统物理学提供的信息，因此，与无模型学习算法不同，它不是从头开始学习的。这使得基于学习的自适应算法收敛到最优控制器的速度要快于纯学习算法的收敛速度，纯学习算法必须在更大的控制器空间进行搜索。同时，基于学习的自适应控制器比基于模型的自适应控制器在模型的类型和可以处理的不确定性方面更灵活，因为它们与基于模型的控制器不同，不完全依赖于系统的模型。从这个意义上说，我们认为这类自适应控制器结合了两者的优点。

在第 2 章中，我们也给出了一些简单的例子来说明这种类型的自适应控制器，并引用了这个研究方面的一些最新文献(包括我们自己的)，例如：Spooner 等(2002)、Guay 和 Zhang(2003)、Koszaka 等（2006）、Wang 等（2006）、Wang 和 Hill（2010）、Haghi 和 Ariyur(2011，2013)、Lewis 等(2012)、Zhang 和 Ordóñez（2012）、Benosman 和 Atinc (2013a，b)、Atinc 和 Benosman(2013)、Frihauf 等(2013)、Vrabie 等(2013)、Modares 等(2013)、Benosman 等（2014）、Benosman（2014a，b，c）、Benosman 和 Xia（2015）、Gruenwald 和 Yucelen(2015)，以及 Subbaraman 和 Benosman(2015)。当然，我们在这个子领域的成果已经在本书靠后的章节有更详细的介绍。

为使本书更加自成一体，我们在第 1 章中介绍了本书中使用的一些定义和结论。事实上，我们回顾了向量空间和集合数学的一些基本定义，这些定义可以在已有文献中找到，例如：Alfsen(1971)，Golub 和 Van Loan(1996)，以及 Blanchini(1999)。我们还给出了动态系统稳定性的一些主要定义和定理，这是基于文献 Liapounoff(1949)、Zubov(1964)、Rouche 等(1977)、Lyapunov（1992）、Perko（1996）的。最后我们基于 Isidori(1989)，Ortega 等(1998)，van der Schaft(2000)以及 Brogliato 等(2007)给出了一些系统属性，例如非最小相位属性和无源性。

在第 3 章，给出了关于基于学习的自适应控制的具体问题的最新结果，即迭代反馈调整问题(IFT)。该问题基于系统的一些测量值，涉及反馈控制器的在线自动调整问题。IFT 问题在线性系统中已经得到了大量的研究，最近在更具挑战的非线性系统中也有了一些结果。在本章中，我们决定只关注非线性情况。事实上，这是本书结论的一个特点，其中我们选择关注非线性系统，因为通过一些简化，线性情况往往可以由非线性情况得到。

然后，我们决定研究控制向量仿射的非线性模型情况。这是一个一般情况，可以用来对许多实际系统进行建模，例如：机械臂、无人机等。对于这类非线性模型，我们在基于学习的自适应技术、基于模型的非线性控制器和无模型学习算法的精神下，提出了 IFT 方法。基于模型的部分采用一个静态状态反馈，并加上一项由于李雅普诺夫重构技术引起的非线性"强化"项。对于无模型学习算法，正如本书标题所指出的，它是基于所谓的极值搜索算法的。

我们也在第 3 章给出了关于所提出 IFT 方法的两个机电一体化应用。第一个应用是电磁执行器的控制。这些执行器在工业应用中非常有用，例如：电磁制动器、电磁阀等。此外，电磁执行器经常用于循环或者重复性任务，这使得它们成为本书介绍 IFT 算法类型的一个非常好的目标。第二个应用涉及机器人领域。我们考虑了刚性机械臂的情况。这个例子因为它的流行性和实用性，经常被用作自适应控制的一个实际例子。事实上，大量的制造依赖于机械臂，在很多情况下，工业应用可能会发生变化，这意味着针对特定应用设计的控制器必须重新调整。在这种情况下，自动调整可以在没有人干预的情况下在线完成，这在制造商的效率和盈利能力方面的确可以是一个游戏改变者。第 3 章报告的结果部分基于 Benosman 和 Atinc（2013a）和 Benosman（2014c）中发表的初步结果。

第 4 章致力于基于间接学习的自适应控制问题。事实上，我们考虑了具有参数结构不确定性的非线性模型控制问题。正如第 2 章看到的那样，这个问题自 20 世纪 50 年代以来就被彻底地研究过了，但是对于任意类型的模型非线性和任意类型的模型不确定性还没有一个好的统一解决方法。许多可用的结果仅限于特定类型的非线性和不确定性。我们想在更一般的具有参数不确定性的非线性系统中给出结果。因此，我们首先考虑了如下一般形式的非线性模型 $\dot{x} = f(t, x, u, \Delta)$，其中 f 表示光滑向量场，x 和 u 分别表示系统的状态和控制，Δ 表示模型参数不确定性。我们没有对模型结构或者不确定性结构施加任何明确的限制。对于这类系统，我们认为如果可以设计一个反馈控制器使得闭环系统输入到状态稳定（从一个特定的输入向量到一个特定的输出向量），那么可以使用无模型学习算法（在我们的情况下称为极值搜索算法）来学习不确定性。

然后着重考虑了控制仿射非线性模型的具体且重要的方面，对其提出了一种建设性的方法来设计反馈控制器以保证期望的输入到状态稳定。然后，该控制器通过一个无模型学习算法估计模型不确定性来得到补充。通过研究两个机电一体化系统，即电磁执行器和刚性机械臂，来结束第 4 章。第 4 章报告的内容部分基于 Atinc 和 Benosman（2013）、Benosman 和 Atinc（2013b）、Benosman（2014a，b）以及 Benosman 和 Xia（2015）中发表的初步结果。

接下来，在第 5 章，我们研究了实时系统辨识和无限维系统模型简化问题。系统辨识的第一个重要问题就是它的实际应用。事实上，对于许多系统，控制工程师知道模型的一般形式，这通常由物理定律得到，但是必须通过估计系统的一些物理参数（例如：质量、摩擦系数等）来校正模型。此外，在某些情况下这些参数随时间在变化，或者是由于系统老化，或者是由于系统所承担的任务，例如机器人承载的有效负荷随时间在变化。鉴于这些原因，辨识算法是非常重要的，特别是，如果它们在系统执行标称任务时，可以在线估计模型参数。

针对这一实时参数辨识问题，我们为开环拉格朗日稳定系统提出了一种基于极值搜索的辨识算法，其可以在线估计系统参数。我们在第 5 章也考虑了开环不稳定系统的情况，对其提出了闭环辨识算法，在用极值搜索器进行参数辨识前闭环用来镇定系统动态。我们在电磁执行器系统以及双连杆机械臂上测试了所提出的算法。

第 5 章研究的第二个问题是所谓的无限维模型的稳定模型简化问题。事实上，偏微分方程(PDE)形式的无限维模型通常从系统的物理学中获得，例如：波传播方程。但是，由于其复杂性和高维性，它们(除了一些例外)在封闭形式下很难求解，并且它们的数值解对计算要求很高。为了在实时应用中使用这些模型，例如：流体动态估计和控制，我们首先要在一定程度上对它们进行简化。

简化步骤有时候被称为模型简化，因为它将 PDE 无限维模型简化为有限维的常微分方程模型。然而，在某些情况下，模型简化可能导致降阶模型(ROM)不稳定(在拉格朗日意义下)，这是因为模型简化涉及去除 PDE 模型中的高阶动态部分，而这些高阶动态部分有时是 PDE 的镇定项。为了解决这个问题，模型简化研究人员考虑了稳定模型简化问题。在这个问题中，目标是设计具有复制(在一定程度上)完整 PDE 模型解的 ROM，同时随着时间变化保持有界。在第 5 章中，我们用所谓的封闭模型研究了稳定模型简化问题，其被添加到 ROM 中来镇定它们的解。我们提出使用无模型极值搜索器来最优地调整一些封闭模型的系数。我们在众所周知的 Burger 方程测试平台上测试了所提出的稳定 ROM 调整算法。第 5 章报告的内容部分是基于 Benosman 等(2015b，2016b)中发表的初步结果。

最后，在第 6 章中，在状态/输入约束下，研究了具有结构不确定项线性时不变系统的基于模块化学习的自适应控制问题。我们在模型预测控制(MPC)的背景下研究了这个问题。事实上，在状态和输入约束下，MPC 是一个合适的用于控制问题的构想。然而，MPC 在实际应用中面临的主要问题之一是，对模型不确定性的非鲁棒性。由于这个原因，我们使用本书的主要思想，结合基于模型的控制器和无模型极值搜索学习算法，提出了一种基于极值搜索的迭代学习 MPC。虽然第 6 章给出的理论结果是有趣的，但是我们认为由于它们计算复杂度大，其在工业应用中的直接实现仍然具有挑战性。例如：与 MPC 问题相关的鲁棒控制不变集的实时计算可能是一个具有挑战性的问题。我们还提出了一个简单版本的基于极值搜索的迭代 MPC 算法，其可以更轻松地实时实现，然而，它不能保证MPC 约束条件始终得到满足。我们将这个简化的算法应用到一个众所周知的 MPC 基准测试中，即直流伺服电动机的例子。第 6 章报告的结果部分基于 Benosman 等(2014)、Subbaraman 和 Benosman(2015)中发表的初步结果。

除了本书第 3~6 章给出的关于基于 ES 的学习自适应控制器的结果之外，还有其他方向值得研究。例如，由于这里介绍的基于学习的自适应控制器是通过设计模块化的，也就是说，由于它们的类似 ISS 的属性，我们可以使用其他类型的无模型学习算法来补充控制器的基于模型部分。例如：机器学习算法(如 RL 技术)可以在这种情况下进行研究。在我们完成这本书的时候，已经开始研究一些 RL 算法的使用。例如：在 Benosman 等(2015a，

2016a)中，我们在模块化间接自适应控制方法的背景下研究了高斯过程置信区间上界学习算法的性能。

最后，在总结本章和本书时，我们希望给读者提供关于自适应控制的哲学观点，特别是基于学习的自适应控制。事实上，我们到现在已经进行了大约 10 年的自适应控制研究，并且进行了大约 5 年的基于学习的自适应研究。除了我们自己在这个领域的工作外，我们还阅读了大量的关于自适应控制和学习的论文。尽管所有这些工作都解决了自适应控制的一些特定问题，并在一定程度上推动了这个领域的发展，但是它们中没有一个足以解决所有的实际情况。事实上，我们在整本书中看到，基于模块化学习的自适应设计可能比"经典的"基于模型的自适应理论更具一般性。然而，它的一般性受到学习算法自身的限制。我们的意思是，几乎所有可用的学习算法都有一些需要调整的探测，使得学习算法收敛到一些合理的值，从而使受控系统达到一些合理的整体性能。不幸的是，这些学习算法的参数调整必须是微调的，从而以某种方式消除了首先通过学习引入的所有灵活性。关于这一点，我们认为在自适应和学习中的万能钥匙将是一个可以自我调整的控制器，也就是说，自己的参数是自动调整的。然而，如果不依赖其他学习算法来调整第一个学习算法的参数等，那么寻求这样一个目标似乎是空想。也许更切实际的目标是寻求一种基于学习的自适应控制，其中调整参数或者探测数目是最小的。另一个值得关注的目标是寻求对于可调参数的选择具有鲁棒性的基于学习的自适应方法，即，它对于所调整的参数可以保证某种类型的全局或半全局收敛。也许这样的一个目标可以通过结合无模型学习理论和鲁棒控制理论的工具来设计鲁棒（相对于所调整的参数而言）学习算法来实现。让我们拭目以待！

参考文献

Alfsen, E., 1971. Convex Compact Sets and Boundary Integrals. Springer-Verlag, Berlin.

Ariyur, K.B., Krstic, M., 2003. Real Time Optimization by Extremum Seeking Control. John Wiley & Sons, Inc., New York, NY, USA.

Astolfi, A., Karagiannis, D., Ortega, R., 2008. Nonlinear and Adaptive Control with Applications. Springer, London.

Astrom, K.J., Wittenmark, B., 1995. A survey of adaptive control applications. In: IEEE, Conference on Decision and Control, pp. 649–654.

Atinc, G., Benosman, M., 2013. Nonlinear learning-based adaptive control for electromagnetic actuators with proof of stability. In: IEEE, Conference on Decision and Control, Florence, pp. 1277–1282.

Benosman, M., 2014a. Extremum-seeking based adaptive control for nonlinear systems. In: IFAC World Congress, Cape Town, South Africa, pp. 401–406.

Benosman, M., 2014b. Learning-based adaptive control for nonlinear systems. In: IEEE European Control Conference, Strasbourg, FR, pp. 920–925.

Benosman, M., 2014c. Multi-parametric extremum seeking-based auto-tuning for robust input-output linearization control. In: IEEE, Conference on Decision and Control, Los Angeles, CA, pp. 2685–2690.

Benosman, M., Atinc, G., 2013a. Multi-parametric extremum seeking-based learning control for electromagnetic actuators. In: IEEE, American Control Conference, Washington, DC, pp. 1914–1919.

Benosman, M., Atinc, G., 2013b. Nonlinear learning-based adaptive control for electromagnetic actuators. In: IEEE, European Control Conference, Zurich, pp. 2904–2909.

Benosman, M., Xia, M., 2015. Extremum seeking-based indirect adaptive control for nonlinear systems with time-varying uncertainties. In: IEEE, European Control Conference, Linz, Austria, pp. 2780–2785.

Benosman, M., Cairano, S.D., Weiss, A., 2014. Extremum seeking-based iterative learning linear MPC. In: IEEE Multi-Conference on Systems and Control, pp. 1849–1854.

Benosman, M., Farahmand, A.M., Xia, M., 2015a. Learning-based modular indirect adaptive control for a class of nonlinear systems, Tech. rep., arXiv:1509.07860 [cs.SY].

Benosman, M., Kramer, B., Boufounos, P., Grover, P., 2015b. Learning-based reduced order model stabilization for partial differential equations: application to the coupled burgers equation, Tech. rep., arXiv:1510.01728 [cs.SY].

Benosman, M., Farahmand, A.M., Xia, M., 2016a, Learning-based modular indirect adaptive control for a class of nonlinear systems. In: IEEE, American Control Conference (in press).

Benosman, M., Kramer, B., Boufounos, P., Grover, P., 2016b, Learning-based modular indirect adaptive control for a class of nonlinear systems. In: IEEE, American Control Conference (in press).

Bertsekas, D., Tsitsiklis, J., 1996. Neurodynamic Programming. Athena Scientific, Cambridge, MA.

Blanchini, F., 1999. Set invariance in control—a survey. Automatica 35 (11), 1747–1768.

Brogliato, B., Lozano, R., Mashke, B., Egeland, O., 2007. Dissipative Systems Analysis and Control. Springer-Verlag, Great Britain.

Busonio, L., Babuska, R., Schutter, B.D., 2008. A comprehensive survey of multiagent reinforcement learning. IEEE Trans. Syst. Man Cybern. C: Appl. Rev. 38 (2), 156–172.

Busoniu, L., Babuska, R., De Schutter, B., Ernst, D., 2010. Reinforcement learning and dynamic programming using function approximators, Automation and Control Engineering. CRC Press, Boca Raton, FL.

Egardt, B., 1979. Stability of Adaptive Controllers. Springer-Verlag, Berlin.

Farahmand, A.M., 2011. Regularization in reinforcement learning. Ph.D. Thesis, University of Alberta.

Frihauf, P., Krstic, M., Basar, T., 2013. Finite-horizon LQ control for unknown discrete-time linear systems via extremum seeking. Eur. J. Control 19 (5), 399–407.

Golub, G., Van Loan, C., 1996. Matrix Computations, third ed. The Johns Hopkins University Press, Baltimore, MD.

Goodwin, G.C., Sin, K.S., 1984. Adaptive Filtering Prediction and Control. Prentice-Hall, Englewood Cliffs, NJ.

Gruenwald, B., Yucelen, T., 2015. On transient performance improvement of adaptive control architectures. Int. J. Control 88 (11), 2305–2315.

Guay, M., Zhang, T., 2003. Adaptive extremum seeking control of nonlinear dynamic systems with parametric uncertainties. Automatica 39, 1283–1293.

Haghi, P., Ariyur, K., 2011. On the extremum seeking of model reference adaptive control in higher-dimensional systems. In: IEEE, American Control Conference, pp. 1176–1181.

Haghi, P., Ariyur, K., 2013. Adaptive feedback linearization of nonlinear MIMO systems using ES-MRAC. In: IEEE, American Control Conference, pp. 1828–1833.

Ioannou, P., Sun, J., 2012. Robust Adaptive Control. Dover Publications, Mineola, NY.

Isidori, A., 1989. Nonlinear Control Systems, second ed. Communications and Control Engineering Series. Springer-Verlag, London.

Kormushev, P., Calinon, S., Caldwell, D.G., 2010. Robot motor skill coordination with EM-based reinforcement learning. In: IEEE/RSJ International Conference on Intelligent Robots and Systems, Taipei, China, pp. 3232–3237.

Koszaka, L., Rudek, R., Pozniak-Koszalka, I., 2006. An idea of using reinforcement learning in adaptive control systems. In: International Conference on Networking, International Conference on Systems and International Conference on Mobile Communications and Learning Technologies, 2006. ICN/ICONS/MCL 2006, p. 190.

Krstic, M., Kanellakopoulos, I., Kokotovic, P., 1995. Nonlinear and Adaptive Control Design. John Wiley & Sons, New York.

Landau, I.D., 1979. Adaptive Control. Marcel Dekker, New York.

Landau, I.D., Lozano, R., M'Saad, M., Karimi, A., 2011. Adaptive Control: Algorithms, Analysis and Applications, Communications and Control Engineering. Springer-Verlag, London.

Levine, S., 2013. Exploring deep and recurrent architectures for optimal control. In: Neural Information Processing Systems (NIPS) Workshop on Deep Learning.

Lewis, F.L., Vrabie, D., Vamvoudakis, K.G., 2012. Reinforcement learning and feedback control: using natural decision methods to design optimal adaptive controllers. IEEE Control. Syst. Mag. 76–105, http://dx.doi.org/10.1109/MCS.2012.2214134.

Liapounoff, M., 1949. Problème Général de la Stabilité du Mouvement. Princeton University Press, Princeton, NJ, tradui du Russe (M. Liapounoff, 1892, Société mathématique de Kharkow) par M. Édouard Davaux, Ingénieur de la Marine à Toulon.

Lyapunov, A., 1992. The General Problem of the Stability of Motion. Taylor & Francis, Great Britain, with a biography of Lyapunov by V.I. Smirnov and a bibliography of Lyapunov's works by J.F. Barrett.

Martinetz, T., Schulten, K., 1993. A neural network for robot control: cooperation between neural units as a requirement for learning. Comput. Electr. Eng. 19 (4), 315–332.

Modares, R., Lewis, F., Yucelen, T., Chowdhary, G., 2013. Adaptive optimal control of partially-unknown constrained-input systems using policy iteration with experience replay. In: AIAA Guidance, Navigation, and Control Conference, Boston, MA, http://dx.doi.org/10.2514/6.2013-4519.

Narendra, K.S., Annaswamy, A.M., 1989. Stable Adaptive Systems. Prentice-Hall, Englewood Cliffs, NJ.

Ortega, R., Loria, A., Nicklasson, P., Sira-Ramirez, H., 1998. Passivity-Based Control of Euler-Lagrange Systems. Springer-Verlag, Great Britain.

Perko, L., 1996. Differential Equations and Dynamical Systems, Texts in Applied Mathematics. Springer, New York.

Prabhu, S.M., Garg, D.P., 1996. Artificial neural network based robot control: an overview. J. Intell. Robot. Syst. 15 (4), 333–365.

Rouche, N., Habets, P., Laloy, M., 1977. Stability theory by Liapunov's direct method, Applied Mathematical Sciences, vol. 22. Springer-Verlag, New York.

Sastry, S., Bodson, M., 2011. Adaptive Control: Stability, Convergence and Robustness. Dover Publications, Mineola.

Spooner, J.T., Maggiore, M., Ordonez, R., Passino, K.M., 2002. Stable adaptive control and estimation for nonlinear systems. Wiley-Interscience, New York.

Subbaraman, A., Benosman, M., 2015. Extremum seeking-based iterative learning model predictive control (ESILC-MPC), Tech. rep., arXiv:1512.02627v1 [cs.SY].

Sutton, R.S., Barto, A.G., 1998. Reinforcement Learning: An Introduction. MIT Press, Cambridge, MA.

Szepesvári, C., 2010. Algorithms for Reinforcement Learning. Morgan & Claypool Publishers, California, USA.

Tao, G., 2003. Adaptive Control Design and Analysis. John Wiley and Sons, Hoboken, NJ.

van der Schaft, A., 2000. L2-Gain and Passivity Techniques in Nonlinear Control. Springer-Verlag, Great Britain.

Vrabie, D., Vamvoudakis, K., Lewis, F.L., 2013. Optimal Adaptive Control and Differential Games by Reinforcement Learning Principles, IET Digital Library.

Wang, C., Hill, D.J., 2010. Deterministic Learning Theory for Identification, Recognition, and Control. CRC Press, Boca Raton, FL.

Wang, C., Hill, D.J., Ge, S.S., Chen, G., 2006. An ISS–modular approach for adaptive neural control of pure-feedback systems. Automatica 42 (5), 723–731.

Wang, Z., Liu, Z., Zheng, C., 2016. Qualitative analysis and control of complex neural networks with delays, Studies in Systems, Decision and Control, vol. 34. Springer-Verlag, Berlin/Heidelberg.

Zhang, C., Ordóñez, R., 2012. Extremum-Seeking Control and Applications: A Numerical Optimization-Based Approach. Springer-Verlag, London, New York.

Zubov, V., 1964. Methods of A.M. Lyapunov and Their Application. The Pennsylvania State University, State College, PA, translation prepared under the auspices of the United States Atomic Energy Commission.